本书为广东省科技计划项目“基于农产品交易、休闲农业和特色文化旅游三位一体环境设计的陈皮村模式研究与应用”（2016A020210089）成果

可持续发展设计的本土实践与思考

Local Practices and Insights into Sustainable Development Design

缓慢设计

Slow Design

吴宗建 著

Wu Zongjian

暨南大學出版社
JINAN UNIVERSITY PRESS

中国·广州

图书在版编目（CIP）数据

缓慢设计：可持续发展设计的本土实践与思考/吴宗建著．—广州：暨南大学出版社，2017.8

ISBN 978－7－5668－2182－9

Ⅰ.①缓…　Ⅱ.①吴…　Ⅲ.①建筑设计—研究　Ⅳ.①TU2

中国版本图书馆 CIP 数据核字（2017）第 213789 号

缓慢设计：可持续发展设计的本土实践与思考

HUANMAN SHEJI：KECHIXU FAZHAN SHEJI DE BENTU SHIJIAN YU SIKAO

著　者：吴宗建

出 版 人：徐义雄
策划编辑：黄圣英
责任编辑：冯　琳　黄佳娜　颜　彦
责任校对：邓丽藤　苏　洁　刘雨婷　李林达
责任印制：汤慧君　周一丹

出版发行：暨南大学出版社（510630）
电　　话：总编室（8620）85221601
　　　　　营销部（8620）85225284　85228291　85228292（邮购）
传　　真：（8620）85221583（办公室）　85223774（营销部）
网　　址：http：//www. jnupress. com
排　　版：广州市天河星辰文化发展部照排中心
印　　刷：广州天虹彩色印刷有限公司
开　　本：787mm×1092mm　1/16
印　　张：19.5
字　　数：432 千
版　　次：2017 年 8 月第 1 版
印　　次：2017 年 8 月第 1 次
定　　价：128.00 元

自　序

我为什么要写这本书?

一个初衷是应对评职称的压力。这样的个人私心与本书反映的可持续发展设计实践与思考多少有点格格不入。在完成几个自认为有社会意义的案例以后，加之总结工作有了一定的进展，最初的写书动力慢慢变弱，逐渐强烈的社会责任感开始变为驱动力。但写书以用于职称评审的目的自始至终都没有消失，只是变得更加隐蔽。我不得不思考这样一个问题：为什么要将这项有利于人类社会可持续发展的工作作为己任，到底是为了别人还是为了自己？这个多少带有哲学性质的问题将会在书中进行探讨。

发出民间的声音，是本书的第二个写作目的。

20 世纪 90 年代起，我国制定和实施可持续发展战略。[1] 可持续发展设计的实践和理论研究逐渐受到官方的重视，官方或有官方背景（如国企、体制内的各大设计院）的力量加快了可持续发展设计的实践。近几年，一批以市政工程、民心工程为主的环保节能项目涌现，规模较大，影响面较广，为社会树立了示范作用。在成绩的背后，我们也要看到令人担忧的一面，由于种种因素的影响，这些项目中的大多数为了达到节能减排的国家指标，有针对性地将重点放在大量高新科技及设备的应用上，借此希望在短时间内达到环保节能、低碳的目的。有些地方政府为了政绩，甚至动用行政手段，在不适宜节能时强制采取措施，牺牲了使用舒适性。另外，由于官方或有官方背景的设计力量不断壮大，长期主导实践，他们制定规则也熟知潜规则，在实施中通过制定各项规范准则，以最快速度垄断了这个新兴领域的话语权，在利益驱动下，难免会急于把不成熟的技术、标准当作全国统一的规范。一项全国统一的标准，对于不同时间、不同地域实践后的经验在全国付诸实施都是很大的挑战。而在资源竞争上，由于目前社会多元化程度并不高，民间提供的资源相当有限，各种稀缺资源还集中在体制内，而既得利益者一旦在转型期形成牢不可破的强大力量，势必形成垄断，设置壁垒（如采用各种准入资质），减少民间社会大多数人在参与可持续发展设计中获利的可能性。长远来讲，这打击了大多数人参与可持续发展设计的积

---

〔1〕 参见 http：//baike. baidu. com/view/18480. htm。

极性，不利于日后可持续发展产业市场的健康发展。当前出现一些项目，利用迫切实践的呼声，大量引进西方高科技设备，加速非理性、“大跃进”式的实践，以及打着环保、节能的旗号做伪环保节能的事——其真正的意图往往具有隐蔽性，已经把可持续发展设计探索引向不健康之路。正如中国绿色能源产业的增长招来国外环保主义者的怀疑一样，这类实践同样加深人们对可持续发展设计的偏见和误解：“可持续发展建筑设计是政府的事”“绿色设计是很昂贵的设计”“环保节能的建筑是很丑的建筑”“环保节能的建筑是不好用的建筑”……这些评价反映了在实践当中部分案例不惜成本、脱离实际，甚至与可持续发展的核心思想——社会、经济、环境三者的平衡发展背道而驰。

与政府主导的项目如雨后春笋般涌现不同，民间实施的可持续发展项目凤毛麟角。民间大多数私营企业以及构成行业主体的各类设计公司，处于自主生存状况，在关乎人类发展前途的命题前面显得不知所措。在越来越激烈的市场竞争中忙于应对生存与发展，他们中的大多数无暇甚至是不愿意参与这项关乎人类前途命运的事业，因此可持续发展项目并不多见。在这样的背景下，鼓励更多的人，特别是广大设计师群体因地制宜，立足现状，根据地域特点进行研究，寻找改善设计与生活方式、生态环境、经济发展、社会人文之间关系的具体方法，就显得十分重要。这个社会群体如果能够被唤起并得到进一步发展，就会形成与政府主导共存的，具有新兴、健康、多样等特征且充满活力，甚至无可估量的创新力量。探索本身就是试错，鼓励民间参与，有利于在小规模、多元性、竞争性、开放性的机制内探索、试错，以应对地域辽阔日益复杂的现状挑战。同时，有更多实践机会的国内企业家和设计师，在渐显的可持续发展商机中，一定会更加自信地应对来自国外同行的竞争。

我不敢奢求本书为此能带来多大的作用，若能在唤起新生力量的杠杆上添上一个砝码，对我而言，便具有非凡的意义。

目前，研究可持续发展设计的出版物以宣扬观念、成果汇总以及各类指南和规范标准为主，编著者多为国家决策部门、研究机构和大学科研机构等单位。这些成果有助于我们从宏观层面了解可持续发展设计，也为实践提供原则性的指导作用。但是我国地域辽阔，各地情况不一，要避免用所谓统一、规范的标准去实施可持续发展设计。面对具体条件，如何针对个案进行研究，当中碰到什么问题、设计师是如何解决的，当时的思路是怎样的，特别是如何说服客户去实施可持续发展项目等，无一不由有血有肉的故事构成，这也正是许多人想得到的解答。在现有的相关书籍中，这类著作不多。《绿色人居》是国内专门宣传环保低碳理念的杂志之一，几期下来，刊登的多是国外的案例，介绍的多是国外的设计师。编辑说国内的案例本来就不多，投稿的更少。这和当下参与实践的群体不广泛、实践成果不多、实践的项目不成熟不无关系。这类在探索上还不完整的民间案例有很多思路和措施值得参考和借鉴，对案例的及时研究和宣传也会给予同行很好的鼓励，遗憾的是，由于影响力不大，它们没有得到应有的研究和传播。

在写本书时，我关于可持续发展设计的一些认识和想法还显得幼稚，实践的也不是什么国家重大项目，这常常让我怀疑写书的意义。但这时，我会想起瑞士教授们说的话："人类在可持续发展方面的探索，没有老师，只有学生。""在可持续发展上作的探索，一定要通过各种机会向大家宣传，哪怕一点点，也要说出来。"

2012 年，我将几年来实践的项目作了整理，分别在中国建筑学会室内设计分会（CI-ID）广州专业委员会主办的岭南之声交流会及华南农业大学珠江学院、广州南洋理工职业学院等专业院校作了讲座，反响很好，这给了我很大的信心。有老师对我说："乍一看案例的照片，还认为是一个常见的设计，经你一说，才知道有那么多有意义的事情。"

看来，对可持续发展设计的宣传和介绍还远远不够。

这本书该怎么写？

在刚开始构思时我常这样问自己。

在回答这个问题前，另一个问题被带出来了：写给谁看？

新生的力量——每年大量设计类的毕业生——大多数将会是未来的设计师，他们将成为实施可持续发展设计的主体。在学习期间和参加工作之初，他们常常感到迷惘，希望前辈设计师们能够给予更多的鼓励和建议。还有同样关注甚至把可持续发展设计作为己任的设计同行，也渴望得到更多的交流。我想，他们是我非常在意的潜在读者。

同时，仅有专业人士参与的可持续发展设计探索是不持久的，要改变这种状况，就不能忽视客户、使用者的推动力量，向他们宣传也是关键之一。如果将书写得学术意味浓，充满大量专业术语、研究数据，难免会枯燥乏味，使大多数入门者望而生畏，也让客户失去耐心，失去对可持续发展设计的兴趣。因此我希望可以向他们传递一个信息：可持续发展设计的探索常常是有趣的。

有这样一个有趣的现象，在为环境设计专业的学生上课时，讲到专业理论内容时，学生容易打瞌睡；当我以一些生动的例子结合专业知识向学生们讲授时，打瞌睡现象明显减少。课后问他们对知识的理解，大家都能记住例子而且对专业理论的运用融会贯通。慢慢地，我发现自己的优势就是结合二十年来的实践，将心得体会结合专业理论，向学生们讲授，与学生们交流。这让我注意到叙事探究在教学中的作用。叙事探究的一个特点就是把有关人类生活本质的鲜活的理论思想引入教育经验中。我从事的设计案例，无一例外都离不开对人的研究，研究人的最佳方式是抓住人类经验的故事性特征。写得好的故事接近经验，同时也接近理论，这种复杂的故事撰写被称为"叙事"（Narrative）。[1]

这让我打消了将本书定位于学术研究的想法。更重要的是，对我们来讲，可持续发展设计的研究才刚刚起步，还没有形成一种放之四海皆准的方法。人类活动对未来的影响，既然权威的科学家们尚且不敢下结论，那么，就让我们舍去所谓的权威，更多地从探讨的角度进行交流。

---

〔1〕 康纳利，克莱丁宁．叙事探究．丁钢，译．全球教育展望，2003（4）.

于是，我决定立足当前社会现状，从生活中看似不起眼的话题开始，从一名普通的专业人士和参与者的视角来叙述，并思考其可能产生的影响和意义。同时，与读者交流我十年间实施的案例，努力组织文字和图片去发掘其间的联系，尽量做到图文并茂、通俗易懂和生动有趣。这些案例大多是设计师在现实的夹缝中寻找机遇，切身地体验在实践的项目中落实可持续发展设计的诸多因素和途径。然而，它毕竟是本关于环境设计专业的书，在叙事时需要建立叙事和事件的文化历史，以及阐明叙事的意义和对他人及社会问题的意义，要有一定的理论系统支撑，因此，也少不了对一些抽象枯燥的事情进行研究和分析。叙事探究关注文本的感染性、真实性、充分性和合理性，因此在写书过程中，我时刻提醒自己，要有激情而不要有情绪，要客观理性而少些主观臆断。

我也意识到，可持续发展的设计必然要从政治、经济、文化、历史、气候、能源、社区、就业、垃圾处理、材料、土地、技术诸多方面进行研究，这已不是单一的学科所能应付的，于是复杂学科、新兴学科、交叉学科以及边缘学科一并进入我们的研究视野。这并非将诸多学科进行简单的综合，而是要从人类社会整体利益与科学的设计观出发，思考与面对各专业的设计。因此，在写本书时，还涉及哲学、历史学、经济学、社会学等领域，尽管我对这些专业没有进行过专门的学习和深入的研究，但是在构思这本书时，曾向有关专家请教，并翻阅了相关书籍，这在怎样写这本书上给了我很多启发。不可否认的是，当我试图从多个自己并不那么擅长的领域去写，难免会陷入肤浅、偏见和一般性错误。但是比起局限在某一领域去完成这本书，对我来讲，这种方法更有利于从多元的角度去发现问题背后错综复杂的关系。这种挑战，让我受益匪浅。

中国从 20 世纪 70 年代末开始改革开放，经历了 30 多年的高速发展，至今仍保持快速的发展势头，带来了众多积极的社会变化。然而，人们也逐渐感受到，这种目标单一的发展方式所产生的环境和社会问题变得越来越明显，人类为此付出了代价。许多人开始反思这种在飞速变化的历史时期和巨大机会下逐渐成形的思维和发展方式，是否还是人类未来的唯一选择。

事情的发展总有其两面性，速度促进了经济和科学的进一步发展，也带来了另一个问题，这个问题对人类社会的影响有多大至今仍不得而知，而社会进程的“快”又加速这个问题的异变过程。与其任由问题发展到了不可挽救的地步再去付诸行动，不如当下放慢步伐，寻找更多的方法和途径。然而，由于各种原因，我的许多项目都是在“快”中开始的（没有一个客户不关心“效率”，他们会认为设计师是不用睡觉的超人，只需要一个晚上就可以完成一套设计方案），但我要感谢“快”带来的好处：把没有准备的竞争者挡在门外，原本错综复杂的关系也为你让路。前提是你必须有日常的积累，善于总结，以及思想不断进步——它们会让你摒弃偏见和固执，变得容易相处但又目标坚定。很明显地，在瑞士系统学习可持续发展建筑的相关知识，让我找到了开发自己的钥匙。我不再像以往那样简单地去理解速度和效率的好与坏，而是在应对当下中国发展出现的问题上，开始理解缓慢设计的内涵。

“可持续发展”一词既是一个概念，又是具体的目标，还是实实在在的措施和方法。书名中的“本土”二字，可以理解为中国，但严格来讲是指我所实践的项目范围——大多数项目都在岭南地区，因此岭南应该是我实践的主要基地。

有人会问：范围是不是太窄了？

高迪〔1〕一辈子的实践范围在以巴塞罗那为中心的方圆400公里内，他的作品几乎没有超出这个范围，因为他总是亲力亲为完成作品，但一个人的精力毕竟是有限的。不过，我认为正是因为高迪熟悉那片相对固定的地域，所以，他在那里更得心应手，得以让他魔鬼般的作品得到客户的喜欢，而且成为现实的当地传统技术。即使是那么小的地域范围，高迪对世界建筑的影响力也毫不削减，同时也为家乡带来可观的旅游收益。

我的思考从来没有局限于某一区域，但不可否认的是主要立足于中国，严格来讲是立足于岭南一带。在某种意义上，我希望从全人类角度出发，但实践的个案无一不是与日常衣食住行有关。

岁月如梭，从事了二十年设计的我，赴瑞士系统学习了可持续发展设计的理论知识，加上近十年致力于可持续发展建筑的本土实践和探究，这多少让我可以厚着脸皮，有足够的冲动和勇气将它们写下来。

本书分为六个篇章，从2013年开始撰写，记录了可持续发展设计的背景认识、东西方的对比、系统的学习、思路的转变、案例的实践以及对当下和未来的思考。在写作的四年间，中国的经济发展进入新常态，环境治理取得了瞩目的成绩，这些变化充满着新的机遇和挑战。在去瑞士学习前，我经常抱怨社会的不公和环境的恶化；在瑞士学习期间，常常交替着新认识带来的振奋和国内外对比落差形成的沮丧；而在中国本土的实践，更多是总结和反思，在真正了解自己熟悉的地方后，对未来充满了信心。

面对人类社会可持续发展的重大命题，本书提供的不是解决之道，甚至连探索实践也是不完整的、带有局限性的，但如果不迈出这一步，又何谈第二步？本书不是总结，而是开始！既然是学生，就让我们在学习中掌握生存之道吧！

如果这本书能引起大家对可持续发展设计的关注，就是它最大的价值所在。

吴宗建

2017年夏

〔1〕安东尼奥·高迪（1852—1926），西班牙建筑师。主要作品有古埃尔公园、米拉公寓、巴特罗公寓和圣家族教堂等。

目　录

4　斑马线前

5　陈皮玫瑰图

6　缓慢设计

CONTENTS

Chapter 4 Before the Crosswalk

Chapter 5 A Picture of Dried Citrus Peels and Roses

Chapter 6 Slow Design

1 从苹果开始

伯尔尼的玫瑰

曾经的阿勒河

微笑与忧伤

第三条曲线

北京的“伦敦雾”

我们所处的时代

伯尔尼的玫瑰

在瑞士伯尔尼应用科学大学（Bern University of Applied Sciences）的博根多夫校区，建筑系的入口门厅里放着一对布艺沙发，阳光灿烂时，透过玻璃窗远眺景色，宁静而惬意。在苹果丰收的日子，学校的工作人员就会在社区的苹果树下捡起成熟的果实，用篮子装着，插上品种介绍的纸牌，放在门厅里供大家品尝。（图 1）每天一早，来上课的学生随手拿起一个就吃。有趣的是，来自中国的留学生拿苹果并不急着吃，而是用水冲了又冲，恨不得把皮搓掉；来自西方的学生拿起苹果，想也没想就啃了起来。这些苹果样子丑陋，甚至有些还带着虫蛀的痕迹，吃起来带酸，中国的水果市场已很少见到这类苹果。当学校里的教授看到中国留学生拿着被虫蛀过的苹果满脸疑惑时，他们会骄傲地告诉大家："这个长得又酸又丑的苹果，当地人称之为'伯尔尼的玫瑰'。"

又有一次，在去希腊诸岛的游船上，当中国游客问他们的导游要小刀削苹果时，导游生怕被同船的欧洲游客发现一样，略带愠怒地说："在欧洲，是没有人削苹果的！"

在瑞士，我享受着不削苹果的乐趣，感到自己似乎融入了西方人的生活。苹果吃多了，牙齿也开始发酸，这时又特别怀念广州街市上又甜又脆的红富士。回到国内，我一时改不了拿起苹果就吃的习惯，朋友同事们觉得诧异，免不了要说教一番。吃苹果是削皮吃还是直接吃，分别代表东西方不同的生活方式。这两种习惯相互碰撞了一段时间，直到一件事情发生后，我的坚持变得乏力。

2012 年上半年，随着"药袋苹果"事件〔1〕的曝光，山东烟台的果农欲哭无泪。这个年产苹果十几亿公斤的地区，苹果大量滞销，经济效益和声誉皆受重创。尽管最后"药袋苹果"事件没有定论，为了让我改变吃苹果不削皮的做法，朋友们还是搬出了专家的劝告：

> 专家建议市民吃苹果最好削皮。在选购苹果时，色泽不能太亮，还要闻闻苹果的香味是否浓郁，如果味道很淡，就说明蜡封得很厚。〔2〕

在削皮与不削皮的背后，一个不争的事实是，在大多数国人眼里，不削皮的苹果是脏

---

〔1〕 药袋苹果 . http：//baike. soso. com/v53608805. htm.

〔2〕 受山东毒袋苹果风波冲击　海区苹果销量下降 . http：//www. hlbrdaily. com. cn/news/45/html/143002. html.

的，因为我们从小就被教导说果农在苹果生长的时候会用杀虫剂，在卖的时候会涂上一层厚厚的蜡。当这个教导渐渐被淡忘的时候，“药袋苹果”事件再一次重重地敲了下我们的脑壳——让我们不要忘记现实。好在这次敲打没有让我们把问题简单地归咎于果农。在“药袋苹果”事件中，媒体、专家、权威部门、果农和消费者分别从不同角度和立场来讲述自己的观点，其中有几个标题让人深思：《“药袋苹果”是有毒的GDP》《药袋套红富士与眼睛“吃”苹果》《农业部称不用农药将致饥荒　无残留是理想主义》《谈“苹果药袋”不能脱离当前国情》《最“脏”的苹果还是可吃》。[1]其实，套袋的成本占生产总成本的1/3左右，而且套袋可能影响水果品质，降低可溶性糖、蛋白质和维生素C等的含量，发达国家也经历过套袋和摘袋的过程。目前欧美和大洋洲均不套袋，日本套袋率不足10%，我国红富士苹果套袋率仍在80%～85%。[2]

那为什么还要给苹果套袋？

要回答这个问题，中国的消费者不妨先做一道选择题：如果在水果摊上摆放着两种苹果，一是被虫蛀过的苹果，一是外表好看的苹果，你会挑哪种？

果农们手里拿着药袋，焦虑地等待着答案……

和下面将要讨论的许多事情一样，我们不得不承认，是我们每个人的选择导致了今天的现状。

朋友以为削皮就可以消除顾虑，其实大部分农药对苹果的污染是从根系进入果树，即便削皮，果实中的农药污染也无法避免。我曾经也以为拿起苹果就吃，就是融入了瑞士人文明的生活。在瑞士学习可持续发展设计，刚开始的时候，看到瑞士一切好的东西，都会联想到国内，不禁问：为什么人家这么好，为什么我们不这样做?！我心里有一股强烈的冲动，回到国内要将其实施到设计当中。回想起在瑞士学校里东西方学生吃苹果的差异，两种习惯没有优劣之分，习惯的形成是各自应对生活环境的结果。我们的环境受到严重污染，这是事实。而问题是，当我们深入挖掘其根源时，更多的迹象开始浮现，这让我们意识到污染并不是我们所处的环境中唯一的问题，甚至算不上造成问题的根源。

问题开始变得复杂……

我现在终于明白，当学校里的教授看到中国人拿着被虫蛀过的苹果满脸疑惑时，为什么他们会那么骄傲地告诉大家：“这个长得又酸又丑的苹果，当地人称之为‘伯尔尼的玫瑰’。”因为他们比我们更清楚，自己曾经失去了什么，现在又得到了什么。

---

〔1〕“药袋苹果”是有毒的GDP. http：//opinion. china. com. cn/event1420/html.

〔2〕苹果施药套袋迫不得已：害虫多顾客以貌取果 . http：//www. chem17. com/News/Detail/31143. html.

图 1　放在瑞士伯尔尼应用科学大学建筑系门厅里供大家品尝的苹果。伯尔尼的苹果没用杀虫剂，没有下化肥，样子也不好看，但人们吃起来很放心。当地人亲切地称之为“伯尔尼的玫瑰”（摄于 2009 年）

曾经的阿勒河

在瑞士首都伯尔尼市，有一条漂亮的河流，它叫阿勒河，是莱茵河的支流。阿勒河在伯尔尼形成一个回环，环内是伯尔尼老城，始建于12世纪末，已有800余年历史，至今仍保持中世纪古城的风貌。伯尔尼城内没有工厂，自然没有工业污染。(图1)

瑞士许多城市都依湖而建，如日内瓦、苏黎世，而伯尔尼依小河而建，七座桥梁横跨阿勒河，把老城和新区连接起来。在靠近回环的河畔，依地势临水建了许多房子，最年轻的也有百年历史。(图2) 河畔建有露天餐厅，分流的河水从建筑物底下穿过，这是阿勒河畔人气最旺的地方，人们常在这里晒太阳、聚会、聊天。由于伯尔尼市的生活污水都得到妥善处理，河水清澈见底，鱼群随时可见。当地人说河里的水可以直接饮用；在瑞士，大多数湖泊的水是可以直接饮用的。

在瑞士学习期间，我的宿舍就在阿勒河畔。每次看到清澈见底的河水，就联想起自己生活的地方——中国——目前河流污染的状况。对此，我既羡慕又嫉妒，心想无论是在西方的瑞士、德国、法国还是在东方的日本，总是能看到很美的人文和自然景色，特别是人民的生活水平高，环境保护意识普遍很强，人与自然之间相处和谐，上帝怎么如此偏心——让他们拥有这么好的环境?! 直到有一天，乘火车经过阿勒河时，当地一位教授对我说："这条河的水你可直接饮用，但在30年前，它也像上世纪初的欧洲河流一样被严重污染了。"这句话让我好奇，一时还不能把污染和眼前这条美丽的河流联系起来。

学校可持续发展设计课程既丰富又紧凑，有多个参观环节安排在星期日。我在国内时，常听说发达国家的人一到了休息日就放下手头的工作，开着汽车去海边度假。确实，在伯尔尼，几乎所有的商店在星期天是关门的。但安排在星期天参观伯尔尼ARA－BERN污水处理厂和创意园，负责课程的教授们还是和我们在一块，没有怨言，对工作的勤奋态度一点也不亚于中国人，看来我们对国外的认识还是以偏概全了。

在伯尔尼的街头，有一种车身印着白色树叶图案的公共汽车，使用的是伯尔尼污水处理厂提供的新能源。(图3) 全瑞士约有760家污水处理厂，最大的一家在苏黎世。ARA－BERN污水处理厂在阿勒河下游，主要处理伯尔尼市的生活污水，在处理过程中将污染中的物质进行分拣处理，沉积物被生产成水泥，有机物则制成肥料，发酵产生的生物能供应交通公司，最后向阿勒河排出洁净的水。(图4)

创意园位于污水处理厂的上游，原是全瑞士最有名的棉纺厂。1975年停产后，土地被伯尔尼市政府买下，改造成 Loft 用于办公，类似于广州的红砖厂和上海的八号桥园区。园区内还挂着一张当年女工在车间工作的老照片，无声地向人们讲述当年的历史。（图 5）

19 世纪中叶瑞士工业开始发展，重要的棉纺工业最早实现了机械化。1801 年，圣加伦建起了第一家纺织作坊，自此瑞士开始使用机械纺织机。到 1814 年，手工纺织机基本在全国消失，手工制作被机器代替。阿勒河下游地区曾是伯尔尼重要的工业区，棉纺厂于 1860 年开始投产，把棉花加工成线。厂区旁边有一座废弃的水电厂，当年为棉纺厂的机器提供电能。阿勒河不仅为棉纺厂提供能源，还为棉纺的生产提供重要的水源。这些劳动密集型产业，在一百多年里，曾经是瑞士的重要经济支柱，同时，也向瑞士的河流排放了大量污水。至 1975 年停产，阿勒河畔的棉纺厂整整运行了一个世纪，这段历史验证了教授讲的话：30 年前，阿勒河也被严重污染了。

当我们把焦点放到其他湖泊——今天瑞士人自豪地对游客说是可以直接取水饮用的湖——都曾经有过这样的污染历史：

在 20 世纪 30—60 年代，瑞士军队把大量报废弹药沉入阿尔卑斯山麓图恩湖、布里恩茨湖、乌里湖、卢塞恩湖（四州湖）等湖泊，最后两次是 1963 年和 1967 年。20 世纪 70 年代，日内瓦湖受到工业、农业和家庭废水的严重污染，成为死湖、臭水湖，湖中的鱼类濒临灭绝。

……

19—20 世纪初，不只是瑞士，欧洲大部分河流都有同样的命运：德国德累斯顿附近的穆格利兹（Muglitz）河，因玻璃制造厂排放的污水而变成了“红河”；哈茨（Harz）地区的另一条河流则因铅氧化物的污染，所有鱼类被毒死，饮用该河水的陆上动物亦中毒死亡。到 20 世纪初，那些对污水特别敏感的鱼类在一些河流中几乎绝迹。[1]20 世纪 60 年代，莱茵河因遭受严重污染，鱼虾几近绝迹，被称为“欧洲最浪漫的臭水沟”。与此同时，北美五大湖之一的伊利湖，由于磷的过度排放，富营养化严重，湖水表面覆盖着厚厚的藻类，像涂上了一层绿色的油漆，被称为“北美的死海”。

一位在中国做得风生水起的外国设计师说：“当你和一位中国人讲环保时，他觉得这事离他很远，但当你说关乎他的健康时，他就紧张起来了。”

这位设计师是以健康为切入点，说服他的中国客户关注环保。确实，当“地沟油”、“瘦肉精”、“毒奶粉”、“毒蔬菜”、水污染、空气污染等事件对健康构成伤害时，我们才发现环境问题与自身利益息息相关。当大家把焦点放在会影响健康的那些环境污染等不利因素时，人们才意识到自己生活在一个缺乏安全的环境之中。这些问题与我们直接或间接产生关系时，就再也不能回避了。

然而，出于健康的目的而关注环保，绝不单单是中国人的“专利”。

在中世纪的欧洲，各种垃圾和人畜粪便被随意丢弃在大街上，许多城市严重污染，臭气熏天。[2]19 世纪欧洲的大城市，居民人数在短短五十年间翻了一倍，并且不断增加，市民倍受污浊空气和粪便恶臭的窒息之苦。

---

〔1〕 梅雪芹．工业革命以来西方主要国家环境污染与治理的历史考察．世界历史，2000（6）．

〔2〕 克劳斯·克莱默，等．欧洲洗浴文化史．江帆，等译．海口：海南出版社，2001：76.

图 1　美丽的伯尔尼市（图片来源：瑞士官方宣传册）

图 2　在阿勒河畔，河水清澈见底

图 3　使用来自污水处理厂提供新能源的公共汽车

图 4　ARA – BERN 污水处理厂全貌。污水经处理厂净化后排放到阿勒河

剩菜剩饭、洗涤污水、屠宰血水、牲畜尸体、夜壶尿水、厕圈粪肥以及其他脏物，统统无视警方的禁令，都是经阴沟排放或倾倒在阴暗的角落，任其腐烂发臭……[1]

19 世纪，瘟疫和污染减缓了欧洲人口的增长。

先是霍乱，几天之内，喝过感染了病菌的水的大批百姓痛苦挣扎直至惨死。1831 年霍乱分别夺去柏林、维也纳、汉堡的 1 426、2 188、910 条人命。次年，在巴黎，18 402 条生命被瘟疫夺去；在英国，32 000 条生命被夺走……人们才慢慢意识到，疫病不只是通过空气传播，老鼠和被污染的水源也是当时疾病和瘟疫盛行的“帮凶”之一。[2]1859 年，英国女王的丈夫艾伯特亲王死于伤寒——很可能是温莎城堡肮脏的下水道带来的一种致命传染病。[3]1837 年 2 月，“有毒烟雾事件”造成至少 200 名伦敦市民死亡，到了 1952 年，更严重的大雾笼罩着伦敦城，仅仅 4 天时间，死亡人数达 4 000 多人。两个月后，又有 8 000多人陆续丧生。这就是骇人听闻的“伦敦烟雾事件”。

20 世纪 60 年代日本的“米糠油事件”是世界有名的公害事件之一，主要原因是由多氯联苯造成污染，导致数十万家禽死亡，至 1978 年确诊患者 1 684 人。1979 年，美国发生人类历史上第一次核能工业意外事故——“三英里岛事件。17 年后，1986 年 4 月 26 日，苏联切尔诺贝利核电站第 4 号核反应堆发生爆炸。31 人当场死亡，之后 15 年内有 6 万 ~8 万人死亡，13. 4 万人遭受各种程度的辐射疾病折磨，方圆 30 公里地区的 11. 5 万多名民众被迫疏散。

这一切足以表明，西方主要国家从工业革命开始，竞相发展经济，工业化和城市化进程加快，而在经济高速持续增长的背后，隐藏着破坏和污染环境的巨大危机，一方面带来资源的大量消耗，另一方面使工业生产和城市生活的大量废弃物排向土壤、河流和大气之中。对环境资源的消耗和污染一直伴随着人类社会的发展，只不过在近几百年间，变得突然剧烈和严重，最终造成环境污染的大爆发，使世界环境污染危机进一步加重。

19 世纪瘟疫对欧洲城市的肆虐成为社会关注平民百姓生存问题的绝好契机。同样，20 世纪初至 70 年代，西方国家频繁发生的污染公害事件，污染居住环境，危害人类身体健康，造成许多患病和死亡的惨剧。公众终于感受到污染的切肤之痛，决心寻求解决环境问题的方法。20 世纪 70 年代初，西方国家相继成立环境保护专门机构，颁布了法规和标准，就工业污染问题采取一些治污和减排措施，以期解决这一问题。但这类以环境论环境的狭隘观念和做法，成效并不显著。直到人们扩大了环境问题的范围，把环境与人口、资源和发展联系在一起，从整体上去综合整治解决环境问题，到 80 年代，西方国家才逐渐控制了污染。

在考察西方发达国家工业革命以来的历史时，我们往往把焦点放在西方国家经济和物质文化的空前繁荣之上，想当然地认为优美的环境是上帝对他们的恩赐。在西方优美的环

〔1〕 克劳斯·克莱默，等. 欧洲洗浴文化史. 江帆，等译. 海口：海南出版社，2001：80.
〔2〕 克劳斯·克莱默，等. 欧洲洗浴文化史. 江帆，等译. 海口：海南出版社，2001：64.
〔3〕 伊恩·莫里斯. 西方将主宰多久——从历史的发展模式看世界的未来. 钱峰，译. 北京：中信出版社，2011.

境对比下，中国等发展中国家的环境污染状况饱受诟病。种种事实似乎表明，环境的恶化与中国的高速发展有直接关联，中国要为全球的环境恶化负主要责任。在这一事实面前，西方表现出理所当然的优越，甚至还对发展中国家的污染提出了严厉的指责。然而，当我们深入剖析人类社会发展史，以及今天全球化背景下各国之间密不可分的经济联系，可发现：现有资源的枯竭和环境恶化，已不是某一地域或某个国家的问题了。

因为西方比我们发达，我们自然会关注西方。在赞美异国美好事物时，有人将自己并不了解的异国事物理想化，有人对中国的现状丧失信心，还有人对同胞表现出憎恶，将中国目前的环境污染归咎于中国人的劣根性。上述看法，只会令我们对问题的认识停留在情感的层面上，由此产生的不满和自卑无助于理性思维的形成。不了解过去，特别是不能客观地了解和研究西方发达国家曾经被污染的事实，以及他们痛定思痛、通过努力取得成绩的过程，我们就难以消除对自己国家现状的消极认识，甚至自卑地认为中国的污染是美丽地球上的一个特例，失去解决中国问题的决心与信心，更不会以一种全球的视角，甚至是全人类发展的视角，来审视人类历史上面临的前所未有的危机。

考察结束后，回程要穿过一座四百多年历史的木制风雨廊桥，阿勒河的美景再一次映入眼帘。时至今日，伯尔尼污水处理厂对污水的高水平处理方式与棉纺厂对阿勒河的污染历史依然经常在我脑海中交织。

试想某一天，来自中国的学生参观了阿勒河的棉纺厂，被厂区的生态环境打动，生产如火如荼，污水被高效处理，最后达到洁净水的标准，排到阿勒河……中国学生对此非常感兴趣，争先恐后地围着棉纺厂的负责人，向他请教污水是如何处理的。他们求知若渴，全因远在万里之外的家乡——中国——正在发生纺织业造成的污染灾难。

但以上只是我的假想，在今天已是不可能发生的事，因为阿勒河畔的棉纺厂已失去了原先的功能，今天的伯尔尼人把它改造成创意产业园，在瑞士也已几乎找不到一家纺织厂了。凭借瑞士目前对污水的处理水平，纺织厂的污染治理已完全不在话下。那为什么纺织产业没有继续在瑞士存在？纺织类产品在瑞士琳琅满目，人们的日常生活不能没有这类基本用品，纺织厂又去哪里了？

图5　一百年前阿勒河畔的棉纺厂女工（翻拍于创意园内悬挂的照片）

微笑与忧伤

到欧洲的许多中国游客，常常有这样的行为：在国际品牌店里买衣服，特别是准备送给国内的亲人朋友时，总要看一下衣服上的标签是否标注着“MADE IN CHINA”。如果衣服产自中国，在送人时往往要解释“这是在欧洲买的，中国市场没得卖”以展示自己的诚意。

有一条曲线被称为微笑曲线（Smiling Curve）（图1），讲的是现代产业价值链的事，或许能解释上面的现象。在这条曲线中，一头是研发、设计，另一头是销售、服务，中间是加工生产。处于两头的产业利润率为20%～25%，而处于中间的加工生产产业的利润只有5%～8%。尽管有学者认为中国现在仍然不是世界工厂，但从21世纪初开始，许多国外媒体频频用“世界工厂”来称呼中国。大量资料显示，正是由于以沿海地区为中心的出口型制造业的发展及迅速壮大，中国已经拥有在服装、电子机器、家电、摩托车等领域的全球最大生产规模，并且成为最大出口国。

有一张照片（图2）——我常在课堂上放映给学生看——显示中国目前的水污染和人们的生活有多近。在珠江三角洲地区，常能见到垃圾漂浮的水面，但令人触目惊心的是照片中贵屿镇的女青年面对污染时的态度。这让我想起30年前，在阳江城——当时还只是广东省的一个县——的一条河涌边，自己和邻居同伴一起淘红虫的场景。红虫是金鱼喜欢吃的食物，常生长在污浊的河涌边。当时烈日当空，河涌散发出阵阵恶臭，不远处传来五金加工作坊机器的轰鸣声，但我们几个小伙伴竟然陶醉在河涌边红彤彤的红虫收获当中。我们对周边环境的忘我状态显然与30年后贵屿镇的这位女青年一样。不管以前还是现在，污染的来临并不是瞬间而至，它往往悄无声息，一步步地成为我们生活中的一部分，当我们发现时，已经难以逃离，只能逐渐习惯。我的记忆和这张照片都是中国水环境严重污染的一个缩影。2013年中国水利部发布的《第一次全国水利普查公报》显示，中国拥有22 909条流域面积在100平方公里以上的河流，绝大多数已经遭受到程度不同的水污染侵害，而这些河流的支流亦不可幸免。

瑞士的纺织厂曾严重污染了阿勒河，今天干净的阿勒河和纺织厂的关闭不无关系。下面的数据同样可以看到中国纺织业对水污染的“贡献”。

2012年4月9日，自然之友、公众环境研究中心、达尔问、环友科技、南京绿石5家环保组织联合腾讯绿色频道在北京共同发布了《为时尚清污——绿色选择纺织品牌供应链污染》调研报告，调研中环保组织发现：

历年的中国环境统计数据表明，在重点调查工业行业中，纺织业是排污大户。2010年，纺织废水排放量达到24.55亿吨，在当年统计的39个工业行业中位于第三位，占重点调查统计企业废水排放量的11.6%。

在纺织行业中，染整（即印染和后处理）废水占80%以上，化纤生产废水量约占12%，另外8%是其他纺织废水，“从区域来看，浙江、江苏、山东、广东和福建5省的染整废水总量约占全国染整废水排放总量的90%”。

另一组由中国纺织工业协会统计的数据，以事实说明了纺织业“世界工厂”的地位促进了中国的经济发展和就业：2010年，中国纺织业的纤维加工总量为4 130万吨，占世界总量的52%～54%；全年中国纺织品服装出口总额达2 120亿美元，占世界出口总额的34%。中国纺织业的纤维加工量约占世界的一半，纺织品服装出口额占世界的34%。

“阿勒河的纺织厂去哪儿了”的疑问，我们似乎可以在上面的数据里找到答案。作为生活在世界最富有国度里的伯尔尼人，在商场选购衣服时，或许再也不会关心纺织厂到底搬到哪里去了。

回到本文开头，在欧洲许多时装店里，尽管卖的大多是欧美知名品牌，但翻开衣服标签，常常会看到“MADE IN CHINA”的文字。然而，这种状况在不久的将来也许会不复存在。在我们为自己作为“世界工厂”向全世界输送物美价廉的服装而不知是喜是悲时，更多以“MADE IN VIETNAM”（越南制造）、“MADE IN CAMBODIA”（柬埔寨制造）的标签生产的国际品牌服装开始出现在欧美卖场。在今天，发达国家占据纺织与服装产业链高端是众所周知的事情，其他发展中国家也逐渐开始抢占产业链低端的位置。2009年，我的一位同事就辞去高校安逸的教师工作，毅然到越南某地开办了一家服装厂，没有高额的回报诱惑是难以让他做出远离熟悉环境的抉择的。据中国海关部门的统计数据，2012年以来，在以印染、整理为主的纺织原材料加工环节，中国仍占据世界最主要地位，但以成衣加工为主要内容的纺织服装环节，相关出口份额却大幅下降。一个产业的转移，原因有很多，但最直接的原因是生产成本。

土地价值、劳动成本和对污染的治理费用提升让瑞士的纺织厂丧失了国际竞争力。国际服装品牌正在把服装纺织环节从中国转移到成本更低的国家，说明这几年中国的劳动者工资待遇和土地价值在提升。但为什么没有把污染更严重的原材料加工转移走呢？尽管我不是经济学家，但简单的事实让我这名门外汉也敢作出这样的判断：在中国，为污染买单的成本仍很低。

与研发、销售相比，加工这块“蛋糕”只占5%～8%，即便是这么小的一份，还在竞争中不断被切割，正在发生的事实提醒中国纺织业，有在世界产业链分工中滑向曲线谷底的危险。污染少的成衣加工环节正在转出中国，而印染、整理则进一步集中在中国，这个国际分工无疑把污染较为严重的环节留在了中国。

对于什么是“世界工厂”，原环境保护部副部长潘岳是这样论述的：就是用自己的资源替发达国家生产低级工业品，用自己的身体去承受污染，所赚取的不过是微薄的加工利润。对于污染和纺织业新一轮的国际分工，姚伟——一名服装产业的观察员是这样评价的：污染仅仅是一个表象，更为严峻的产业流失，却触动了中国的最痛处。前者试图分析污染的起因，后者则直白地讲出污染背后隐藏的焦点。问题的复杂性就在于，当我们处在微笑曲线的底部时，发现污染的起因——经济增长，就是我们追求的焦点。

2013 年伊始，两件与环境污染有关的事件接踵而来：先是北京的雾霾，接着是山东地下排污传闻。如果说雾霾之前已发生几次，让大家有了心理准备，突然而来的网爆地下排污真相似乎让我们已经紧绷的神经变得更加脆弱。环境保护部在 2011 年先后发布了《环境影响评价技术导则　地下水环境》和《全国地下水污染防治规划（2011—2020 年）》，开始在全国范围内评估地下水基础环境状况，但中国特色的效率规则却在地下水污染防治中失灵。地下水污染防治只花钱，没效益——主要受益是老百姓的健康，最后就看谁愿意买单了。

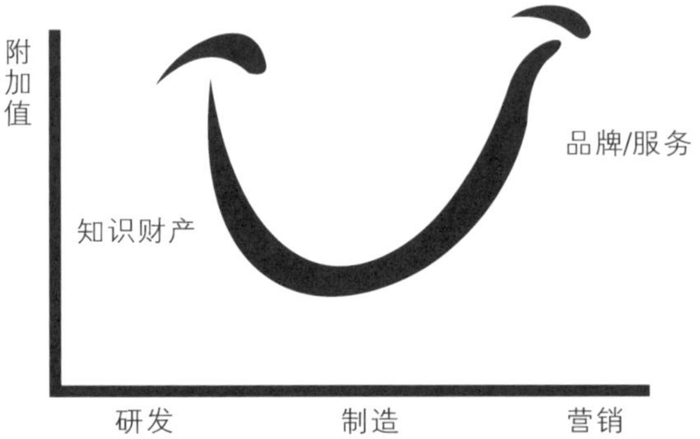

图 1　微笑曲线（来源：http：//baike. baidu. com/view/635911. htm）

图 2　广东省汕头市贵屿镇河流、水塘都已被污染，与自来水价格相比，村民们还是宁愿在漂着垃圾的水塘里洗涤（2005 年 11 月　卢广摄）

在新一轮的纺织业红利中，初加工环节仍留在中国，从侧面反映了与造成污染的成本低有关；而地下水防治的费时、费力和费钱，又证明了污染的防治成本很高。污染防治离开了经济，就成了假命题。污染与经济的关系是，经济的发展带来了污染，污染的防治又加大了经济发展的成本，在经济发展与污染防治面前人们似乎陷入了两难。但有时，经济的发展又减少了污染，这种转变很微妙，可以用另一条曲线——环境库兹涅茨曲线（Environmental Kuznets Curve）来讲述。

环境库兹涅茨曲线呈倒U形，正好与微笑曲线相反，像一个忧伤的表情，我叫它“忧伤曲线”（图3）。当一个国家经济发展水平较低的时候，环境污染的程度较轻，但是随着人均收入的增加，环境污染程度由低趋高，环境恶化程度随经济的增长而加剧；当经济发展达到一定水平后，到达某个临界点或称“拐点”以后，随着人均收入的进一步增加，环境污染程度又由高趋低，其环境污染的程度逐渐减缓，环境质量逐渐得到改善，忧伤曲线讲的就是这个污染与经济发展的关系现象。[1]

有研究认为，人均收入8 000～15 000美元时，环境污染最严重，处在富而脏的阶段；经济再往前发展到人均收入15 000～20 000美元以后，污染开始回落，逐渐变得富而美。2011—2012年中国人均国民生产总值达到5 400美元左右。如果套用上面的理论，中国现阶段处在朝着富裕前进但环境也脏的阶段。

1995年瑞士人均国民生产总值达到44 642美元，2005年达到50 158美元，在这十年间稳坐世界最富有的国家前五名，是名副其实的富裕国家。而在1960年，瑞士人均国民生产总值仅为1 775.97美元，1970年为3 480美元，1980年为18 590美元[2]。同时，瑞士的环境污染从20世纪70年代开始逐渐减轻，验证了忧伤曲线说明的经济发展与污染的关系。

如果把两条曲线放在一起，我们会发现人们对这两条曲线的反应正好与它们形似的表情相反：处在微笑曲线中间的加工企业，在产业链的底谷，往往以廉价劳动力来赚取微薄的收入，同时还用当地的资源消耗来换取竞争力，经常还要为污染这个副产品买单。这类加工企业多集中在发展中国家，所以大多数人笑不起来。忧伤曲线不容乐观的一面，可以通过世界银行1960年至2009年世界主要国家人均国民生产总值（GDP）变化曲线图（图4）看出，世界主要发达国家在20世纪80年代至90年代间已进入拐点，而作为发展中国家，中国和印度正在朝拐点前进。如果按照上述研究观点，人均收入8 000～15 000美元时环境污染最严重，那中国的污染高峰期还为期甚远，说明大多数中国人还要在漫长的污染期中度过——这似乎再一次证明了忧伤曲线的本来面目。自20世纪70年代以来，西方国家的成功又为我们展示了环境污染由坏趋好的乐观前景，根据忧伤曲线显示的规律，似乎提供了这样一种推论：在经济发展当中，环境问题无须特别注意，可以通过经济快速增长来尽快超过对环境不利的发展阶段，抵达忧伤曲线中对环境有利的发展阶段。所以这条曲线又令大多数发展中国家看到希望，是令人开心的曲线。

---

〔1〕参见 http：//baike. baidu. com/view/60982. htm。

〔2〕世界银行1996年度报告 . 北京：中国财政经济出版社 .

2010年广州亚运会开幕前夕，我从瑞士回国，到广州的当晚就驾车到城区转了几圈，明显感到空气清新，城市面貌整洁，不禁感叹广州正变得像瑞士那样漂亮。这一切不仅与政府极力推动城市美化运动迎亚运有关，还与经济发展的数据分不开。据2007年1月4日中央电视台《新闻联播》报道，广州市人均国民生产总值预计在2006年超过1万美元，从而成为中国内地首个人均国民生产总值过万美元的城市，意味着广州在国内内地城市中率先进入发达状态。两年后（2008年），广州市人均国民生产总值就达到11 696美元（约人民币81 233元），提前两年完成“十一五”目标（到2010年全市人均国民生产总值达到1万美元），这次数据按常住人口平均数计算，是货真价实的数据（广州市统计局数据）。根据2010年4月12日广州市市长作的政府工作报告显示，2009年万元GDP能耗下降4%以上，二氧化硫和化学需氧量排放量分别下降8%以上和6.2%以上，空气质量优良率为95.1%，同比上升0.8百分点，为1.77万户低收入家庭解决了住房困难问题，累计完成总目标的51.72%。与此同时，广东的深圳、佛山等地也发生了类似的变化。

由此看来，忧伤曲线应改名为“微笑曲线”了。

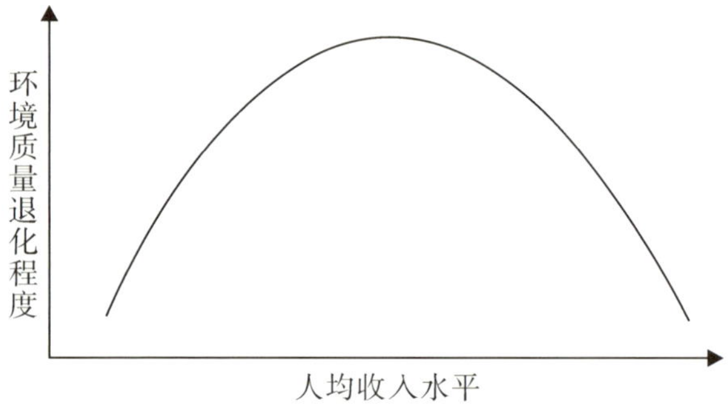

图3　忧伤曲线

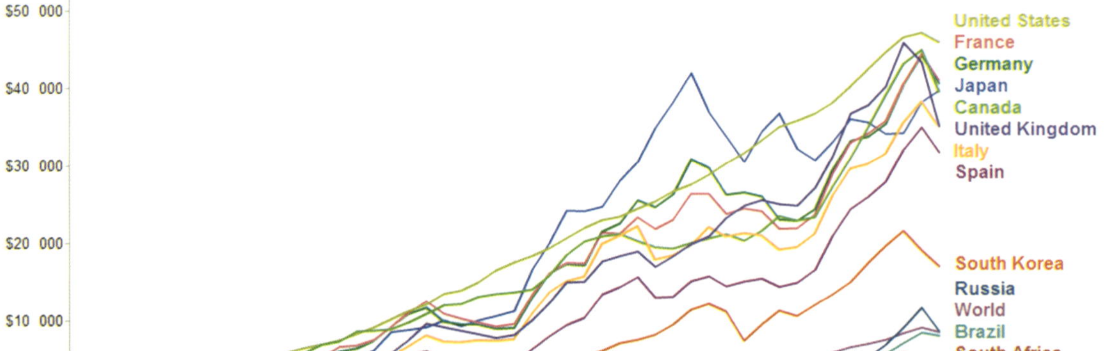

图4　1960—2009年世界主要国家人均国民生产总值变化曲线图
（资料来源：世界银行．世界发展指标．2010－12－22）

第三条曲线

在瑞士伯尔尼学习之余，我常与一起留学的罗思敏（广州思哲设计院总设计师）喝从中国带来的普洱茶。由于没有茶具，我们只好用瑞士人煮奶酪的陶壶来泡茶，最后罗思敏决定把这个陶壶从伯尔尼带回中国。瑞士与中国，总是我们每晚长谈的内容，话题也常涉及中西方历史，甚至在讨论某个历史阶段东方与西方谁强谁劣时，免不了争论一番。

当观察中国学生和欧洲学生关于吃苹果的态度时，我已在潜意识中把中国和发达国家进行比较。

20 世纪 80 年代末至 90 年代初，中国沿海城市先后兴起一股仿欧洲古典建筑的风潮，大量新建或改造建筑在正立面加个科林斯柱式[1]的西式门楼，也少不了在屋顶建个古希腊神庙的三角墙。室内设计中则是有过之而无不及，连园林小品也是仿西式古典的人体雕塑居多。那个时期，美术学院雕塑系的学生常常接到许多活——为放在建筑外墙和室内的西式古典雕塑而赶工。当时仿建的西式建筑，包括雕塑，大多粗制滥造，品位低俗。然而在两百年前，德国美学教授赫什菲尔德（CLH Christian）在他的《造园学》中就写道："现在人建造花园，不是依照他自己的想法，或者依照先前比较高雅的趣味，而只问是不是中国式的或英中式的。"[2]他无可奈何地承认了中国艺术在欧洲影响的广泛。我在华南农业大学风景园林系任教时读到的一本书——《中国造园艺术在欧洲的影响》，书中也这样写道：

> 18 世纪初年，法国的来华传教士最早向欧洲介绍了中国的造园艺术。在中西文化交流史上，中国造园艺术在欧洲的影响，情况之热烈，时间之长，范围之广，程度之深，都是少有的。这一场造园艺术的"中国风"牵动了欧洲 18 世纪最杰出的知识分子，包括伏尔泰、卢梭、歌德、席勒。[3]

这本书之所以让我记忆深刻，是因为这段话多少让我拾起了自尊——原来欧洲人也曾是我们的"粉丝"。

---

[1] 科林斯柱式（Corinthian Order），源于古希腊，是古典建筑的一种柱式。它的比例纤细，柱头是用莨苕（Acanthus）作装饰，形似盛满花草的花篮。

[2] 张亦弛．从"东园西渐"到"西园东渐"．风景园林，2011（2）．

[3] 陈志华．中国造园艺术在欧洲的影响．济南：山东画报出版社，2006：4.

然而我的自尊一点也不能改变这样的事实：从鸦片战争之后，“中国热”完全消失了。本来一百年以来，欧洲人把弯曲的屋面当作中国建筑最美的部分，到了19世纪中叶，它被认为是丑的了。[1]当中华帝国被武力征服，并在欧洲人面前暴露出它的孱弱和腐败之后，西方的知识分子们开始意识到：西方正在主宰世界。美国斯坦福大学的历史学和古典文学教授伊恩·莫里斯（Ian Morris）为这个问题写了一本专著：《西方将主宰多久——从历史的发展模式看世界的未来》。书中讨论的东西方既有地域的概念，也有从两个核心地带——亚欧大陆最西端和亚欧大陆最东端演变而来的社会。

从小学一直到大学，我们对历史的知识普及被划分为两大部分，即东方与西方，或是中国与外国两大部分。对于从浅到深地认识历史无疑是有利的，但以区域界定来研究历史的方法有时让我们忽略了从人类整体的概念来看历史的发展。在这方面，《西方将主宰多久——从历史的发展模式看世界的未来》在很大程度上拓宽了我的视野，包括看问题的角度。莫里斯教授在书中谈道：①人类自两万年前至今的发展曲线，显示东西方社会发展并没有太大差别。（图1）②从整个人类发展的曲线看，最近的几个世纪里发生的深刻变化是迄今为止最迅猛、最巨大的转变，工业革命将西方的领先地位转化为主宰地位以及由此带来巨大影响。但西方绝不可能永远统治世界，西方越是高速发展，跑步行进在和其他国完全不同的发展道路上，就越是使得其他国家跟随其路线，紧追其快速前进的步伐，[2]东西方分别的意义将会失去，中国的发展前景值得关注。③社会的不断发展使核心地区与毗邻地区的经济、社会和文化互相渗透，使核心地区不断扩大，人们对环境的控制力增强，从而促进社会发展。社会发展需要社会扩张，社会变得更复杂、更难管理。社会发展程度越高，越能威胁到社会发展本身。这是社会发展的悖论。社会发展产生的强大力量失去控制时，特别是变化的环境使不确定因素大量增加，社会的混乱、毁灭和瓦解就会随之而来。④到了21世纪，当社会发展达到一定程度时，地理划分就会变得毫无意义。到时真正有意义的就是奇点和世界末日之间的竞争。为了防止世界末日的来临，我们需要把越来越多的问题变成全球性的问题。[3]

在伊恩·莫里斯教授的启发下，我尝试描绘微笑曲线、忧伤曲线之外的第三条曲线。在这里，东方和西方谁的社会发展程度高的问题变得不再重要，这条曲线从人类整体发展角度看发展与污染的关系。

第三条曲线是从一个浅显易懂的故事引出来。伊恩·莫里斯教授在他的书中描述了一条债务曲线，曲线背后是关于借一美元买咖啡的故事。为了更有中国味，我稍作一点改变。故事是这样的：星期一，一名学生在校门口小卖部吃了一根一块钱的香肠，吃完才发现忘记带钱了，于是对老板说，过几天给你。老板说星期五前一定要给，否则从第二周开始，每周翻倍偿还。为了表达自己的诚意，也因为一块钱很少，学生一口答应，并随手在

---

〔1〕陈志华．中国造园艺术在欧洲的影响．济南：山东画报出版社，2006：183.

〔2〕伊恩·莫里斯．西方将主宰多久——从历史的发展模式看世界的未来．钱峰，译．北京：中信出版社，2011：360.

〔3〕伊恩·莫里斯．西方将主宰多久——从历史的发展模式看世界的未来．钱峰，译．北京：中信出版社，2011：432.

赊账本上画了押。还是因为一块钱很少，学生在第一周就忘记还了，接着第二周也忘记了……两年后，当学生要毕业时，老板拿着皱巴巴的本子找到他，一算账，学生当场昏倒。图 2 显示了这份昂贵的赊账：*X* 轴是周数，*Y* 轴是待还债金额，由于一块钱金额小，在很长的一段时间里，曲线几乎贴近 *X* 轴。第二周过去了，钱是 2 元；第三周过去了，钱是 4 元；第 4 周过去了，钱是 8 元。依此类推，在很长的一段时间内债款都没有什么变化，怪不得学生忘记了还钱这回事。直到第 14 周代表债款的曲线才变得清晰，债款从第 16 周开始有了明显的变化，达到 32 768 元，而到了 24 周，该学生已欠 8 260 608 元。如莫里斯教授讲的，这真是“史上最昂贵”的一根香肠。

这条曲线反映的债款从不起眼到奇点出现后，结果的不可逆令人触目惊心。请让我借助债务曲线的行为与轨迹描绘“第三线曲线”。因为债务曲线对我们认识环境的恶化有启示作用。我把债务曲线图中的 *Y* 轴改为“污染程度轴”，*X* 轴改为“时间推移轴”，你看到的是在社会向前发展（时间的推移）中同样令人触目惊心的全球污染曲线。（图 3）

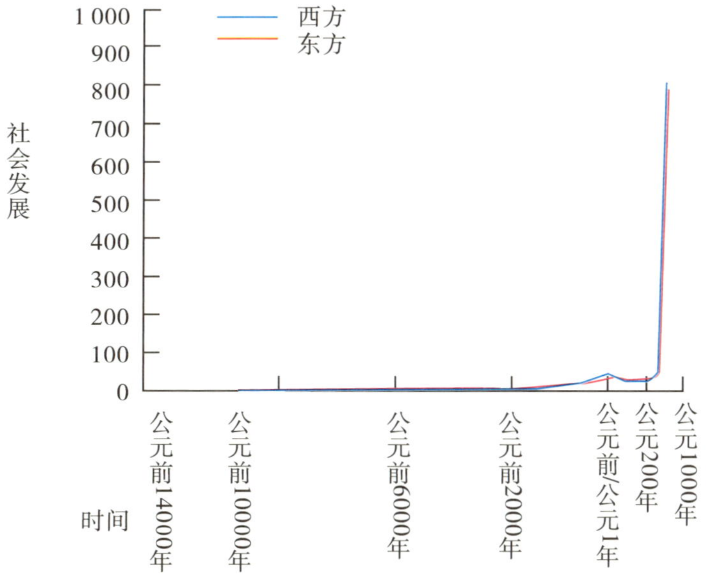

图 1　莫里斯教授通过测量和评分，在书中描述自公元前 14000 年以来东西方社会发展曲线图

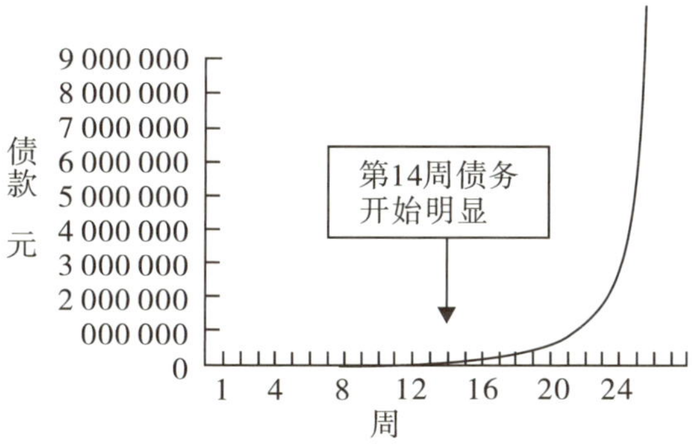

图 2　反映一条香肠的债务曲线

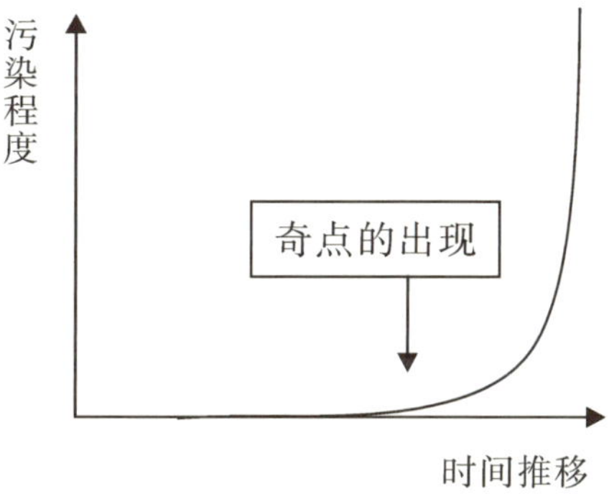

图 3　第三条曲线：全球污染曲线

伊恩·莫里斯教授在《西方将主宰多久——从历史的发展模式看世界的未来》中以8 000年前的采集人、11 世纪东方与西方、19 世纪的西方与东方的例子讲述经济发展与污染的关系。尽管从8 000 年前的采集人时代到工业革命前的一万年人类发展进程中，造成的污染在增大，也发生过一些生态危机，但没有波及全球，也没有超过人类社会所能承受的范围。在18 世纪下半叶开始，化石燃料中的能量转化成动力使欧洲的工业革命促使社会以前所未有的速度发展。英国通过能源、技术将军事力量投射到世界上的任一位置，东西方的交汇变得史无前例的激烈，也促进了城市的迅猛发展。人类社会在发展当中不断获取资源，从原始的人力、畜力向从木材、水力发展，当从煤矿中提取能量用于生产时，人类社会的发展速度有了更大的提升。人们对环境的控制力大大增强，获取能量的能力越来越强，人口增长速度随之加快，社会发展程度也越来越高，资源的消耗变得巨大，加剧了生态的危机，资源造成的硬上限成为发展的悖论，这些问题加剧了社会发展的矛盾。越来越多的历史研究成果让我们意识到：许多文明之所以消亡，其原因是过度开发环境，从而削弱或毁坏了自身文明的根基。

因此不管东方还是西方，从人类发展与污染的关系来看，在一万年的历史里，东西方在19 世纪前的发展曲线走向基本一致，而在19 世纪之后西方社会发展加快，污染也加快。到了20 世纪中期，西方社会的污染水平才开始逐渐回落，而这时，东方经济在加快发展，污染程度开始向上攀升。西方经济的发展到达一个拐点，从而让污染程度回落。这就是忧伤曲线为发展中国家展示了发达国家经济增长与环境之间的转化规律：随着经济发展，人均收入提高，对环境的需求也会变高，会主动采取环境友好措施。这一过程即先污染，后治理。微笑曲线的谷底多是高消耗高污染的企业，他们根据忧伤曲线展示的规律，争取向两端转变，因为在微笑曲线两端有他们的希望——在那里不仅有高额的经济回报，还能换来优美的环境，似乎一切都朝好的方向的发展。但是，正是第三条曲线，提醒我们要从整个人类发展的时空来看问题。当我们把微笑曲线、忧伤曲线和第三条曲线放在一起来看时，就不难发现：污染只是从一个地方转移到另一个地方；而且污染程度仍呈上升的趋势。

有一种乐观的观点认为能源取之不尽，因为我们不知道未来会用什么样的能源——它们就像宝藏一样，等我们去发掘。没错，但在找到新能源之前，我们不得不思考：人类社会的发展将不可避免地使他们所能获得的资源承受压力，在不断发展当中对环境的破坏程度超过了自然环境自我修复的能力，会造成环境破坏出现不可逆性。这个不可逆性就如当债务到达第24 周时，由于数额巨大，即使其他人想帮这位学生，也根本无力偿还。

有一个空想家，构思如何将地球变得比现在大几十倍，用于应对不断膨胀的地球人口。他用电脑模拟了将地球变大的过程：第一步是从地球向天空建立一根根管道，第二步是将管道端口连接起来，形成若干个多边形，第三步是在多边形上再构建更密的网格，第四步是把地球的土壤通过管道运到空中，将土壤铺在与地球海洋区域相对应的密网上，这块新土地就是新的城市中心。一开始，人们围绕着新城市中心建卫星城，当新城市发展不断扩大时，越来越多的框架被从地球上运来的泥土填满。每个巨大的城市体之间留有空余的区域，以便让阳光照射到地球故乡上。因为新增的表皮离地球不远（起码不用飞到火星），从地球到达的时间和难度就比登月球容易多了（图4）。我不禁佩服这位空想家的宏伟创意，不要嘲笑他的不切实际，每个时代都会有超越这个时代的思想，它们推动了历史向前发展，就像一百多年前，世界上绝大多数人都不会相信人类可以到达另一个星球。但从目前的技术条件来看，这是个漫长的过程，或许还没有到那个时候，人类社会已经回到了原点甚至灭亡了。

难道人类最后真的要移民到另一个星球上去？

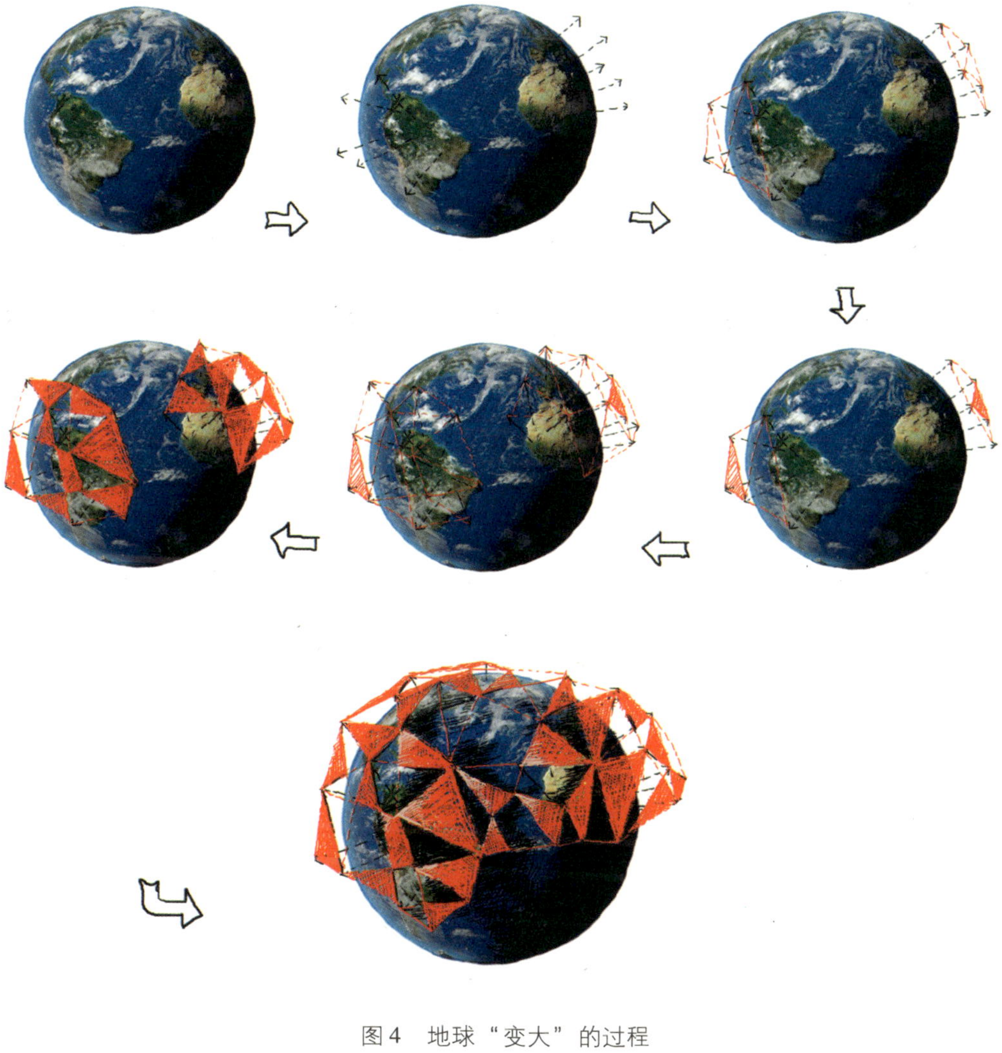

图4　地球“变大”的过程

北京的“伦敦雾”

如果新地球空间真的存在，北京人也许会选择去上面躲一躲。2013 年初，一场雾霾让人们把焦点集中到了北京。这次北京的雾霾比以往的都要严重，2013 年 1 月 31 日，中央电视台《新闻 1 +1》节目破天荒第一次讨论交警执勤时是否戴口罩。一条被转发 3 万余次的微博称：“霾又来了，行人中很多戴口罩，路上的警察不戴，我问你们不可以戴口罩吗？年轻的交警说不可以。”当年 3 月当重度雾霾、沙尘天气一起到来时，北京市警察统一佩戴了口罩。

这让我再次想起那位外国设计师讲过的在中国用健康话题去推进环保的观点。同样的事件，同样的角色，同样的应对方式，历史如此相似，当健康受到威胁时，不管东方西方，人们的反应都是一致的。

相比地下水污染的隐蔽性，雾霾更能诱发强烈的集体关注，中国的领导层也就雾霾发表了公开讲话。许多人感到庆幸：这件可怕的事情背后，终于看到即将到来的转折——污染正从一个社会问题成为国家的一个政治议题。大家期待各种问题在北京的雾霾事件后得到解决。

对比英国人治理伦敦雾的经验不难发现，伦敦雾事件后，伦敦市政府出台了一系列法律法规，包括 1956 年和 1968 年先后两次颁布《清洁空气法案》。这些法规严格禁止城市居民和工厂主排放黑烟，并要求必须使用无烟燃料。从 1952 年发生的伦敦雾事件到 1962 年的 10 年间，大雾还是多次出现，还曾有 750 名伦敦市民死于大雾。但和 1952 年上万人的死亡相比，改善不小。经过英国人数十年的努力，因污染而闻名于世的“雾都”伦敦终于拨开浓雾见蓝天。类似的空气污染事件还有洛杉矶光雾事件。它发生在 1943 年 5 月至 10 月，400 多人在这次事件中死亡。直到 20 世纪 50 年代初，人们才寻找到光雾的罪魁祸首——汽车排放的尾气。治污对象明确后，洛杉矶没有采用禁车限车的做法，而是为了保持经济和文化效益，选择从改善车辆排污入手。经过不懈努力，对汽车废气的控制装置在 1966 年才全面装载在加州行驶的新轿车上。在整个治污过程中，当措施实行后，治污初见成效，但不久又出现了新的问题，政府虽然加大了整治，但污染的反复让洛杉矶在 20 世纪 70 年代还被称为“美国的烟雾城”，只不过烟雾排放量在逐年减少。直到 2007 年，整个洛杉矶地区才真正达到了清洁空气的标准，摆脱了“烟雾城”的耻辱。

污染的治理背后需要综合各方面的考虑，这一点，历史上两场空气污染事件的治理过程可以告诉我们，任何一蹴而就，或者期待一两场运动就可以解决问题的想法都不利于事情向好的方面发展。洛杉矶治雾的漫长和污染的反复，让我们更清醒地意识到治污过程的艰辛，同时也认识到解决问题需要非凡的耐心和锲而不舍的精神。即使再痛，也要做好长时间承受痛的心理准备。在我看来，这种准备是一种沉着的心理素质，能够帮助我们理清看似简单问题背后的纷繁复杂的关系。思路的转变同样需要冷静的头脑，在北京的雾霾事件引起全民关注后，我担心的是，迫于巨大的压力产生的冲动，可以调动巨大的力量，但有时也会让理智远离我们。轰轰烈烈的运动并不是好事，宏大的政治议题需要具体措施去落实，落实的细节要有全民的参与，公民责任的树立又要每个人自我的限制。应对需要调研，新的技术需要不断研发，实施中还有碰撞，这些都需要时间。

北京雾霾的真正意义，不仅是把全民关注的问题提上了政治议程，更深刻的意义是在全体中国人的面前摆上一组选择题，而且有时间限制，选项是：视而不见还是知难而上，因循守旧还是转变思路。事件的发生，让国人不得不去作这样一个思考。

莫里斯教授描绘的曲线显示人类社会在高速发展的同时也有一触即发的危机，这使得人类社会的发展变得极度脆弱。很明显，我们在与时间赛跑，而现实又要我们保持最大的耐心，充满矛盾的问题似乎让人无所适从，当中如何选择？这作为永恒的话题，从来没有离开我的思考范围。

我们在瑞士泡茶的陶壶最终没有带回中国，因为同学要去旅游，还购买了大量欧洲各地物美价廉的商品，经过考虑后，将这个富有纪念意义的陶壶留在了瑞士。选择，往往倾向于当下。

在污染尚不太严重时，我们往往会向更多的诱惑妥协；当我们面临严重的污染，在改善环境这件事上已毫无选择时，也许每个人都愿意为此作出牺牲。问题是，我们在等待着“毫无选择”的那一天到来时，第三线曲线已经暗示我们前面将会是无底的深渊。

这就迫使我们必须在多项中作出选择。

在面对选项时，往往思考的不是选项本身，而是选项的背后——利与害、难与易、付出与回报。选择几乎都是围绕自己的利益作出的判断，利益有远近、大小之分，但问题是，没有人预先告诉我们结果，该如何选择，这无疑考验我们的智慧。

这一点，将在下一章中讨论。

我们所处的时代

没有一本书让我看到第三遍，除了《从摇篮到摇篮：循环经济设计之探索》[1]。作者是一位化学家和一位建筑师，他们在书中提到森林里樱桃树“从摇篮到摇篮”的循环发展模式，在思考一个人的归宿时，森林中各生命种群的努力延续给了我启迪。生命的延续是人类的普世价值，当我的孩子诞生后，我发现自己开车比以前谨慎多了，这绝对是出于对下一代的爱护。当我看到别的孩子遭受苦难时，心生怜悯之情，更多的是联想到自己的孩子。许多时候我以为自己有超越别人的感受和想法，后来和许多人谈起的时候，发现这是大家最普通不过的反应。尽管会冒着以偏概全的危险，但我还是认为：共同的利益维系，才让一个个个体组成整体，才被称为人类。

“持续性”（Sustainability）一词首先是由生态学家提出来的，他们最初从环境生态角度提出“生态持续性”。可持续发展涉及自然、环境、社会、经济、科技、政治等诸多方面，我想，前提是生命的可持续。但人作为个体，活不过百年，如何谈生命的可持续？无疑，“下一代”是让这个话题得以讨论的前提。

2000—2030 年间，中国约有 4 亿人将从低耗能的农村迁往高耗能的城市，经济快速发展与环境承载之间的矛盾在快速城市化的背景下愈显剧烈。当我们关注环境恶化问题时，发现在高速发展中半生的一系列危机让我们面临更多的挑战：医疗保障体系不健全，人口老龄化加快，城市规模无限制扩大，交通拥挤；城市人口迅猛增长，中心区人口密集，失业人口增多；环境污染严重，原有生态环境改变，趋于恶化等等；都在这三十年间不可避免地出现在我们面前。单个问题看起来似乎是简单和轻易对付的，但放到整个社会发展主线上，却形成一个错综复杂、互为现象与原因的“大杂烩”。同时，它们还处在动态的发展当中，还有可能出现人们无法预见的新情况。更为复杂的是，在环境保护方面，渗入了利益这一因素。

环境的污染让人们为此付出了沉重的代价，当我们努力去解决一个问题时，却发现另一个问题变得格外突出，甚至与初衷背道而驰，就像跷跷板一样。在污染面前，除了直接受害者外，谁也难以作出利益的割舍。从西方国家的经验来看，单纯从环境论环境不可能解答“可持续发展”这一全新的课题。

---

〔1〕 威廉·麦克唐纳，迈克尔·布朗嘉特．从摇篮到摇篮：循序经济设计之探索．中国 21 世纪议程管理中心，中美可持续发展中心，译．上海：同济大学出版社，2005.

在经历一个又一个的教训后，人们开始理性对待经济发展与环境之间失衡所产生的问题，越来越意识到均衡好各种利益才能使问题往有利的方面解决，特别是从长远的角度出发。有些学者还提到了中国传统的中庸之道——要平衡而不要失衡。

在全球气候变暖的问题上，更多科学家表现出困惑——我们尚不知如何解决，最好的解决办法是继续观察。这就是我们所处的时代，看似明晰，却又含混，使我们对未来既充满希望，又不知所措。既有交融，又处处离不开竞争。我们将往何处——每个时代都在思考着这个命题，然后不知不觉地到达了“这处”。我之所以花大量篇幅来谈污染，是因为有了它才有了可持续的命题。先发展—先污染，后发展——后污染，污染正以地域性的特征表现出来，像幽灵一样从一个地方跑到另一个地方，始终没有消失。可怕的是，它与人类社会发展一样变得越来越复杂。全球化让东西方的依存更加紧密，污染已成为全球性问题，西方人也摆脱不了污染。如果说有什么让他们欣慰的，那就是污染离他们远一点而已。人类社会要向前发展，就要寻找新的清洁能源来突破发展的瓶颈，但在找到之前，我们该怎么做？不管承不承认，我们的所有探索都不能离开生存，通俗讲就是吃饭的问题。经济与社会发展从来都是优先考虑的因素。

这就是我写这本书时所处的时代，我的思考和实践离不开这样的时代背景，任何人的发展都离不开他所处的时代，社会的时代背景深深地制约和影响着个人的所作所为。有时候个人觉得无能为力，但当我们有了共同的选择之后，这些共同的选择就一起改变了社会前进的方向。

那么，这一选择是什么呢？

回到前面提到的债务曲线图。如果学生在第一个月时被老板提醒，即便手头没有 16 元那么多钱，但先还 5 元，然后向同学借 25 元，每周付 5 元，且一直坚持 5 周……那在债款达到不可逆转前会有一段时间让他想办法来解决。尽管要找人借钱或打工进行偿还债务有一定的困难，但只要他坚持一点一点偿还，就可以赢得时间，推迟奇点的到来；在这段时间里，找到突破性的解决方案。

这难道不是我们所处的时代要做的吗？现在可以回答上面关于“选择”的问题了。当我们思考得越来越复杂时，是否回到一个既简单又不可回避的事实——我们的共同选择是：努力让我们以及作为生命延续的下一代，能在这个地球上继续发展下去。

接下来的所有探索都基于上述时代背景，还有我对生命的思考和对选择的理解。

就让我们从这里开始。

2 公车上的思考

博根多夫

瑞士伯尔尼应用科学大学的建筑系位于伯尔尼市附近一个风景优美的小镇——博根多夫（Burgdorf），从伯尔尼乘火车需 15 分钟的车程。为了更好地记住它的德语发音，来自中国广东的学生们常戏称它为“煲滚豆腐”。建筑系就在山上，每天清早步行去上课就是很好的晨练。

2009 年夏，国际环境艺术设计协会的工作人员打电话给我，说瑞士的一所大学在中国招收可持续发展建筑专业硕士（MAS in Sustainable Development in Architecture），其中一个条件是要在设计行业工作五年以上。

“有谁去？”我问她。

得知罗思敏也报名后，我便打电话给他。

学习结束后参加一次专业讲座，有专业媒体的记者采访我：“当初怎么会想到去瑞士读这个班的？”

我的回答让采访者有点意外。

我说：“我问罗思敏，他说报名了。我再问这个学校是‘野鸡学校’吗，他回答，已查过，在教育部有正式备案，于是我也报名了。”

“哦？”采访者脸上露出疑惑的神情，希望我能继续讲下去。

是的，一开始并不是“可持续”这个关键词吸引我。对可持续发展的认识最早是在 1996 年，我毕业后到华南农业大学园林教研室工作，当时从事绿地系统规划的教授们评讲学生作业时常提到“可持续发展”一词。二十年前，这是一个很新鲜也很时髦的专业术语。但如何做到可持续发展，教授们没有介绍具体的思路和途径。

去瑞士学习前的六年间，我在湖南株洲做风光带景观项目，对生态系统的建立有了一点认识，如用植物净化受污染的水体、土壤，通过立体式种植达到局部的生态效果。我相信，有许多设计师和我一样，知道应该朝着这个方向去做，但对可持续发展还是一知半解，缺少系统的知识和以可持续发展为目标的策略。当时得知罗思敏也去，心想他这么细心的人也报名了，这个学校应该是正规的，加上可持续发展是一个新颖的名词，所以就有了下面的故事。

从瑞士学习回来后，我从和设计同行们的聊天中知道，他们关注环保节能，但在项目设计中常处在不自觉状态，这也是我学习前的状态。在采访当中，记者问我："为什么你能抓住每个项目的机遇去发掘可持续的实施机会?"

我回答："因为我是经过训练的，所以在一开始时就能明确项目的可持续目标。"

到瑞士的第一课是校长20分钟的致辞——《构建我们的未来》，接着是世界野生动物保护基金会专家的讲座《可持续和环境/全球的挑战，地区的回答》，我在瑞士围绕人与环境和谐发展的课程学习由此开始。

总体来讲，瑞士的课程有三个特点：

第一，从宏观到微观、从全球到本土、从理论到实践，让中国学生系统认识可持续发展理念。

这是从根本上改变观念的课程，但并非空洞的概念或口号，它严谨清晰，由各个领域中的专家或实践者以具体生动的案例来感染学生，达到观念形成和掌握具体措施的目的。课程分为瑞士学习和中国实践两大阶段，包括五个方面：①关注全球——全球现象的介入；②关注欧洲与美国——可持续发展相关的方法论以及工具的介绍；③关注城市化——城市规划中的可持续发展；④关注建筑——建筑与环境层面上的可持续发展；⑤关注中国——本土的现状与作为。这五个方面分别从社会/健康、政策/标准、城市化/规划、建造/建筑、气候、水、废弃物、能源、交通、经济十个主题展开讨论，通过讲座、研讨会、案例研究、实地考察、个人研习、练习实践、学生汇报等方式让学生转变观念。

如果读者不厌烦的话，可以从第一阶段的课程中了解瑞士人设置课程的思路：

1. Constructions for the Future（"构建我们的未来"）

2. Sustainability and the Environment /Global Challenges, Local Responses（"可持续和环境/全球的挑战，地区的回答"）

3. Sustainable Development: Concept and Indicators（"可持续发展：概念与指标"）

4. Poverty, Wellbeing, and the Millenium Development Goals（"贫穷、幸福以及千年发展目标"）

5. Urban Systems and Sustainable Development（"城市系统与可持续发展"）

6. Urbanization（"城市化与人口老龄化"）

7. Global Climate Change（"全球气候变化"）

8. Solid Waste Management, Comparing Switzerland with Developing Countries（"固体垃圾管理，瑞士与发展中国家的比较"）

9. Chapter Energy（"能源篇章"）

10. Gender & Health（"性别与健康"）

11. Urban Water Management（"城市用水管理"）

12. Methods in Transdisciplinary & Interdisciplinary Research（"跨学科与各学科之间合作研究的方法"）

13．Systems Thinking Basics（“系统思考基础”）

14．Arcology/High-tech/Add（“环境建筑的三个概念”）

15．Timber in Sustainable Development（“木材的可持续发展”）

16．European Standards and Beyond（“欧洲标准”）

17．State of the Art of Photovoltaics（“光伏能源的技术发展水平”）

18．LCC/LCA（“生命周期成本/生命周期评估”）

19．How to Cure Societal-Nature Relation Under Stress（“如何治疗压力下的社会本性关系”）

20．Negotiating Conservation and Development（“保护和发展的谈判”）

21．Sustainability in European Cities（“欧洲城市的可持续性”）

22．Chapter Water（“水篇章”）

23．LEED and *Cradle to Cradle*（“LEED 和《从摇篮到摇篮》”）

24．Air Pollution/Noise（“空气污染物/噪音”）

25．Mobility Management（“出行管理”）

26．Utopia（“从乌托邦到现实）

27．Energy Management（“能源管理”）

28．Conception & Strategies（“概念与策略”）

29．Low-Tech – High-Tech – Facade（“低技—高技—立面”）

30．Waste Management and Social Aspects of Health（“废弃物的管理和健康社会”）

31．Touris—Sustainable Development and Slow Architecture（“旅游——可持续发展和缓慢建筑”）

32．Slow Architecture（“缓慢建筑”）

33．Psychiatric Center Rheinau Switzerland（“瑞士精神疾病治疗中心）

34．Conducive to the Ration Use of Resources /European Passive House Labels（“有效利用能源和可再生能源/被动式房子标签）

35．Designing Rainwater Disposal Facilities（“雨水处理设施设计”）

36．Managing and Controlling the Water Cycle（“水循环的管理和控制”）

37．Parking Lot（“停车场”）

38．Life Cycle Assessment：the Impact of Materials on the Environment（“生命周期评估：材料对环境的影响”）

39．Indoor Air Quality and Radon（“室内空气质量和氡”）

40．Sustainable Landscapes（“可持续的景观系统”）

41．Construction Sit Management（“施工场地管理”）

42．Towards Sustiainability as a Way of Life（“走向可持续的生活”）

第二，针对中国本土的务实思路。

教学的四个模块中，第一和第四模块是在瑞士完成的，第二、第三模块的教学和实践训练是在中国国内完成。学校选择有650万人口的深圳市作为学习地点，组织一个教授团在中国进行教学。进行授课和交流的老师既有中国本土的专家教授，也有国外的教授和设计师。尽管国籍不同，但他们都有共同的特点：①熟悉中国的情况；②在中国从事可持续发展的理论研究或项目实践。

因地制宜不仅是可持续发展设计实践的方法，也是教学遵循的思路。学校的教授在设置课程时把这个要素用于课程安排的思路上：这批来自中国的学生，从事设计的时间已经超过十年，对中国的社会现状不可谓不熟悉，但对在中国进行的可持续发展设计的背景、现状，探讨之方向，解决复杂问题的策略等，可以说是陌生的。因此，教授们不仅是向学生输出价值观，还提供明确的目标，正如开学典礼上校长所讲的："回到中国学习，是因为你们要为本土设计，所以要更清楚你们的地方。"

瑞士人做事是认真的，我相信校长的话表明了他们开这个可持续发展设计课程班的目的。在瑞士学习生活的时候，我有一种强烈的意识，要把瑞士好的措施在中国实施。越是看到国外先进的方法我就越陷入自我拷问：这么好的途径，为什么在中国不能实施，为什么不这样做?!

在中国本土的学习与实践，让我开始了解这块土地——自认为是熟悉的——的情况。我意识到自己在中国可持续发展设计状况上的孤陋寡闻，事实上，国家已经从战略层面提出和制定政策法规，已经有大量关于可持续发展设计方面的理论研究，并相应地制定了标准，也提供达到标准后的奖励和补贴。此外，在欧洲看到的措施和技术，在国内已有许多案例应用。在深圳学习期间，我参观了深圳建筑科学研究院，这是一幢满足绿色建筑三星评定标准的建筑，里面集成了雨水回收、太阳能发电、导光系统、污水处理、首层架空向公众开放等一系列示范措施。在学习期间，我研究的珠江城——曾在宣传时号称亚洲零能耗的建筑，应用了双幕墙结构、太阳能光伏板、室内冷辐射天花，甚至计划利用建筑的四个大风洞进行风力发电（最后因造价和维护成本高被取消）。我在瑞士参观考察过的措施和技术大多在我所了解到的国内项目中有所应用，有些甚至更加大型。

深入了解后，有几个事实摆在我们面前：

（1）在各地政府着力推广下，生态建筑、绿色设计等掀起一波又一波的发展高潮，但对庞大的建筑量而言，生态环保、绿色节能的案例仍然是小部分，出现"两头大、中间小"的沙漏式失衡局面（图1）。即前端科研队伍十分活跃，后端绿色成果及评价也受到政府和舆论的高度关注，但中间的设计人员主动学习与掌握绿色建筑设计技术的热情却不高，往往需要聘请专业顾问。同时，因为不能掌握绿色建筑设计的本质，甚至出现了简单地将各种绿色技术和产品进行堆砌的情况，反而造成新一轮的资源浪费与环境破坏。〔1〕

（2）对节能技术基于气候地域以及经济条件的适用性缺乏充分考虑，出现了大量高技术、高成本堆砌的"节能建筑"不节能的案例。在房地产开发以及建筑研究领域，存在将

〔1〕 修龙：大道至简　返璞归真　与城市和谐共存的绿色建筑——中国院创新科研示范中心的实践．建筑设计管理，2013（5）．

节级“标签”化的现象；出于商业宣传的目的，环保节能成为各个开发商热炒的概念，甚至在城市商业中心也不切实际地对节能提出零能耗概念。在政府层面，为了政绩而实施的节能建筑仍然占有一定比例。这些倾向，对节能产业的长远发展产生了较大的负面影响。

（3）中国地域辽阔，统一的标准和现有体制在某种程度上制约了各地的主动性、灵活性。清华大学建筑节能研究中心江亿院士以中国南方城市冬暖夏热的气候条件为例，谈到低耗能生态示范建筑是否能够达到真的节能时指出，节能的关键不在于技术，使用的模式才是影响建筑节能效果最重要的因素。如果要硬性保持全天 24 小时 24℃ 恒温的话，外保温确实能降低能耗，但若我们从人性化的角度，容许温度在 18℃ ~24℃ 的话，内保温的效果则更好。事实上，广州的建筑现在大量使用外保温，这就是一个技术错配的例子。许多时候，由于实践运行条件与设计条件差异很大，一些设计工况下的节能技术也可能在实际运行条件下变得高耗能了。在农村的发展建设上同样出现了一个不可忽视的问题，由于资源主要集中在城市，利益的驱动让更多人把研究的目光集中在城市，而忽视了村级建筑领域。有很多标准和指引是针对城市建筑的，在技术服务乡村时，它们被生硬地套用到了农村，不仅没有起到引导和指引的作用，反而将新农村建设引入误区。

（4）在可持续设计的实践和探索中，存在一种重技术设备、轻社会伦理的现象，忽视了作为主体的人在整个关系中的主导地位。可持续发展设计强调社会、环境、经济三者的平衡统一，环境、经济两者是可以量化评价的因素，唯有社会一环充满了丰富的多变性。相对于经济、技术等要素，在设计当中对社会性的研究就更重要了。在瑞士的课程中，就开设以社会和人为主题的专门课程。

在深圳的学习当中，熟知中国情况的专家们——一部分来自国外——让我深入了解本土情况，也让我发现现实问题的复杂性。在去瑞士学习前，我经常会抱怨社会的不公和环境的恶化；在瑞士学习期间，常常交替着新认知带来的振奋和国内外对比落差形成的沮丧；而在中国本土的学习，更多的是反思，当真正了解自己熟悉的地方后，反而对未来充满信心。

第三，灵活的师资组织。由多所大学的教授、研究机构的专家、政府部门和企业人士共同授课，包括伯尔尼大学、苏黎世联邦理工大学、瑞士四所应用科学大学（FHNW、ZHAW、HSLU、FOH）和瑞士联邦水科学与技术研究所等。其实学校建筑与土木工程系的教师没有这么全面，师资力量也不是那么雄厚，但他们打破学校与学校、学校与企业、学校与研究机构、学校与政府部门间的隔阂和门槛，有效地组织起跨部门和跨学科的团队进行授课。对比国内大学教育中因人设课，因为没有课程教师而取消课程的现象，伯尔尼应用科学大学的课程组织很好地解决了这些问题。

在教学中，学校专门成立一个课程组织的教授团队，由两名本专业教授分别主持两大课程模块的统筹和教学工作，结合开放与多样的教学方式，组织四十多位来自不同地方不同学科领域的专家参与到课程教学与研讨中。而真正属于本系的教师只有四五名，起到以一当十的作用。作为担任课程负责人的教授，既是授课者，又是若干课程组织者，包括对系统内关联的每门课程教师进行选定与安排。负责人从开始到结束一直紧跟课程进度，监控课程质量，每节课作讲授前的引言，结束时作总结，组织授课与讲座相结合、考察加实践并行的多元化教学方式（图2）。到了中国深圳，授课也是由来自伯尔尼应用科学大学的教授和国内三名助教每天组织着这些工作。

在深圳的学习以本土案例研究为主。案例研究分为两类：一类是对本土具有可持续发展理念和措施的案例进行研究，我选择了广州珠江城大厦；另一类是对自己所做的项目进行可持续方面的评估和改善，我选择了江门新会的圭峰酒店。这两个案例将在下一节中介绍。在案例研究和毕业设计期间，讲座、讨论、参观的学习方式是有机穿插的，各阶段不是孤立存在而是递进互补关系。

课程的紧凑程度的确超出想象。MAS是一年的学习期，总学时是1 800课时，共分四个模块展开，总学分60。其中一、二模块为理论和案例研究，三、四模块为项目实践和研究总结。第一周的课程就是十位教授专家的讲座，每天上午8点半上课至下午5点半，中午吃饭加休息一个半小时。连周末都安排考察当地建筑。

在国内的高校工作了21个年头，看多了在高校里啃书变老的学生，总有一种思维定式是认为在高等教育中书读得久、读得长才是真的权威和含金量高。曾听说英国一年制的研究生课程在国内许多高校不被承认，我也曾纳闷：一年的课程不是一眨眼就过去了吗？

通过在伯尔尼应用科学大学的学习，我才真正领略到一年制的研究生课程——当它具有目标明确、针对性强、课程紧凑、内容多元和教学新颖等优点时——对一位已有设计经验和独立思考能力的学生所起的作用，已不再适合以教学时间的长短来评价教学效果的好坏了。

20世纪90年代末，我在中山三角镇为一家电子厂设计大堂，这是一家大型的上市企业。负责该项目的甲方高管来自香港，将近四十岁的样子，身体发福，挺着个大肚腩。当时二十多岁的我认为这是成功男人的标志，在后来的一段时期特意将皮带往下拉，好让肚腩向前挺出来，以显示自己的“福气”。课程执行教授丹尼尔教授，五十多岁，但整个人从身形和形象上给人感觉才四十出头，和电子厂大肚腩的老板相比，教授更有一种健康精干的神气。从吸引力上，我选择了向健康精干的教授看齐。

在瑞士学习期间，每天要爬山上学，同时为了在欧洲多看到一些城市的风貌，往往多走路，也省下昂贵的车费。从瑞士回来后，我的体重下降了将近6千克。体重的下降，减的是赘肉，锻炼的是健行。

在伯尔尼的学习不仅让我的身体保持着良好的状态，更重要的是让我的思想减负，从而可以轻装上阵，投入漫长的可持续设计实践当中。紧迫与漫长，看似是快与慢的概念，这两者都在我的项目中反复出现。

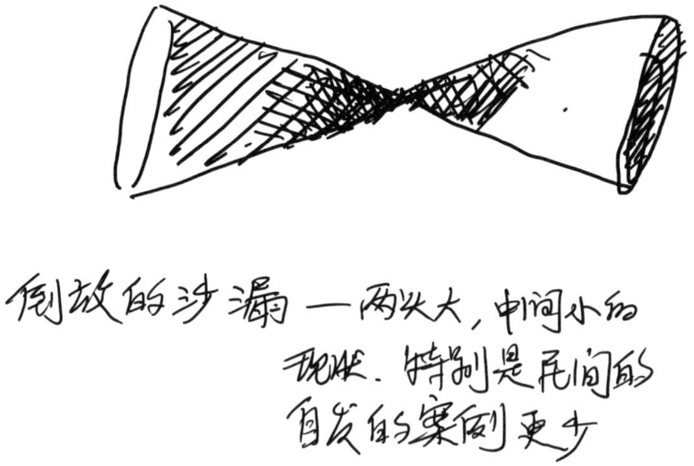

图 1　可持续发展设计在中国的实践出现倒放的沙漏现象

图 2　瑞士伯尔尼应用科学大学的可持续发展设计课堂上，左为课程模块的主持人丹尼尔教授，右为苏黎世联邦理工大学博士后 Deane Simpson，他的讲座主题是“城市化与人口老龄化”

公车上的思考

在伯尔尼的公共汽车上常看到这种场景：骑车的人把自行车放在公车专门的位置上。不止公共汽车，为了方便人们骑车远行，火车上也设有自行车专厢，里面设置固定自行车的设施（图1）。一开始看到这样的场景，我感到很新奇，时间长了，就不由陷入深思：这么美好的事情为什么不能在中国的城市里实施？每次在瑞士看到好的措施，都会发出这样的感慨！很快我留意到瑞士的公共汽车即使在最繁忙的时候，也不会像国内公共汽车那样人头攘攘。在整个伯尔尼市区，人口十几万，居民人数甚至还比不上广州的一个大型住宅小区。[1]那一天，我在伯尔尼的公车上画下了思考的草图（图2）。

图1　瑞士的火车上设有自行车专厢

〔1〕被称为“中国第一村”的广州番禺祈福新邨，占地7 500亩，常住人口达10多万人。

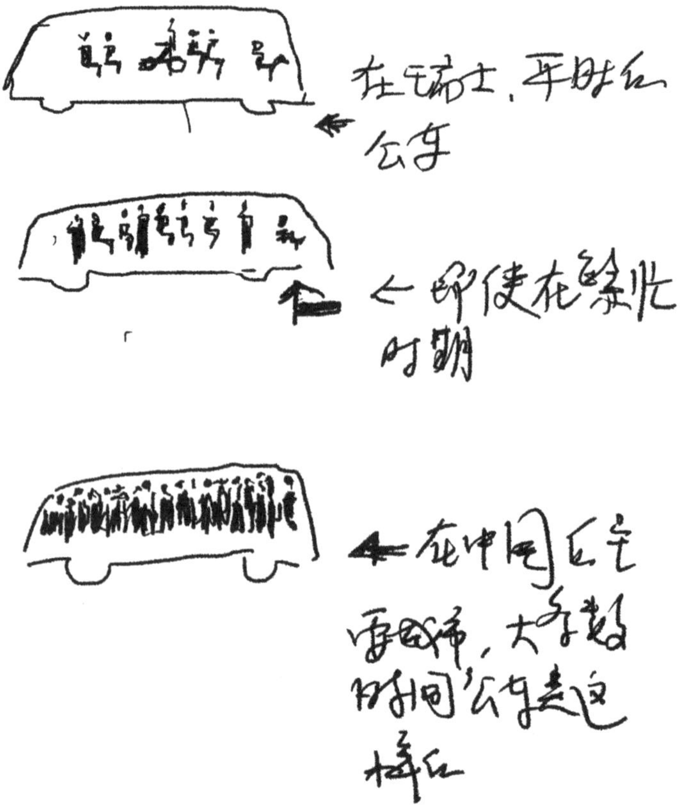

图 2　思考时画的草图

从苏黎世机场乘机回国，航班是晚上出发的，机场没有多少人。瑞士质优物美的商品总是勾起我们购买的冲动，何况许多商品还可以退税。由于担心语言障碍，大家提前到了机场专设的退税区。和机场冷清的气氛不同，这里排起了小长龙。负责退税的工作人员是一位五十多岁的男人，表情严肃，如果旅客在某个退税问题上有所争议，他就一言不发，把表格使劲地从窗口扔出来。我小心翼翼，用蹩脚的英语主张我的权益，为了拿回瑞士政府退给我的瑞士法郎，在看到他的表情即将出现僵硬时，我时不时用讨好的笑容来换取他的耐心。

在瑞士期间，瑞士人对我们都非常友好。有一次到瑞士出入境处办理签证延期，接待我的女官员态度诚恳，服务周到。服务反差这么大，甚至令我怀疑这是不是瑞士税务局的"阴谋"：制造退税的麻烦，达到少退税目的，专门把工作考核不合格的员工安排到这里。我的怀疑并不是没有道理，因为在欧洲许多高档商店，针对中国游客反映机场退税麻烦的问题，推出了当场退税服务。不管怎样，我的怀疑是经不起推敲的。我们只需换位思考，就能理解那位退税官的行为。每天有大量人流从机场出境，加上来的人说着不同的语言，沟通上的难度可想而知。既要赶飞机，又要讨回自己的利益，找他处理的人往往也有情绪。

人的承受力是有限的，除非是经过专门的培训。

有一次，我陪武汉理工大学的陈汗青教授到广州南站办理换票手续。在服务窗口里，两名年轻的女票务员一刻不停地解答乘客的问题。长时间、高强度的工作让票务员也渐渐露出不耐烦的神情。这时有一位乘客因为赶时间而大发雷霆，她马上意识到了，笑容从疲惫的脸上露了出来。我瞅了一眼窗口上方的服务承诺牌，这位女票务员的照片就摆在优秀员工一栏。

"每一个重复的问题对顾客来讲都是新的，而对票务员来讲，就是她每天要回答的同一个问题。"陈教授说。

对比苏黎世机场的退税官，同样在高强度工作下，面对川流不息的服务对象，广州南站的女票务员表现出更好的服务素质。尽管她们压力有时也到了承受极限，但训练有素和岗位的激烈竞争很快让她们调整了心态。应对同样的压力，中国人并不比西方人差。当许多人抱怨甚至指责中国现在发生的一系列问题时，常常以偏概全，甚至带有情绪上的偏见，将中国的问题妖魔化。当中有大量中国人，他们一方面享受着国内的各种便利，另一方面仿佛置身于另一个精神世界。与瑞士相比，中国庞大的人口总量使资源的分配异常紧张，但值得骄傲的是，中国解决了占世界四分之一人口的生存与发展问题，而没有出现激烈的社会动荡。

假设把人口数量转移到瑞士，伯尔尼公车上的美好场景，一定会发生很大的变化。由此可见，在西方发达国家看到的各种美好事情，不能照搬到中国。在中国的实践要思考庞大的人口数量对许多问题的影响，这是我们考虑问题的前提。有了这个前提，研究和实践才有现实意义。在全球化越来越紧密的今天，中国的发展必定是世界发展应该考虑的重要一环。

在学习结束后，罗思敏代表我们学生，和学校的教授去参加瑞士一个高校教育论坛。来自另一所大学的学生在会上介绍了他们在非洲的一个村落实施可持续发展的案例：他们成功地将节水马桶用在这个缺水的村落了。伯尔尼应用科学大学的教授满怀自豪地说："我们成功地举办了这个针对中国的可持续发展设计研究生班，我们影响了他们的设计观。今天来参加论坛的一位学生——罗思敏先生，在中国一年就设计完成了一千多幢房屋的升级改造工程。这可是我们在座所有人一年里的任务总量。"教授在讲述教学成果时没有夸大其词，中国目前处于快速的城市化进程中，新建房屋面积每年高达17亿~18亿平方米，这已超过所有发达国家每年建成建筑面积的总和。[1]有专家预计，到2015年，全世界新建建筑的半数将在中国建成；到2020年底，中国房屋建筑面积几乎将翻一番，达到686亿平方米，其中城镇房屋建筑面积为261亿平方米。[2]我国既有的近400亿平方米建筑，仅有2.7%为节能建筑；（图3、图4）直至2008年10月，中国第一部建筑节能法规文件《民用建筑节能条例》才正式实施；至今中国建筑业工业化程度还远远落后于发达国家；2010年中国总人口为1 370 536 875人；2003年中国建筑从业人员达4 000万人，其中3 000万是"洗脚上田"的农民工；[3]中国占全球光伏组件产量的39%，是全球最大的生产国，但99%的产品都是出口外国……

诸多问题都使可持续发展建筑在中国的探索道路显得极其艰难、复杂多变。这时我理解了教授们曾经说的话："你们来到这里，是因为要改变中国（现状）。"是的！基于中国建筑的增长趋势，只要教授们影响一位来自中国的设计师，就可能间接地减少中国快速建设中的能耗与排放量。

论坛结束后，教授对罗思敏讲了他的感受，他认为在瑞士，有些高校的研究题目是为了研究而研究，比如在非洲的小村落里，当地人要上厕所有自己传统的方式，只需跑到荒地或树丛的某一角落，排泄物还可以作为土壤的肥料，根本不需要节水的马桶，问题就出在现代文明人要把当地人带入所谓现代文明的生活。

公车仍穿梭在伯尔尼的街头，我望着窗外，伯尔尼街市最初新鲜的景致变得熟悉而又逐渐模糊起来，而越来越清晰的是自己成长、生活、工作的环境。此刻，我难得作为一个局外人，从另一角度审视自己的国家，从而陷入思考之中。

在提交给学校的第一份学习报告中，我写下了对东西方之路的思考：①在不同的文化背景下，西方的成功模式如何让中国人有认同感；②西方先进的技术和经验如何与中国错综复杂的现实状况相结合；③西方在可持续发展的道路走了二十多年，我们是否可以避免中间的一些弯路；④某些西方人认为可行的新技术，对中国的现状而言是否就真的环保、节能（如中国光伏产业发展，某些环节上能源消耗比较大，并造成环境污染。这两大因素，让高能耗与高污染成为与绿色光伏产业极不配套的"中国特色"）；（图5、图6）

---

〔1〕住房和城乡建设部总规划师唐凯在2011中国（成都）国际循环经济产业高峰论坛上的发言。

〔2〕建设部建筑节能中心主任陈宜明在2007中德现代建筑节能技术研讨会上的发言。

〔3〕建筑工业化是行业现代化的关键．http：//www. cacem. cn.

⑤中国每年的建筑建设量比欧美发达国家都要大，但建筑节能技术的应用与普及方面，我们离欧美发达国家还很远。

在报告中，我还告诉教授，地球可持续发展的美好愿景适用于全人类，可持续发展实践的方法更要因地制宜。当今，中国正处于社会转型期，从政治、经济到生活方式都在发生改变，这种改变正在影响着世界。作为中国人，我们希望这种影响更多是正面的。作为一名设计师，我们有责任去建设一个舒适优美的生活环境，前提是不以牺牲自然为代价。尽管中国的现状问题重重，但她的发展也为我们提供了巨大的舞台。在报告中我以所处的南粤大地现状描绘了即将到来的商机：广东处于改革开放的前沿，在珠江三角洲广大地区，如东莞、深圳、中山等曾经是工业“三来一补”的地区，高峰时建有大量厂房。在产业转型之后，有大量厂房建筑闲置，因此对它们的改造与再利用，具有可持续的深远意义。同时在快速城市化进程中，有大量20世纪90年代以来产生的旧建筑，这些建筑基础条件较差，且大多以城中村的形态存在于城市中。城中村建筑规划无序，形态单一简陋，卫生条件较差，犯罪率也较高，带来一系列环境和社会问题。在城市的快速发展中，城中村曾经被视为“城市的毒瘤”，被推倒再开发，这种简单的方式往往造成严重的社会矛盾。逐步改善居住环境，优化丰富的生活形态和文化特性，对建设和谐社会是至关重要的。2010年，广东向国土资源部争取，获得了城乡“三旧”改造的机会——旧城镇、旧厂房、旧村庄等的改造建设。“三旧”改造政策用地初步统计有175万亩，可以腾出大量土地指标，相当于现在八九年的用地指标。[1]事实上，从2008年至2016年第一季度，广东完成“三旧”改造项目4 747个，完成改造面积26.3万亩，正在改造项目3 712个，涉及改造面积24.03万亩[2]。上述的改造和再利用对我的可持续发展建筑探索提出新的命题，同时也是一种商机。

我似乎看到了机遇。然而，在实践中，现实却比想象更加复杂。

---

〔1〕“三旧”改造政策广东独享　大拆大建扩内需今年见效．广州日报，2010-01-07.

〔2〕三旧改造中的广东范本．http：//gd.people.com.cn/n2/2016/0712/c12393-28654381.html.

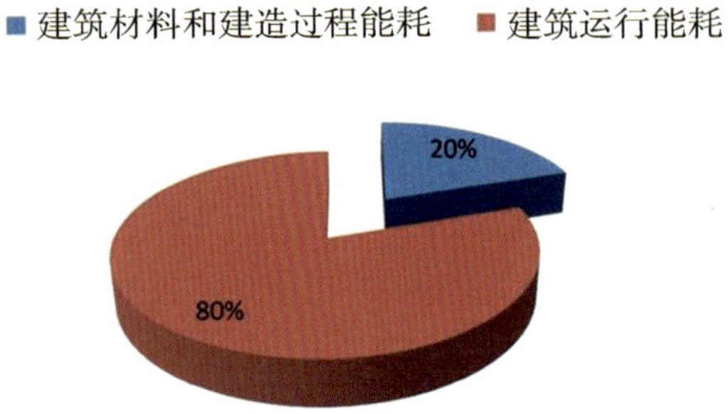

图 3　在建筑使用过程中消耗的能源总量在建筑 50 ~ 70 年的生命周期中占总能耗 80% 左右（资料来源：清华大学建筑节能研究中心．中国建筑节能年度发展研究报告．北京：中国建筑工业出版社，2009）

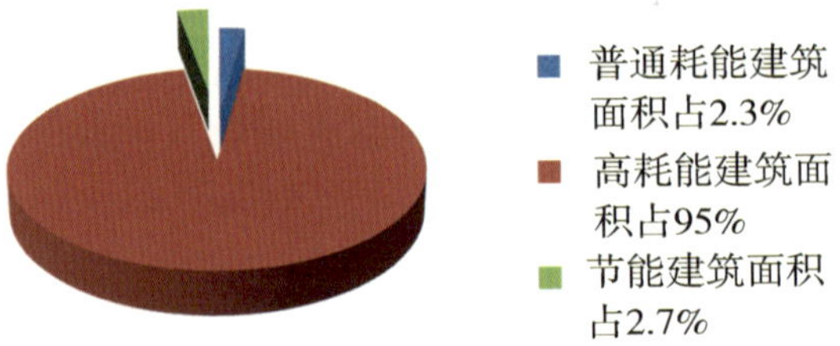

图 4　从 2009 年在上海举行的中德现代建筑节能技术研讨会上建设部的资料显示，我国既有建筑近 400 亿平方米，其中 95% 以上是高耗能建筑，同时，我国每年新建房屋面积约 20 亿平方米，其中 88% 以上为高耗能建筑。现在建筑用能的增加对全国的温室气体排放“贡献率”已经达到了 25%

图 5　中国有极为丰富的硅矿资源，国内企业普遍采用电弧法用炭还原制取低纯度的工业硅（纯度为 98% ~ 99%），工业技术极为简单，但需要消耗大量电力资源，同时会带来极为严重的环境污染。据统计，2008 年中国共消耗了 3 000 万吨煤炭提炼多晶硅，所产生的二氧化碳等空气污染物非常之多（图片来自于网络）

图 6　建筑工人在施工现场切割石块，扬起的粉尘弥漫在街区里

高技与低技

广州的珠江城和江门新会的圭峰酒店，两者是我在伯尔尼应用科学大学本土学习期间研究的案例，它们都与遮阳有关。

在瑞士，大多数房屋窗外装有遮阳系统。传统的遮阳方式是在已有的窗扇基础上，外面再安装一对向外开启的格栅窗扇，在夏天阳光照射时关上窗扇，格栅可以上下调动，以调节室内的自然光照，在冬天也可以关闭阻挡寒风和冷空气。平时窗扇固定在窗外的两侧墙上，使窗看起来很大，也起到装饰的作用。这种把遮阳系统安装在窗外的方式叫外遮阳。（图 1）内遮阳是在玻璃窗扇的室内一侧装上百叶或窗帘，虽然遮挡了阳光，但是阳光还是透过玻璃进入室内，源源不断地将窗帘和玻璃之间的空气加温，升温的热空气形成热源，热源辐射又难以穿过玻璃，散发到室外，所以会在室内形成温室效应，节能效果也较差。国内大多数建筑均采用内遮阳的方式，主要是因为安装方便、成本较低。和内遮阳相比，外遮阳是一种有效的遮阳方式，当然也存在安装和操作麻烦、材料容易日晒雨淋受损坏等缺点。瑞士工业制造业发达，现在新建房子大多采用铝金属遮阳系统，材料耐用，开启方式多样，室内采用机械连杆或电控装置，操作起来很方便。（图 2）

在华南地区，光照时间长，日照强烈，雨水较多，一些二十世纪六七十年代的建筑多采用凸出的横向窗檐线（也有采用竖向的）作为遮阳的手段。由于玻璃幕墙技术的快速发展，新建的建筑——以商业建筑居多——开始大量采用玻璃幕墙。作为广州核心区域的标志建筑之一，珠江城就是一幢玻璃幕墙的建筑。大面积玻璃幕墙产生的温室效应所导致的能耗增加早已为专家所诟病，但在寸土寸金的城市中央商务区，能从室内望出去的良好景观确实是稀缺资源。如何解决这个矛盾，珠江城的设计师采用了一种先进的双幕墙技术——被称为“会呼吸的幕墙”。（图 3）

简单地说，双层幕墙就是在玻璃墙外再加上一层玻璃幕墙外衣，两层玻璃之间的空间称为空气腔，也叫作空气流动层。当阳光照射时，里面的空气被不断加热，从而向上升，室内房间的空气向空气腔补充，形成流动的气流。（图 4）

双幕墙厚度为 450 毫米，只是比一般的围合墙体厚了不到一半，却有多个功能：①最外层是 8 厘米 Low—E 和 6 厘米 Low—E 璃组合成第一层中空幕墙，Low—E 玻璃能够有效阻挡太阳热辐射和室外噪音，同时具有好的透光性能，保证良好的向外视野；（图 5）②第二层幕墙是在最里面，由两块 6 毫米防火玻璃构成，之间有 50 毫米中空层，起隔音作用；（图 6）③第一层和第二层幕墙之间中空部分是空气腔，再次起到保温隔热作用，同时还改善幕墙的隔音性能；④为了更好地遮阳，空气腔中央安装了可电控调节的百叶帘；（图7）⑤空气腔部分又是热回收通道，空气在这里形成流动，被阳光加热的热空气和室内冷空气通过空气腔和后台设备进行冷热交换，达到节能效果。（图8）

为了达到节能和舒适的效果，珠江城还运用先进的冷辐射天花制冷和置换通风系统。在楼板中预埋入管道，夏季冷冻水在管道中循环，提供冷媒。（图9）而置换通风系统可以使用温度较高和风量较小的新风。这两项技术和传统空调末端形式相比，有较大幅度的节能潜力。除此之外，太阳能光伏技术也应用在大厦两侧墙身上。以高科技设备为核心的整体解决系统，对珠江城运行中能耗的降低起到重要的作用。作为广州乃至全国“第一个吃螃蟹的建筑”，珠江城所引入的11项环保技术可谓是迄今世界上使用数量最多的，除风力、太阳能发电、冷辐射空调外，还有300毫米中空双层呼吸式Low—E幕墙、智能遮阳百叶、人性化照明系统、日光漫射系统等。[1]与珠江城高技节能系统不同，新会圭峰酒店尝试以低技来解决环保节能的问题。低技（Low—Tech）是从适宜地域气候条件和本地资源条件出发，选择相对简易实用、可操作性强的技术达到可持续发展设计的目标。相对于高技手段，低技注重经济上低成本运行，常常借鉴本土特有的重要经验和传统技术。福建的土楼，岭南的天井、冷巷（图10至图13）都是系统地利用低技术进行设计的典型代表。有时候低技的系统也需要高技的补充、完善以提高低技的效率。在2010年上海世博会上，西班牙馆的藤条遮阳、主题馆的绿化墙都是低技的降温方式。

图1　外遮阳是一种有效遮挡太阳和利用阳光的方式，图为瑞士伯尔尼市传统的窗户外遮阳

图2　新式的遮阳系统采用耐用轻质的铝材，有多种开闭方式，在室内有机械连杆可以调节，豪华的还采用电动控制方式

〔1〕珠江城置业谈低碳：用零能耗打造节能摩天大楼. http://www.gd.xinhuanet.com/zt12/.zjc.

图 3　中图为正在建设当中的珠江城，左图为设想图，右图为竣工后的珠江城

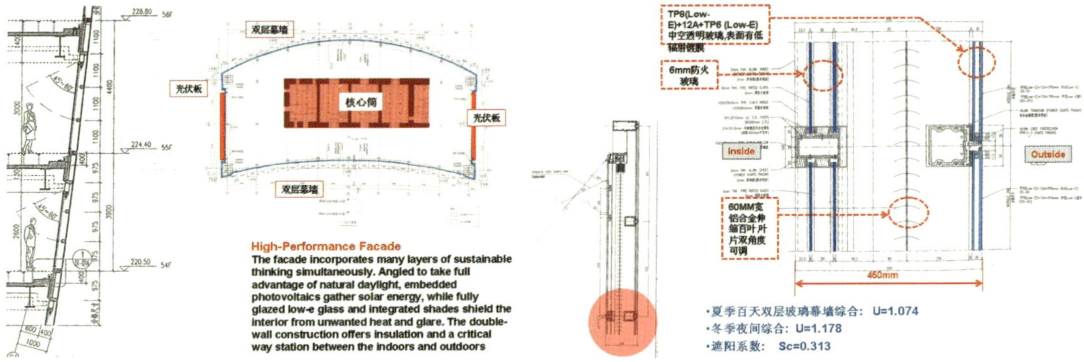

图 4　珠江城的双幕墙及构造

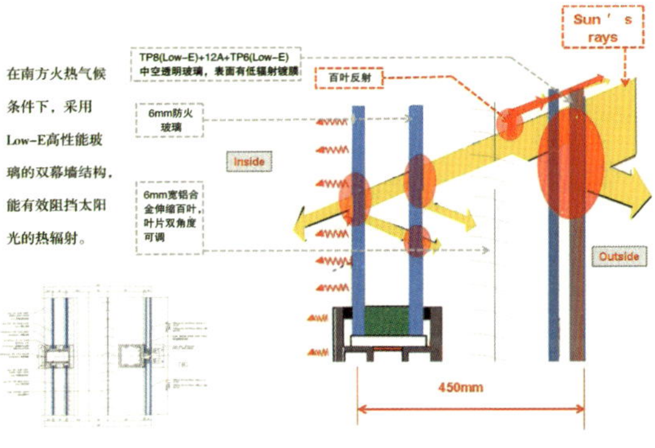

图 5　双幕墙隔热节能工作示意图

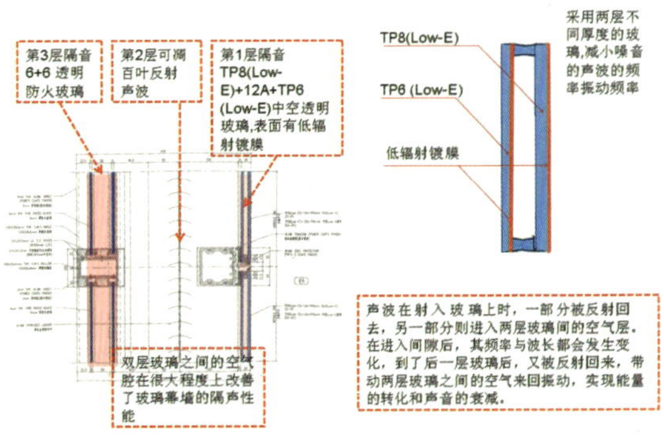

图 6　双幕墙隔音降噪工作示意图

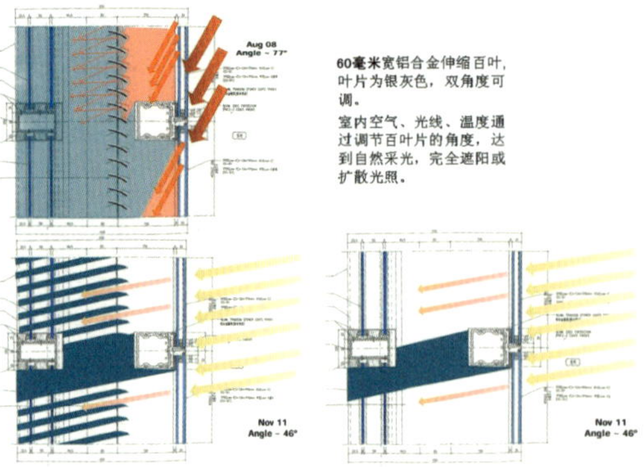

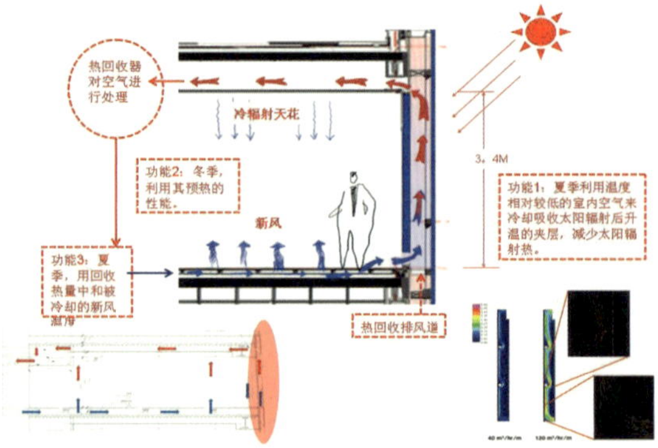

图 7　双幕墙内电控百叶帘的遮阳和采光工作示意图　图 8　双幕墙热回收排风道工作示意图

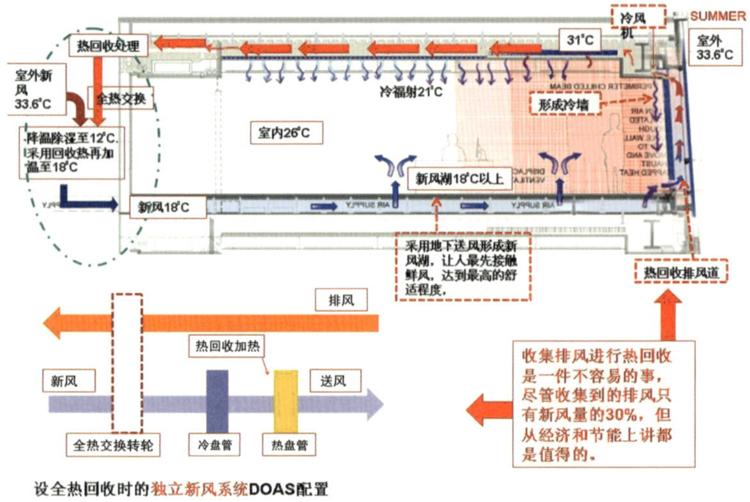

图 9　夏天双幕墙、室内冷辐射天花和独立新风系统工作示意图

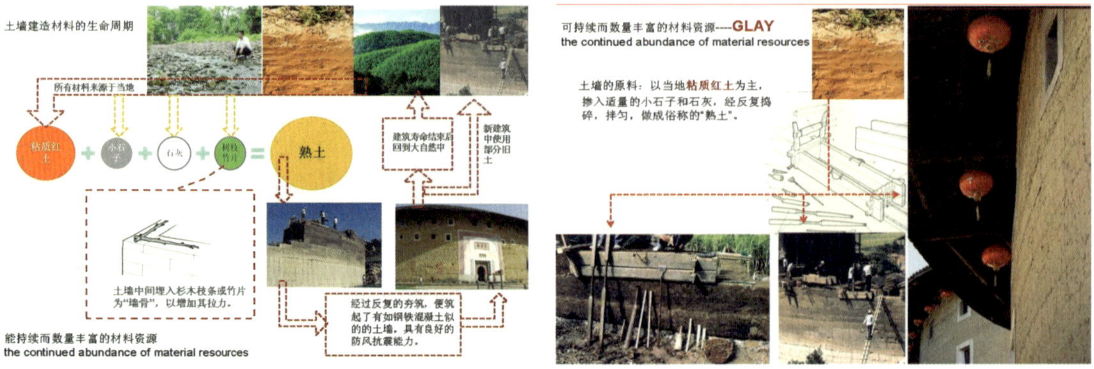

图 10　承启楼（福建土楼）位于福建省龙岩市永定县，占地面积 5 376 平方米，400 个房间，60 户，400 余人，建造时间为 17 世纪中叶至 1709 年。属于防卫式的居住建筑；是山区大型夯土民居建筑，夯土承重墙结合抬梁式木构架结构；外圈高四层；由石料、鹅卵石、黏土、木材建筑而成。用夯土方式建造的土墙最宽的地方达到 1.5 米

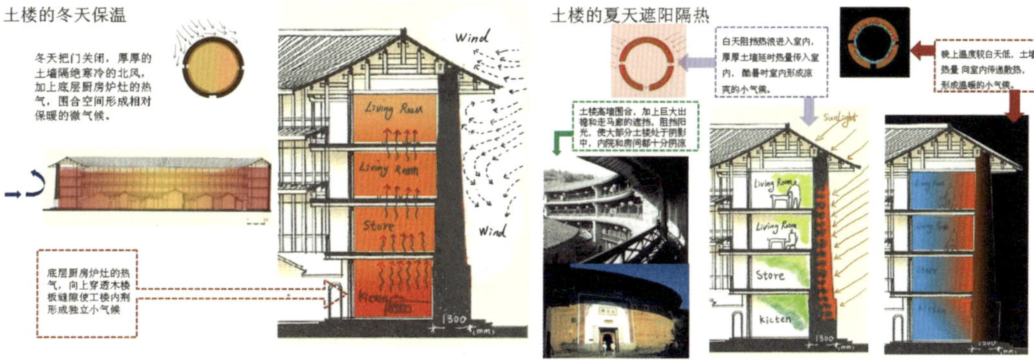

图 11　位于山区的土楼昼夜温差大，冬天特别寒冷。土楼的首层大多设置厨房，二层为储物空间，三层和四层用于居住。每天厨房炉灶的热气向上穿透木楼板缝隙，在土楼内形成独立的暖气候。夏日，土楼的高墙阻挡热浪进入室内，厚厚的土墙延迟热量传入室内，晚上温度较白天低，土墙储存的热量向室内传递

图 12　天井的做法就是对雨水收集系统的低技应用，利用周围建筑屋面将雨水引至中庭，通过中庭的集水设施将水统一收集起来，经过简单的沉淀后用于灌溉、洗衣等

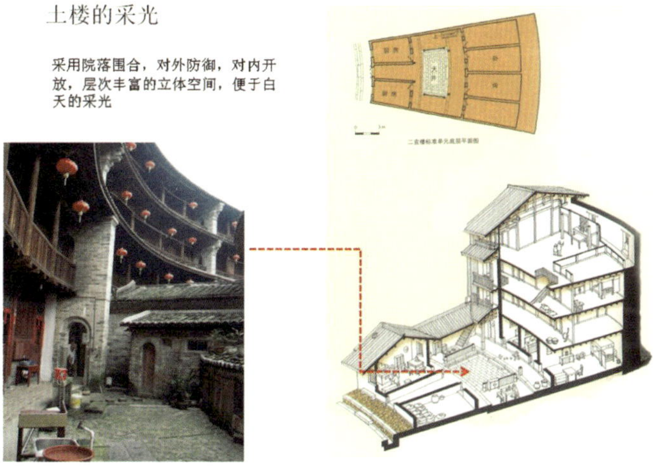

图 13　承启楼采用院落围合，天井空间有利于室内的采光

低技目前在实践中大量应用，但在评价科技成果时，往往重视高技的先进性而忽视低技的实用性。

圭峰酒店（图 14）位于广东省江门市新会区圭峰山麓，前身是一家以夜总会为主业的酒店，在经营不善的情况下欠债而被拍卖。余先生——当地风扇厂的老板——以较低的价格将之买下，并进行改造。2008 年，余先生找我设计圭峰酒店。在我学习期间，圭峰酒店项目的设计方案还在调整当中，部分内容正在施工。为了让这个项目具有环保节能的内涵，我把它作为继珠江城分析研究之后的第二个案例。

研究从一开始就确立了两大目标：一是降低酒店运营能耗；二是节水。降低能耗的途径从四个方面入手，分别是：①绿化遮阳；②LED 照明；③太阳能热水结合电热水；④公共区域采用自然通风和自然采光。节水措施则采用雨水回水和中水再利用。（图 15）

在炎热的南方地区，垂直绿化和天台花园是避免室内受阳光直射导致温度升高的重要方法。在圭峰酒店不采用高科技双幕墙的原因很简单：酒店的私隐属性决定了建筑不需要通透的视野；还有一个重要原因是必须控制投资成本。

圭峰酒店的垂直绿化设计比直接攀爬在建筑墙面上的方式多了可供植物攀爬的框架结构，框架结构由不锈钢支架和毛竹组成，安装在外墙上，毛竹在横竖两个方向进行交叉捆绑形成植物攀爬的辅助架。通过计算机模拟日照后（图 16、图 17），根据建筑阴影的情况选择不同的植物类型。植物种植在首层和顶层露台的花槽里，分别采用从下向上攀爬和从上向下垂吊两种生长方式，以达到快速长满外立面的效果。框架结构可以解决以下问题：①毛竹架与墙体保持 500 毫米的距离，类似双幕墙的空气腔部分，可以让空气流通；②让垂直植物攀爬在框架上，防止植物吸附在墙面里导致雨水积聚，避免植物根系对墙体的破坏；③将主要设备的管道安装在这个空间里，起到美观的效果；④框架结构能控制植物的生长形态，不至于影响房间的窗户，遮挡视野。（图 18、图 19）

经过计算，垂直绿化和屋顶绿化两项，每年可以为日后酒店经营节电 12 924 千瓦，两项的投资在 8 年后可完成回收。同样，经过计算，在整个酒店落实六项环保节能后，预计每年实施后降低建筑运营总体能耗 245 617 千瓦，每年减少二氧化碳排放 192. 8 吨。减少自来水使用量每年超过 1 900 立方米，其中：洗澡水回收利用作马桶冲水 1 500 立方米，雨水收集用于景观用水 480 立方米，减少污水排放每年约 1 500 立方米。（图 20）

伯尔尼的教授们充分肯定圭峰酒店的环保节能设计，希望我能把设计落实。一个星期后，我带着方案成果和余先生见面，作了一次关于环保节能的游说。没想到余先生对此很感兴趣，我趁机把中国第一家碳中和概念的上海 URBN Hotel（在第三章会有所介绍）向他作了介绍，建议圭峰酒店利用环保节能理念来提升酒店的知名度。这是 2010 年 5 月的事情。余先生虽学历不高，但靠质量过硬的产品和手下的营销团队，所生产的风扇远销欧美和埃及、土耳其等地区。他广历世界各地，对新事物有很好的接受能力。对于酒店实施环保节能的措施，他欣然接受。

图 14　圭峰酒店在改造前的状况

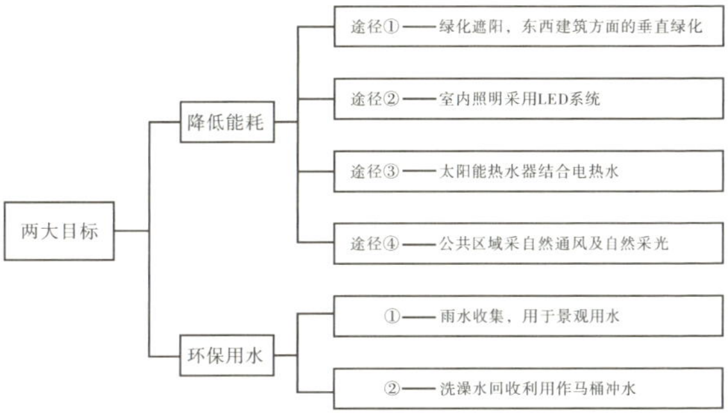

图 15　两大目标六个措施

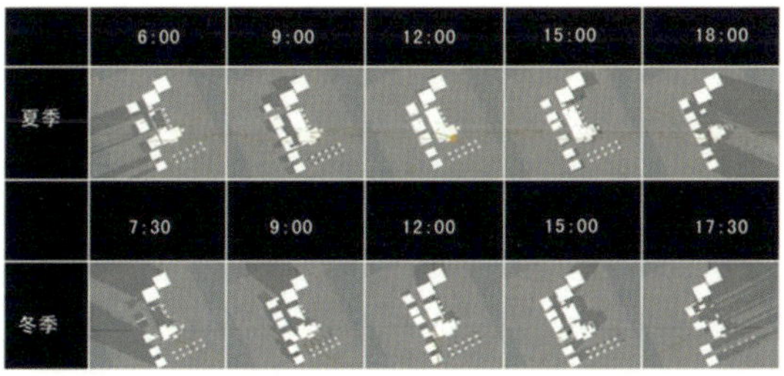

图 16　在制定措施前，采用计算机软件模拟日照分析

图 17　建筑东、西立面日照阴影分析

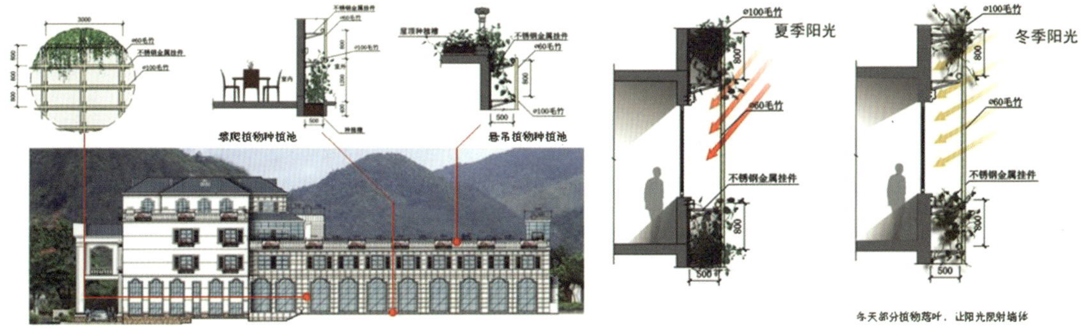

图 18　建筑东立面的框架结构以及垂直绿化框架系统解决室内不同季节的日晒

图 19　模拟绿墙两年生长的效果。为了让植物在冬天不出现枯萎的情况，在植物配置上选择常绿品种

绿化遮阳的作用—每年节约电能12 924千瓦

绿化遮阳能减低室内温度2度，特别是朝西的墙面绿化覆盖后降温效果更为显著，约节省空调耗电20%

东西面房间23套,夏季6个月使用空调的能耗为82 800千瓦,节约空调能耗10%

82 800 × 10%=8 280千瓦/夏季

每年节约电费8 280千瓦 × 1.2元/千瓦=9 936元

300㎡的西餐厅按每天经营12小时计算，夏季6个月计算，绿化遮阳节约空调能耗10%。

4 6440 × 10%=4 644千瓦/夏季

每年节约电费4 644千瓦 × 1.2元/千瓦=5 573元

以上两项每年节约电费15 509元

该项目造价967㎡ × 120/㎡=116 040元

7.5年回收绿化遮阳的投资

图 20　对绿化遮阳作用的计算（来源：北京科普网、中国花卉网）

由于余先生熟悉五金加工，降低能耗第一个途径的垂直绿化框架系统制作变得简单起来。酒店洗澡水回收再利用的设计，也因风扇厂里有一位专门负责污水处理的工程师参与而变得顺利。在工程师的指导下，我们对过滤系统进行深化和改良设计，针对洗澡水中含有大量营养物质的特点，将之沉淀后用于种植施肥。为了保障马桶用水的正常，这套回收系统结合自来水供应系统一起工作。（图 21、图 22）我很振奋，期待伯尔尼污水处理厂的一幕在三线城市的一间小酒店里实现。

六项措施中，余先生不赞同采用 LED 照明和太阳能热水系统。和传统光源将电能转化为热能不同，LED 是将电能转化为光子，所以有很强的节能效果。由于在民用建筑上 LED 仍属于较新的光源，在咨询了一些专家后，他对 LED 在显色性、照度方面的不足很不满意。

“虽然省电，但光效不好还是不行，而且光衰严重，”余先生说，“我们的酒店虽然没有打算申请星级，但定位是精品酒店，很在意客人在酒店里的舒适度。”

“可以在通道等对光效要求不高的区域采用 LED，毕竟可以让酒店的经营成本降低。”我建议。

“好吧，”余先生总算答应了下来，“但要再看看。”

对于太阳能热水系统，余先生坚持不采用：“不稳定，不好用，还占用屋顶放置其他设备的空间。”

在广东，由于有充足的日照，从理论上讲，太阳能热水器应该是非常适合地域的一种节能方式，但和我接触的几位使用该设备的用户一致反映同一个问题：夏天不需要热水时，水很热；到了冬天，水又不够热需要电补充，由于使用上的季节错位，放置一段时间后，管道里便积满了水垢，最后设备也用不了了。

但酒店是要 24 小时供应热水的，不存在季节问题。

“还是不要装。”余先生坚持。

为了让其他几项顺利进行，最后我也没有再坚持。

我尽一切努力让节能的措施可以在项目中实现，是想抓住第一个实施机会，将在课堂上学习到的知识全数应用，进而检验理论的“真实效果”。我希望有更多这方面的经验。

我一边研究另一个案例，一边关注圭峰酒店环保节能措施的落实情况。方案给了余先生后，在实施的第一年我几乎每个月都会去新会现场，每次余先生都热情地带我到新会各特色餐厅大快朵颐。当我和他讨论污水再利用措施的进展时，他满怀信心说：“没问题的，我的工程师回了老家，等他回来就开始！”从新会回广州的路上，迎着夏日的夜空，我在醉意中生出成功的企盼。

转眼间到了年底，瑞士的学习刚刚结束，河源华达售楼部的项目正在开始。这时，去圭峰的时间由频繁到两三个月去一次，和余先生谈好的措施几乎都没有落实。

到了 2015 年，酒店施工进入竣工阶段，评估 5 年前计划实施的措施，已经发生了变化（表 1）。垂直绿化被取消，因为余先生经过长时间的考虑，认为绿墙在秋冬两季会出现枯萎影响美观，即使选用常绿植物也难以避免。当在建筑东面看到 4 年前种下的四棵芒果树已长到建筑的屋顶那么高时，我也认为垂直绿化的作用不大了。洗澡水回收再利用一事，由于风扇厂的污水处理工程师退休回了老家，再加上余先生担心处理后的中水仍有味道，所以也被取消了。至于公共区域自然通风的措施，因为要对建筑进行开膛破肚式的改造，不仅增加土建工作量，还带来日后渗水的隐患，也被取消了。保留下来的屋顶花园不再种植白鸽草，改为种植蔬菜，作为一楼餐厅的生态菜式之一。

在实践当中，另一个意想不到的节能措施被运用在酒店的装修当中。

2011 年的某天，余先生问我："有一批很便宜的旧木，能否用在酒店里?"

使被淘汰的材料有了新用途，这当然是资源充分利用的好事。已多年使用过的木材，几乎不用担心变形的问题。而且旧木材价格便宜，只是加工费要多一些。得到我的鼓励之后，余先生带我到新会的一家旧木工厂考察，从酒店的房门、屏风、墙面装饰、地面铺装到实木家具都可以采用旧木材料制作。（图 23 至图 25）过了一段时间，余先生又大量收购了一种旧夹板——产自印度尼西亚，用来包装设备——代替新夹板用于酒店的装修。这些夹板满足环保要求，质量上乘，是制作门、衣柜和床底架的上好材料。余先生热衷于旧材料的使用，是因为他作为一名生意人，心里有一个算盘：即使算上加工的费用，采用旧木料的做法，仍然比新材料便宜。当然，前提是有设计师在审美上的引导，在旧材料的运用上给予指导。因材而用，例如保留原有的肌理，保留一些好看的钉眼和采用小规格的拼接方式等打破常规的做法，达到与众不同的效果。

旧材料的再利用，不仅在环保上有一点建树，也为圭峰酒店的装修定下了基调：酒店的装修材料不再追求奢华。水泥清水墙、产自当地的藤条，以及不经修饰的钢架等材料在酒店装饰中不断应用，有些是设计师提出的，而大部分是业主主动应用的。连酒店用的风扇，也是利用旧柚木加工成扇页，余先生对这一做法引以为傲，特意在厂里开发这种采用旧木制成的风扇，准备出口到欧美等国。

原本要做垂直绿化的墙面被黑色的火山石所代替。火山石来自海南省，大小如拳头，多孔，黑褐色，因价格便宜而被大量购入。设计后的外立面是白色墙漆，在经历了一段时间后，屋顶上的灰尘随着雨水流下来，形成一道道斑痕，增加了日后维护的费用。火山石贴在外墙，既解决了白色外墙易脏的问题，还让墙面具有储存水分的孔，让植物逐渐生长上去。（图 26）当外墙铺贴工程完成后，把脚手架拆去，展现在面前的是别具一格的效果（图 27）：建筑的辨识度高了，和周边的深色山体融合而变得更低调了。只有白色的窗框线提醒它的存在。

2013 年的一天，我带着法国的一位设计师到酒店现场谈整体卫浴的事宜，看了火山石外墙（图 28），他在肯定的同时，提到黑色的墙面是否会更吸热。

我说："黑色的外墙确实比白色更吸热，不过，我们考虑了火山石内多孔的特点，它在早晚会吸收圭峰山的潮湿空气，同时孔内还可积聚粉尘，水分和粉尘利于攀爬植物生长。况且，在太阳最猛烈的东面还有四棵高大的芒果树。"

法国的设计师点了点头，似乎被我说服了。

2014 年 8 月的某一天，余先生打电话来，说东边的广场要做一个水池，请我有空去看一下。当我到达现场时，发现高大的四棵芒果树已经不见了。余先生说，因为影响美观，已经请人将树移走了。

酒店投入使用后，屋顶菜园（图 29）成为一个亮点。菜园种植有机瓜菜供给酒店的餐厅，到酒店居住的客人也会到菜园里摘些青菜到餐厅加工，大家喜欢这个屋顶菜园，纷纷拍照发到朋友圈。2016 年的某一天，在圭峰酒店的饭桌上我忽然问起屋顶菜园的蔬菜，余先生说：“没有了。”

饭后我去屋顶看，菜园果然荒废了。原来菜园要请人打理，菜的收成还不足以支付工人的工资。

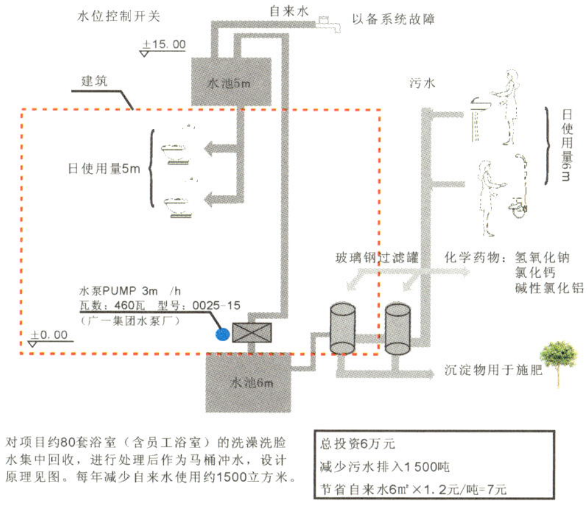

图 21　圭峰酒店对洗澡水的回收再利用系统

图 22　余先生的工厂里要用水对金属部件进行加工处理，使用后的工业废水必须达到环保标准才能排到市政管道

表 1　圭峰酒店环保节能措施实施前后对比表情况

计划实施的措施		最终实施的措施	
措施内容	甲方态度	措施内容	甲方态度
垂直绿化和屋顶花园	赞同	多孔火山石外墙和屋顶菜园	最终完成并投入使用
室内照明 LED 系统	不赞同	室内照明 LED 系统	完成并投入使用
自然通风和采光	赞同	自然采光	实施一部分
太阳能热水	反对并取消	将消防水池利用为泳池	前期积极实施，后期因餐厅需要，放养鲩鱼
洗澡水回收再利用	初非常赞同，后取消	旧柚木的再利用	新增措施，余先生非常满意，并向朋友推荐使用
雨水收集	非常赞同		

从表1中可以看到，余先生一开始强烈反对的LED光源，最后竟然实施出来。这是因为LED光源节能效果显著，同时经过了几年的发展，光效和显色性已经得到了很好的改善。能够在圭峰酒店实施落地的措施，都是低成本易操作。而与之相反，集目前已知绿色技术的珠江城，当中的措施几乎如期落实，但在珠江城调研的过程中，项目管理人员曾告诉我：“项目超支很多。”

从珠江城和圭峰酒店两个案例来看，从设计开始，计划将环保节能的措施尽可能地用在项目上，以达到最好的效果。珠江城位于城市核心商业区，定位高端，业主雄厚的资金让当今最先进的技术应用成为可能。如果把珠江城比作“皇帝女”的话，圭峰酒店就是一名普通的“市井姑娘”，采用低技的手段是必然的选择。不管高技还是低技，两个项目都做到了节能环保。

不过，在实施当中措施的取舍，即使是珠江城这样有实力的企业，也不得不考虑投资成本和日后维护的问题。珠江城的措施之一——涡轮风力发电，是利用大楼中间四个风洞安装风力涡轮页片进行发电。四个风洞可以解决高大扁平的大厦面临的风荷载以及大楼后面的旋风。（图30）按设计的推算，风力发电约占大厦总电量的2%。珠江城竣工后，没有安装上风力发力设备。因为风力涡轮页片发电设备需从国外进口，不仅安装难度大，日后维护成本也是必须考虑的问题。

2015年我到佛山南海某建筑设计院大厦参观。该建筑获得绿色建筑星级，利用太阳能发电是其中一项技术。在屋顶的光伏板控制器前，设计院的负责人告诉我：“这是德国进口的控制元件，在使用两年后其中的一组坏了，国内修不了，对方也不会因为一个元件派工程师过来。寄到德国去也麻烦，加之太阳能发电量不大，现在光伏板停用了。”（图31）

珠江城风力发电的效益与投资、日后维护成本相比，性价比显然是很低的，这样一来，在大厦建设中就被取消了。理智与执着较量后，对成本的考虑仍然是所有投资者不得不面对的现实。

图24　用夹板打包好的设备进口到中国的港口，设备运走后，夹板被当成废弃板材而便宜处理。包装箱夹板再次被用来做屏风、门和床的底板

图23　在新会城郊的旧木仓库

图 25　余先生把旧木加工成酒店风扇扇页、家具、门、地板和大堂天花

图 26　圭峰酒店外立面改造方案效果图

图27 圭峰酒店外立面施工过程

图28 利于植物攀爬的火山

图29 圭峰酒店屋顶菜园

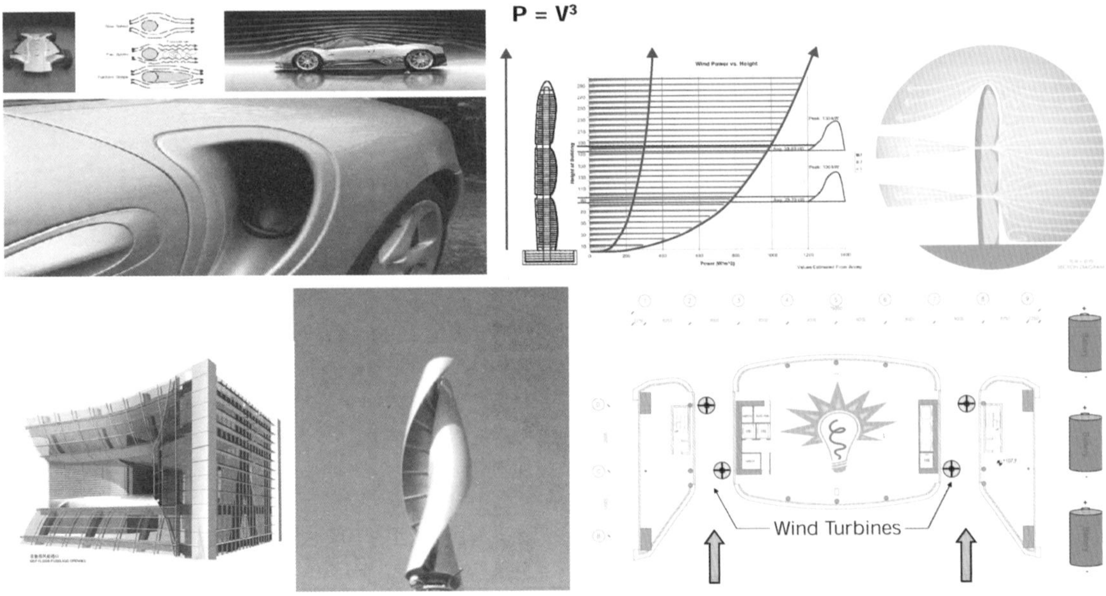

图 30 借鉴汽车导流孔的设计，珠江城在建筑的迎风面设计了四个风洞，并计划利用风洞进行风力发电

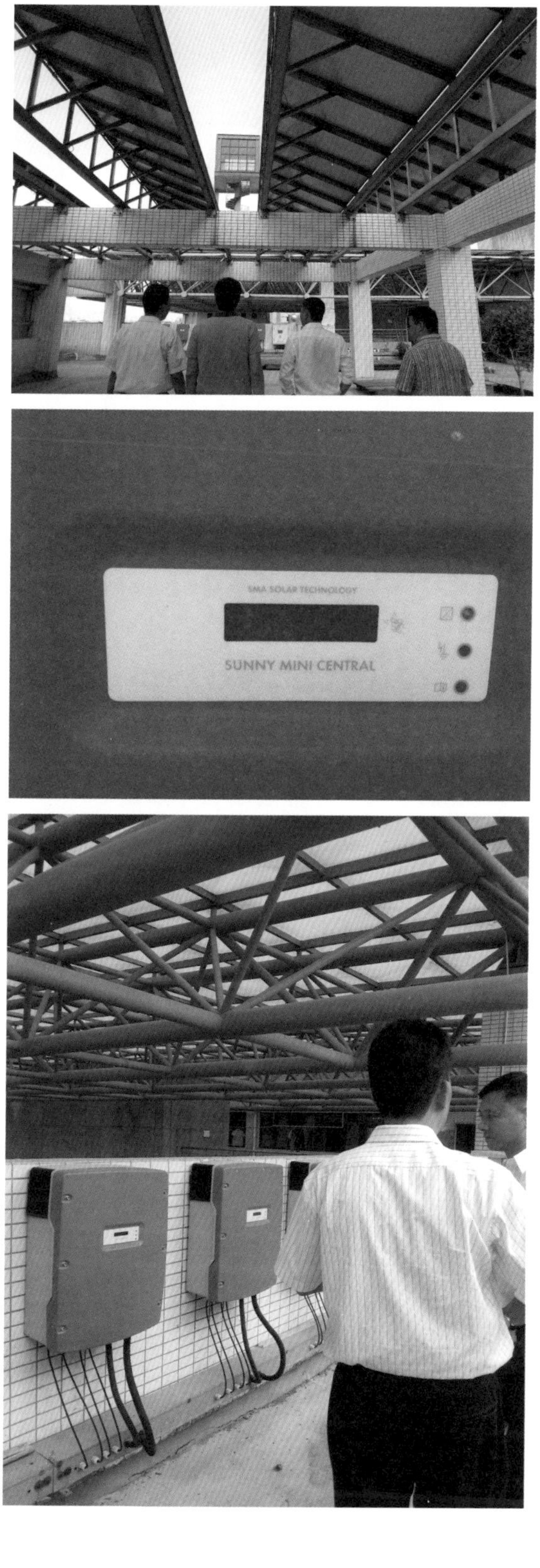

图 31　佛山南海某建筑设计院大厦屋顶放置太阳能光伏板，其中一组从德国进口的太阳能光伏板控制元件，由于各种原因，在损坏后一直未能修复

地平面

第一次听到“垃圾建筑”一词是在瑞士的课堂上。

教授说：“那些外观丑陋、质量豆腐渣的建筑，我们很容易辨认，但披着漂亮外衣，本质是高耗能不环保的建筑却很难辨认。”

在国内，一部分机关办公建筑和大型公共建筑规模宏大，装修奢华，有些造型新颖，往往追求短期效应，忽视对环境的长远影响，建筑运行的高耗能问题也比较突出。据统计，国家机关办公建筑和大型公共建筑年耗电量约占全国城镇总耗电量的22%，每平方米年耗电量是普通居民住宅的10~20倍，是欧洲、日本等发达国家同类建筑的1.5~2倍。

上课的教授把这一类耗能的公共建筑称为“垃圾建筑”。这类建筑除了在建造过程中消耗大量资源、产生废弃物外，在日后的营运过程中也消耗大量能源。对这类建筑，要掀开美丽的外纱才能看清其本质。

与垃圾建筑形成鲜明对比的是，近几年我国绿色建筑快速发展。截至2015年12月31日，全国共评出3 979项绿色建筑评价标识项目，绿色建筑面积累计为4.6亿平方米。[1]珠江城“零能耗”目标的提出似乎预示着中国建筑节能未来的发展方向。

“零能耗建筑”（Zero Energy House）一词最早由丹麦技术大学的Torben V. Esbensen在1976年提出，他当时选择一栋丹麦单层独户居住建筑进行实验。由于零能耗建筑在实现上还较为困难，且成本较高，在欧美等国零能耗建筑大多为3层以下的居住建筑。[2]

2010年，我参加在广州举办的广东省建筑师、设计师高峰论坛，论坛以珠江城的节能为讨论主题。许多媒体把珠江城称为“零能耗”。按目前的技术，零能耗在超高层商业大厦中实现的可能性几乎是零。从分析可见，珠江城太阳能光伏发电大约占整幢大楼总用电量的1%，风力发电（尚未实施）仅占总用电量的2%，两项加起来大约为3%。而冷辐射空调、双层呼吸式幕墙、智能遮阳百叶、人性化照明系统、日光漫射系统等措施有明显的节能效果。因此，把珠江城称为“低能耗建筑”更贴切。（见表）作为实验探索性研究，零能耗建筑更适合在农村、郊外等条件下实现。[3]

在2014年广州低碳生态城市与绿色建筑论坛上，德国设计师闻浩南先生谈到他在中

---

〔1〕 王林．中国近零能耗建筑“第一楼”的启示．中国能源报，2016-12-14.

〔2〕 张时聪，徐伟，姜益强，等．“零能耗建筑”定义发展历程及内涵研究．建筑科学，2013，29（10）.

〔3〕 清华大学建筑节能研究中心．中国建筑节能年度发展研究报告2009. 北京：中国建筑工业出版社，2009：138.

国实践的几个项目时，说，大多数客户并不是以生态节能为出发点，要么是为了新潮（我理解为商业营销的噱头），要么是为了完成某种政治任务。他最后认为：在中国民间还没有真正实行环保节能的市场需求。闻浩南所指的并不是全部的现状，但多少是现状的一个缩影。

在瑞士伯尔尼的公车上，我没有想到的是：国内环保节能技术的应用已经有珠江城这么先进的案例，还有专门的研究机构——从国家到地方层面的建筑科学研究院——进行系统研究并将各种措施做成样板，在自己的办公楼里一一展示。然而我很少见到类似瑞士满足绿色节能指标的住宅在中国大量出现。

在建设部启动的“十一五”“100 项绿色建筑示范工程与 100 项低能耗建筑示范工程”中，办公楼、图书馆、体育中心等公共建筑获得的数量与高星级最多。与公共建筑相比，2009 年全国第一批绿色建筑设计评价标识项目中有一个住宅项目，而在第二批中有两个住宅建筑项目，这当中只有一个获最高的三星标识，其他的均为一星。综合统计，2008—2015 年获得绿色建筑标识的住宅类共为 1 900 项，其中最高等级的三星级项目为 244 项，公共建筑为 2 050 项，三星级项目 462 项。[1]

而在瑞士，人们都乐于购买带有 Minergie 商标认证的住宅，即使这类房子造价比传统的要高出10% ~15%，但仍然受到欢迎，很重要的原因是这类房子节能效果好。瑞士冬天是非常寒冷的，但满足该标准的房子有不同于普通房子的特别之处：

> 1 月天气寒冷，瑞士西部弗里堡州的室外气温达到零下 6℃。在韦拉罗德（Villarlod）小村旁的山上，建有一座设计现代的家庭住房，与其他建筑截然不同。房子内部的温度计上显示室温为 19℃。这所住房的特别之处是：房内并没有取暖设施。高效的隔热材料和玻璃窗安装使室内全年温度宜人，能量来源仅限于太阳光照和居民发出的热量。[2]

这是近 1.5 万座带有 Minergie 商标的瑞士建筑中的一栋。

“Minergie” 由 “微小” 和 “能源” 两个法文单词合成，中文可译为 “迷你能源”，是瑞士推行的节能房屋建筑标准，由位于伯尔尼的 Minergie 核准部门针对有效利用能源及按照生态原则建造或翻新的建筑颁发相应证书。其倡导在保持房屋舒适、实用、经济性的同时节约能源，要求在外墙、通风、绝缘、热度控制和照明等一系列技术指标上做到节能最优化。许多银行对环保房屋的建造或者改建都提供优惠贷款，利率比普通房屋的贷款利率要低 0.75% ~1.5%。贴有这个标签的住房在转让的时候，也比普通住房更具吸引力。这一点对业主来说，也是潜在的诱惑。在对建筑时间超过 50 年的老建筑进行改造时，与 Minergie 协会有合作关系的建筑师通常能够捷足先登，获得改造项目。

---

〔1〕 王建清，等．我国绿色建筑 2015 年发展情况及 2016 年前景趋势//中国城市科学研究会．中国绿色建筑 2016. 北京：中国建筑工业出版社，2016.

〔2〕 迷你能源（Minergie）明日住宅的标准．http：//www. swissworld. org/zh/switzerland/swiss_ specials/green_ technology/minergie/.

1.5 万座 Minergie 标准的建筑，是否就是闻浩南先生说的“需求”，即我说的“市场”？

前文提到的可持续发展设计在中国的实践出现的漏斗形现状，反映了生态建筑、绿色设计呈现“两头大、中间小”的失衡局面。根据中国国情，漏斗中间实践的环节先从政府层面推动，在国企和市政项目中率先试行，这股轰轰烈烈的运动能上下拓宽漏斗中央的狭窄点。虽然出现了不少问题，但比毫无作为要强，也让更多的人在实践中意识到目前存在的问题，这也许是解决现状的有效方法。要有广泛的参与，让这个漏斗从中央向左右两端延展，达到足够长的线，形成充分开放的“地平面”。而政府要做的，是打破桎梏，让更多民间的力量在广阔的地平面上找到“需求的市场”。(图 1)

江门郊外有一处农庄，客人上卫生间要走出大厅到十多米远的地方。为了安全起见，卫生间灯在夜晚是长明的。老板把卫生间建在杂物间旁，并在两房之间的隔墙上开了一个方形的窗，在窗里安装了一盏节能灯。节能灯同时照亮卫生间和杂物间。（图 2）农庄老板想出了简单有效的办法以节省电费。由此可见，如果环保节能与利益诉求结合，一定有广泛的市场“需求”。

1999 年，国际建筑师协会（UIA）第 20 届世界建筑师大会在北京召开，号召全世界的建筑师把环境与社会的可持续发展作为其职业实践的责任和工作核心。业界充满着信心：树立可持续发展的绿色建筑观，探求可持续发展的绿色建筑理论及其创作设计方法，研究开发可持续发展的建筑技术将是 21 世纪重要的建筑文化内容。21 世纪已经步入了第十七个年头，如果可持续发展的探索和实践缺乏广泛而巨大的市场，注定是小众的，设计师也谈不上持续的作为。就让我们从“天空之城”落到地平面上，思考以下关键词：生存、责任、市场、利益。

珠江城应用的冷辐射天花与传统制冷系统对比的优劣势

	室内舒适性	噪音	健康影响	对房间空间要求	灵活性	维修	维护成本与质量保证	节能和能源利用	对场地要求	造价	中国实例
传统制冷（VAV系统）	高风速时产生吹风感无法保证室内湿度	有噪音	风管及表冷器表面滋生及携带的细菌	需要有空间设置风管或水管（风机）	房间表面围护结构形状对设计排管有很多的限制影响	维修过程比较复杂	维持费用较高，设备寿命周期为10~15年	节能利用空间受限	适应性强	400元/平方米	大多数建筑
冷辐射天花（CRCP）	能够同时满足室内温度和湿度要求，无吹风感	无噪音	辐射传热减少了疾病可能性	不占其他空间（无风机）	用于各种房型中也能根据美观要求灵活设计	易于维修	维持简单毛细管网棚系统的寿命周期超过50年	比VAV节省40%能耗能有效力用可再生能源节能	更适合在干冷地区	2 000元/平方米	清华大学 上海大学 珠江台（160平方米）

好的方面
较差的方面
表现一般

1.CRCP采用16℃~18℃的冷水进水温度（常规的7℃）
2.夏季室内空气温度可以提高2℃~3℃。
单这两项就可节能25%。

在中国，降低辐射板的价格对实际的应用至关重要

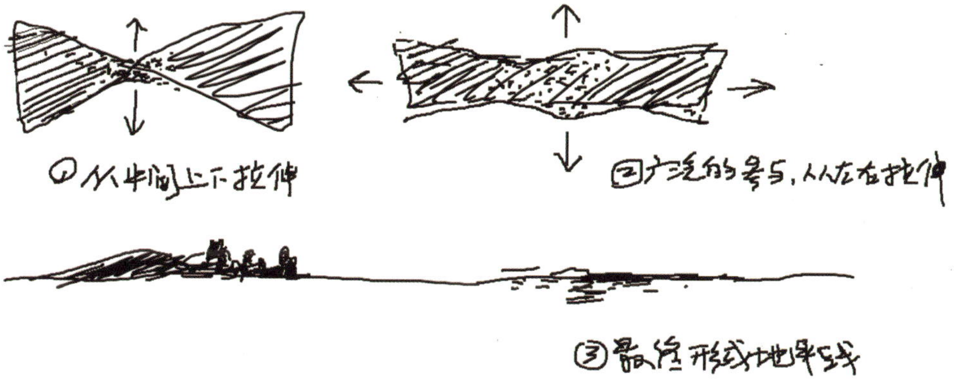

图1　让沙漏的中间不断扩大，并向两端拉伸，形成更广阔的地平面。从瑞士环保节能建筑成功的应用可以看到，更广阔的应用市场才能让从事可持续发展的人们获得商业的利益，也能让人们自愿去实施环保节能的措施

图 2　厕所与杂物间相连，安装在墙洞的节能灯将两个空间照亮，在漆黑的夜晚，这是一盏明灯

3 另一种思路

“救救地球”

卡普兰的“自私”

得利益

物质观

粗材精做

何陋之有

陈皮村竹建筑

巷口的无奈

棕色土地

天鹅湖公园

另一种思路

解决危机无法求助于产生这一危机的思维方式。

——艾伯特·爱因斯坦（Albert Einsten）

“救救地球”

“孩子们，这是我们赖以生存的地球，我们的地球真的‘生病’了，且病情还不轻呢。我们应该怎么做?”在一个课室里，老师指着一幅幅工厂在冒烟、河流被污染、森林在退化的图片对学生说。

地球在“生病”，我们应该怎么做？下面是一位初中学生的回应：

同学们，你们是否听见河水呜咽的声音，因为它被染黑了身体；你们是否听见鸟儿悲惨的呻吟声，因为它被顽皮的孩子剪去了双翅；你们是否听见地球妈妈在对我们呼喊，因为它被弄脏了身体，被“剪”去了秀发——树木。

啊！爱护地球吧！它是我们共同的家园。救救地球吧！除了它，我们别无去处。[1]

当我们向孩子宣传拯救地球时，在孩子心中，也许人类更像奥特曼一样具有神的力量，能够将地球从危难的边缘拯救出来。然而，真的是这样的吗？先看一下人类脆弱的一面。

人类在繁衍的历史上，遭遇了各种各样的流行性传染病。由鼠疫耶尔森菌引起的自然疫源性疾病，俗称“黑死病”，第一次发生在6世纪，死亡近1亿人；第二次发生在14世纪，约7 500万人死亡；第三次发生在18世纪，传播了32个国家。除了天花已被世界卫生组织宣布可根除之外，其他烈性流行性传染病依然在威胁人类的健康。疟疾每年会夺去超过百万个生命；20世纪人们闻之色变的西班牙流感，或称“1918年流感”，夺去了近4 000万人的生命；2002年的SARS冠状病毒平均死亡率为9.3%；2013年的禽流感，死亡率达63%。

人类如此脆弱，人类有能力拯救地球吗？人类对地球的影响有多大？要回答这些问题，不妨先了解人类在地球上存在了多久。根据考古学家的推测，目前学术界一般认为，古猿转变为人类始祖的时间在700万年前。2009年，《科学》杂志发表文章，称成功将埃塞俄比亚发现的零碎原始人化石拼出一副女性原始人骨骼。科学家表示，名为“阿尔迪”的猿人约生活在440万年前。研究表明，地球年龄为45.3亿至45.7亿年，这颗星球还将有50亿年的寿命。因此，一些人还乐观地认为，直到太阳系毁灭时，人类的后代早就能够利用高科技移民到银河系的某个角落，让人类的历史超越地球。

---

〔1〕参见http：//www.czcol.cn/cyzw/2009/0915/860.html。

然而，这些乐观的想法正被一些科学家击破：人类的前途其实并不乐观，不管是不可抗因素还是人类自身的愚蠢行为，都给人类的安全造成巨大的威胁。这些危险包括小行星撞地球、伽马射线暴、黑洞、太阳大爆发、超级火山爆发、地球变暖、瘟疫以及尚未结束的战争。人类引以为傲的科学正在以一种不可预计的方式发展着，在造福人类的同时也带来史无前例的潜在危险。20 世纪中期，我们已经具备了毁灭全人类的能力。英国宇宙学家马丁·里斯[1]在他的著作《我们最后的世纪——人类能否活过二十一世纪》（*Our final century: will the human race surive the twenty-first century?*）中预言：地球在未来200 年内将面临十大迫在眉睫的灾难，人类能幸免的机会只有50%。

如果人类突然从地球上消失，地球将会变成什么样子？我们这一代，以及下一代，估计无法活到人类消亡的那一天。但思考一下这个神秘而耐人寻味的话题，也许能帮助我们认识到人类对地球的影响到底有多大。

2008 年，美国人 David de Vries 导演了一部纪录片，片名叫"人类消失后的世界"（*Life after people*），试图描述上述的想象。

大自然需要多久才能将人类留下的痕迹全部抹去？《人类消失后的世界》通过工程学、植物学、生态学、生物学、地质学、风土学以及考古学等领域的分析给出的答案是：20 万年。

- 消失后 20 年，大街和农作物将接着消失，乡村道路会被野生植物覆盖，田野中将杂草丛生；
- 所有木制房子都将在 100 年内消失；
- 由玻璃和钢筋建造的城市摩天大楼，将在 200 年内倒塌；
- 250 年内，人类建造的水坝也将坍塌；
- 砖、石和混凝土结构的房子存在的时间相对长一些，但也会在 1 000 年后坍塌；
- 如果没有地震，桥梁也许能支撑 200 年，但即使是世界最大的拱桥也会在 1 000 年后倒塌；
- 人类留下的重金属污染数百年后也将逐渐被稀释；
- 即使像纽约这样的繁华大都市也要不了多长时间就会被大自然瓦解；
- 千年后地球回归到蛮荒世界；
- 几千年后，地球将会变回到史前蛮荒世界；
- 没有了空气污染，城市的墙壁上会布满青苔、爬山虎、毒葛，曾是人类餐桌上不可缺少的佳肴如胡萝卜、花菜、卷心菜、芽甘蓝、花椰菜等都将退化成野菜；
- 20 万年后，将再也找不到人类曾在地球上生活过的痕迹；
- 虽然核废料等放射性物质的寿命可以延续 200 万年，但在一片苍茫的大地上，没人会将它们和人类联系到一起。

---

[1] 马丁·里斯（Martin Rees），1942 年出生于英国约克。英国皇家学会前主席，剑桥大学天体物理学家。

有人猜测，在地球已存在的40多亿年里，曾经存在过几次人类文明，但我们至今也没能找到之前的痕迹。如果按照上面的推演，仅仅在人类消亡20万年后，就再也找不到人类曾在地球上生活过的痕迹。如果在接下来的50亿年中，还有人类文明出现的话，那时的新人类也和我们一样，无法寻找之前人类的痕迹。在地球近100亿年的生命前，人类自认为辉煌的历史成就也显得无足轻重。

即使人类没有足够长的时间去一一验证以上的想象，我们也可以通过今天仍然存在的历史古迹的遭遇来对照几百年的推演。2012年，我到柬埔寨吴哥窟（Angkor Wat）考察。在被吴哥窟精美的建筑和雕塑艺术所震撼时，我亦深深地感受到在时间的推移下自然对它无情的吞噬。吴哥这个曾经繁荣600年的王朝，在15世纪初，文化忽然中断，消失在历史的长河中。高棉人在12世纪建筑的最大寺庙——吴哥窟，已人去庙空，被树林吞噬。在此后的几个世纪里，吴哥地区变成了树木和杂草丛生的林莽与荒原，尽管当地人曾经进入森林，无意中发现宏伟的庙宇，但吴哥遗迹多不为世人所知。直到1861年，法国生物学家亨利·穆奥（Henri Mouhot）无意中在原始森林发现这个遗迹。之前，连柬埔寨当地的居民对此都一无所知。（图1、图2）从1908年起，法国远东学院开始对包括吴哥窟在内的大批吴哥古迹进行为期数十年的精心细致的修复工程。尽管经过了近一个世纪的精心修复，仍然可以在吴哥窟及附近看到部分建筑摇摇欲坠，大量石块散落一地，许多地方杂树丛生，树根深植入部分建筑物的红壤砖缝隙，逐渐将缝隙扩大，最后将红壤砖推落，使建筑物坍塌。

吴哥地区过去曾有超过一百万的人居住，忽然之间却消失得无影无踪，专家推测，战争是极有可能的一个原因，但外敌入侵可能导致王朝的改朝换代，却无法使一个民族的人民统统消失。这至今仍是一个无法解开的谜团。

与吴哥窟的神秘相比，另一个例子就是至今仍是死城的切尔诺贝利。人们遗弃它的原因清晰明了。1986年苏联切尔诺贝利核电站核泄漏，造成附近被疏散地区至今仍是死城。从图3可以看到，人类的痕迹正发生着变化。切尔诺贝利30年后已经逐渐形成新的生态系统，当然，可以肯定的是，这不是人类的功劳，而是自然的力量在起作用。我想，即使这里形成了新的生态环境，也没有人会来这里生活，除非200万年后核辐射完全消失。

拿人类与地球比较孰强孰弱，本身就是一个愚蠢的主意。《世界：一部历史》（*The world: a history*）的作者菲利普·费尔南德兹—阿迈斯托在书中说的一段话，恰好可以用来对上述的讨论作观点性的阐述：

> 地球毁灭时，肯定与我们无关。地球的毁灭将在我们消忘之后的很长时间才会发生，地球毁灭的原因将取决于宇宙力量，我们了解宇宙的力量，却没有能力施以影响。[1]

地球在哭泣，人们呼吁保卫脆弱的地球。人们保护地球的意识早已萌生，于是满怀责任大声疾呼：救救地球！

---

〔1〕菲利普·费尔南德兹—阿迈斯托. 世界：一部历史. 钱乘旦，审读；叶建军，等译. 北京：北京大学出版社，2010：1194.

图 1　吴哥古迹

图 2　消失的民族

图3 探秘核电站事故后的恐怖死城
（图片来源：http：//photo. huanqiu. com/society/gallery/2011－03/1562429. html）

然而，"救救地球"显然是一个毫无意义和不可能成立的呼声。通过以上论述，可以发现，地球不需要我们拯救，脆弱的人类也无法拯救地球。若人类用现有的全部核武器在地球表面引爆，最先消失的物种肯定包括人类。即使地球表面千疮百孔，但200万年后，地球又重新恢复新的生态系统，自然将周而复始地继续运作，或许，这个星球的下一个主宰将不是人类。

既然人类救不了地球，为什么会提出"救救地球"这么重大的话题，而且从小孩开始就进行教育？

下面这个有趣却有点啰唆的讨论也许会有点启发。

救救地球——从完整的语法结构上理解，意思是"人类拯救地球"。为什么我们平常不在"救救地球"前面加上"人类"？事情的微妙就在这里，当我们说"人类应该拯救地球"，连说的人都会诧异，何况听的人。省去了主语，它显然给我们这样的印象——拯救地球的实施者既可以被想象为救世主（有强大的力量），也可以是人，当然也可以在人与救世主之间选择性使用。在两者的身份不断模糊后，人就等同于救世主，既然是救世主，自己就理所当然地独善其身了。当一个人呼吁"救救地球"，就巧妙地把自己排除在外了。正如面对北京的雾霾，人们总会说"我们应该去做"。这里为什么用"我们"而不用"我"，因为"我们"是一个笼统的概念，包括了"你"和"他"，"我"显然是被模糊掉的角色，既可以是呼吁者，也可以是局外人，为之行动的是"你"和"他"。如果换成"我"应该怎样做，主体明确了，责任就具体了，"我"也就无可逃避了。如此说来，"救救地球"的真正含义是我们回避事实的美丽托词。

既然地球不需要我们去拯救，那人类要拯救谁？许多人在回避这样的事实：尽管我们对自然界造成了一些伤害，自然界仍在很大程度上没有受到威胁，相反，我们却受到威胁。不管你爱不爱听，每个人都逃避不了这样的拷问：不要问丧钟为谁而鸣，它就为你而鸣！[1]

为了让人类的未来更久远，我们必须拯救自己。没有人在救与不救自己的问题上犹疑，只是我们常常以大公无私的精神去强调为别人甚至为地球时，忘记了最根本的目的，才让我们在很多选择上变得纠结。地球不需要我们拯救，人类应该拯救自己。

然而，这样的一些大道理还是容易被人们忘记，甚至有说教的嫌疑。所以，我在后文引入了"利益"一词。

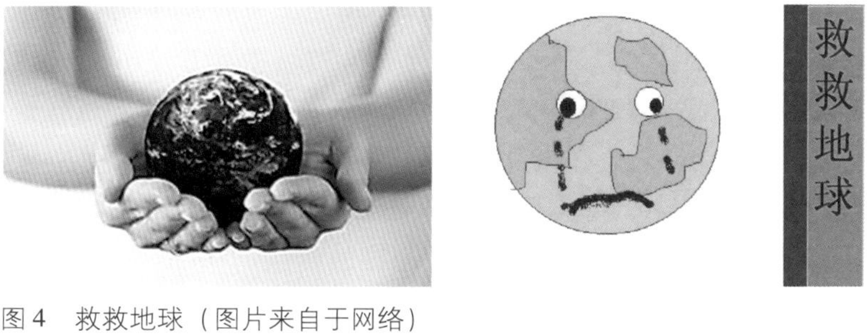

图4　救救地球（图片来自于网络）

〔1〕 出自约翰·邓恩（1573—1631）。其为英国玄学派诗人、教士。

卡普兰的“自私”

前面谈到一位外国设计师曾对我讲过，当你不断重复要让许多中国人重视环境保护时，收效甚微，但是，当你讲到环境污染直接危害到他的健康时，他会立即响应这件事。这位设计师懂得利用人们的“自私”来达到目的。

2012 年，法国新一届政府为缓解财政困难，计划提高年收入超过 100 万欧元的富人税收，其中，最高一档的所得税税率提高至 75%，这引发了法国富人的移民浪潮，法国影星杰拉尔·德帕迪约亦高调移民俄罗斯。[1]美国的情况也不容乐观，由于美国近期通过解决“财政悬崖”的方案，加重了国内富人的税负，甚至迫使一些美国人放弃国籍与护照以逃避重税。没有人想多交税，但在欧美一些富豪因为征税问题而移民时，2012 年美国 158 位百万富豪却要求政府对自己多征税。一位来自波士顿的商人卡普兰认为，自己要求政府对像他这样的商人加税完全是出于自私心理。[2]他这么一说，有许多人就不解，他们对美国的民众做了一件有利的事，怎么同自私扯上边呢?

以上这两种情况都值得我们思考。

一次上课，我向学生们介绍在瑞士、德国住宅的窗户设计。和国内的不同，他们的窗扇是向室内开启的，这种方式有多种优势，其中之一就是避免窗扇脱落砸到行人。

“那不影响了室内的空间?”一位学生马上提出了疑问。这是一位普通人的正常反应。

媒体曾报道无锡某业主林先生在收楼时表示对内开窗的不满。记者追踪采访了林先生，他在 2010 年底购买了当地一套住房，购房时他没被告知窗户是内开的。与我的那位学生反应一样，许多住宅的业主都顾虑窗户内开带来的诸多不便。首先影响安装防盗网和防蚊纱窗，内开的设计让室内的窗帘难以拉合，窗帘成了摆设，而最大的不满还是内开窗非常占用室内空间。随后，记者经询发现，曾有其他小区的业主因为不满开发商当初承诺的外开窗变成内开窗，还闹过多人维权事件。[3]然而，认真分析瑞士、德国房子窗户向内开的理由，也许会让更多的普通人成为聪明人：真正的利益有时并不会一目了然地摆在我们的面前。或许我们就可以从窗扇的案例来探讨“自私”这类抽象的问题，具体分析一下不同思路的“自私”会带给我们怎样的利益。

---

〔1〕 张斌．法国富豪移民对中国有何启示．http：//finance. people. com. cn/n/2013/0203/coll4 – 20445391. html.

〔2〕 晓路．要求“向我加税”的美国百万富翁．羊城晚报，2012 – 12 – 06.

〔3〕 姜颜．年底收房记．江南晚报，2013 – 01 – 07.

先看一下卡普兰“自私”的逻辑：对商人来说，客户非常重要，如果高收入者可以多交一些税，那么相应地就可以使中产阶级少交一些税，中产阶层因此就可能更快地成长，购买力也相应增强，这样对企业就有好处，也将使所有的人得到益处。从“多交税”到“中产阶级得益”，再到“购买力的增强”，直到卡普兰因此“得到回报”，这是一个漫长而不显眼的过程。卡普兰逻辑的前提是把问题放到一个较长的时间里去思考。而懂得用长远的眼光看利益的人，肯定不是普通人。

同样的思路，在德国，尽管他们生产的窗铰等质量过硬，但在长期的使用当中，难免会有所损坏，向室外推开窗页而发生掉落的概率大大增加。不仅户主在窗页伤人后会被检控，更重要的是，每个人都有机会被砸到。而窗户向内开启，即使掉落，砸伤人的概率几乎降到零。

在中国，大多数窗户是向外开的，即使关于高层建筑不得向外开窗的技术规范早有规定：中高层以上建筑不宜采用外、平开窗，采用推拉门窗时，窗扇必须有防脱落措施。[1]但许多开发商仍然在高层住宅采用外开或平开窗。我们不能把责任都推给开发商，因为消费者的取向往往决定了开发商的行为。从无锡业主的表现可以看到，这种“自私”，得到的是生活的方便和空间的宽敞，但却会因为这点“自私”失去了对自己生命的保护。也许读者会认为这是危言耸听，但我们仍可以从香港和新加坡等高楼林立的地方的频发事故看到我们身边的隐患。2005 年 6 月 27 日，香港港九多个地区一日内发生 7 宗坠窗事故，一个月内发生超过 18 宗。[2]在新加坡，2000 年发生 19 起坠窗事件，到了 2003 年底增加到了 106 起，甚至出现一星期内发生 3 起的情况。坠窗事件有增无减。根据政府的调查，出问题的大多是由屋主自己找人安装的外开式窗户。[3]

我所居住的小区物管在橱窗贴出警告，要求业主检查自家的窗页有否松动，加紧维修，防止坠窗事件。这个小区的楼龄已将近十五年，最近几年开始出现坠窗事故。根据物管的指引，我也检查了家里的窗户，由于使用时间较长，窗铰槽内积满污垢，降低了滑动的顺畅度，向外开启窗扇时确实需要用力向外推，窗铰金属本身单薄，固定的螺丝已经生锈，发生坠落的可能性变大。如要避免安全隐患，更换这些已经使用十几年的铝窗是极为麻烦的。首先，要考虑到高层更换的保护措施、外墙的修复、新窗的成本，以及拆后对室内装修的破坏。其次，还要花费大量时间。这些都成为业主们不愿意更换的现实理由。我每次经过小区楼下，看到每家每户悬着的窗扇，一种危机感似乎从天而降。

回想无锡业主林先生因为窗户内开而发的牢骚：“我一直以为窗户是外开的，内开的话我怎么安装橱柜？一开窗不就碰上了吗？”

为了一个橱柜安装的方便而忽略了他人和自己的安全，这当然是一种自私。不过，这是一种“初级”的自私，回报率不高，林先生没能看到更大的“自私”所产生的获益：①减轻日后维修的成本；②保护自身及家人安全；③免于可能的官司；④避免为之赔偿或

---

〔1〕 江苏省建设厅．铝合金门窗工程技术规程：JGJ214－2010.

〔2〕 香港文汇报，2005－06－28.

〔3〕 新加坡，窗户掉了要坐牢．环球人物，2012（1）.

坐牢；⑤内开窗在功能使用上带来的潜在好处。

为了生命安全，瑞士、德国的窗户向内开。他们为此设计出一种内倒式五金件，开发出平开内倒窗，可以往里倒悬，也可以平开，倒悬状态下下雨天也可通风换气，也不太占用室内空间。（图1）同时，由于窗户向内开，在窗户上做外遮阳设施就成为可能。外遮阳不同于我们常用的内遮阳，目前国内大多数居民的住宅采用百叶窗、布式窗帘遮阳，这种方式把窗帘装在室内，同样占用了室内的空间，而最大的问题是内遮阳挡住了光，但在挡热上没有多大的贡献。特别是在夏天光照强烈的地区，内遮阳不能有效地降低室内空调的能耗。而安装在室外的外遮阳设施，不仅起到遮光的作用，还把太阳光的热辐射有效地遮挡在室外，对降低室内温度起到很好的作用。

瑞士人、德国人比我们聪明吗？不是，是因为他们比我们更懂得深层面的“自私”带来的回报。

有更多的事例能够帮助我们深入地思考这个话题。

尽管有许多相关规范要求在公共场所设置无障碍通道，然而，并不是所有设计师都能够设身处地落实这一措施。因为做设计的大多是年轻人，他们身强力壮，没有这个需要。在相对狭窄的空间，无障碍通道往往占用大量地方，成为设计中的鸡肋。即使在我自己做的许多项目中，亦只是满足规范的要求，从来没有从无障碍人士的角度去推敲使用上的细节。这种情况直到近两年家里老人行走不便，才深深体会到无障碍通道带来的切身便利。要把轮椅上的家人从家里送到医院，虽然不到三百米的路程，但中间遇到台阶，就要一个人把老人搀扶起来，另一个人把轮椅搬下去，再把老人放回轮椅，当中的忧虑和尴尬只有当事者才能体会。当走到设有斜坡的地方，可以从容地通过，这时会由衷地感谢设计者带给你的切身利益。做设计时，我会想到这是为了别人——多是特殊人群考虑的，没想到，这么快就让自己得益于这些设置。

图1　瑞士住宅多方向开启的窗扇

得利益

参观深科院大楼是瑞士学习课程的本土案例研究环节。深科院全称为深圳建筑科学研究院，专门从事建筑与科学技术的研究、开发与应用。大楼应用了太阳能光伏发电、中悬窗、人工湿地水处理、雨水收集、节能型通风空调、导光系统等 39 项绿色建筑技术。参观过程中，院长叶青女士热情地带着我们从楼梯往上参观。深科院的楼梯建在西边，为了防西晒，西面外墙设置了遮阳隔栅，并种植了垂直绿化。他们在办公层的楼梯间设置了一个装着纸星星的箱子，每天爬楼梯上来的员工可以拿一粒星星，收集到一定数量后便可以换取礼物。

叶院长说：“这是为了鼓励员工多走楼梯。”尽管这不是一项环保节能的具体技术，但叶院长还是得意地为我们作进一步解释：“英国伦敦大学一项研究显示，久坐有害健康，每天坐着看电视或用电脑超过两小时，罹患心脏病概率翻一番，同时增加早逝风险，这种危害即使进行体育锻炼也无法消除。研究院希望通过一些好玩的措施让员工参与，让大家多运动，避免得职业病。”

让员工保持身心健康，提高效率，这是公司的得益。

我从瑞士学习回来，就碰上公司装修的事。2011 年，公司从怡乐路搬到一座三进式的中式传统大宅，位置优越，有着浓厚的文化气息。但由于是传统的老建筑，所以不能进行格局的改变以适应办公的功能，尽管所有的客户到此都会对老建筑的优雅予以赞赏，但青砖灰瓦让员工少了一份温馨感。使用一年后，终于决定搬回怡乐路。

2011 年前，我在怡乐路工作了 5 年，我的办公室位于二楼，东向有大开窗，视野开阔，景观最好。作为公司的重要人员占据了办公室最好的位置，这是无可厚非的事，也曾经被认为是理所当然的事情。而再次对这里进行装修，让我有机会实施“另一种思路”。

进行装修，第一要作调整的是把景观最好的位置让给公司更多的人享用；第二是针对设计员工久坐对健康的影响采取措施；第三是考虑再次利用原场地大量旧家具；第四是考虑节能。

而最难的是作为公司的主要负责人，要把原先风景最优的地方让出来。在许多办公室的设计案例中，往往先以位高权重者的需要来考虑布局。在这次重新设计的案例中，公司位高权重者改变了固有的思路。最后的解决方案是我把办公室搬到西边的一个角落，这里景观并不好，但通过重新设计获得一个全新的空间。许多曾经去过老公司的人看到新装修后的办公室，会对我说，空间变得丰富了。（图 1 至图 6）

为什么要把景观最好的地方让出来？为什么要搬到景观不好的地方去？下面四个关联的思路和方法可以给出答案：①一个空间场地，最糟糕的地方能被改造成最好的地方，那其他地方也就不成问题了；②要把一个场地条件并不理想的空间设计好，更考验一名设计师的水平和能力；③能够让一个企业或设计师下决心花心思和资源去把一个差的地方改造成好的地方，这件事一定和企业核心人物的利益有关，才能够实施；④把通风、采光、景观好的地方给更多的员工使用，在很大程度上能够提升员工的工作效率，这是企业的利益所在。

在运行了一年后，通过观察与反馈，可以肯定地下结论：这是一次目的明确的成功实践。这是我从瑞士学习回来后，在办公室装修上主动做出的让步，通过学习到的“自私”而获得收益。

图 1　位于广州闹市区的中式古典大宅，环境优雅，空间通透明亮，但并不适合办公

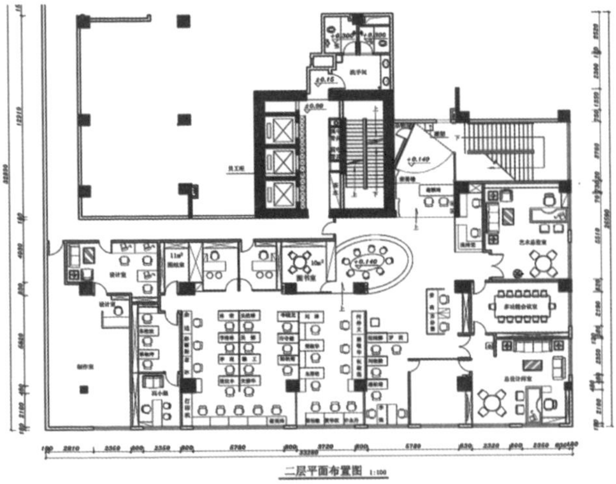

图 2　2011 年前老公司的布局中，艺术总监室（我的办公室）在东边的区域。出于东面总设计师的私密需求，房间经常是关闭的，因此整个办公区域通风也不理想。在管理方面，艺术总监是在东边办公，出入口也在东边，而设计室在西边，很大程度上我与团队疏远了，因为上下班都很方便，有时一整天都没有和团队成员见面

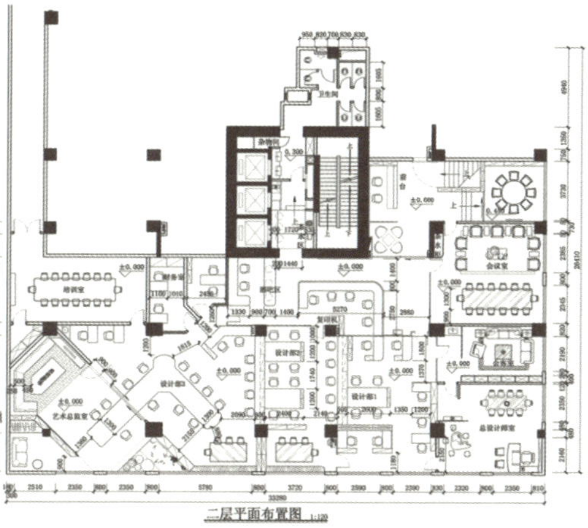

图3　在新的装修方案中，艺术总监室从位置最好的东边移到了相对较差的西南角。位置的选择是经过深思熟虑的：一是出入办公室就必须穿过整个设计室；二是公司西南角的位置仍然有两大扇向南开启的窗户，光线柔和，保证了基本的通风采光；三是有足够大的空间

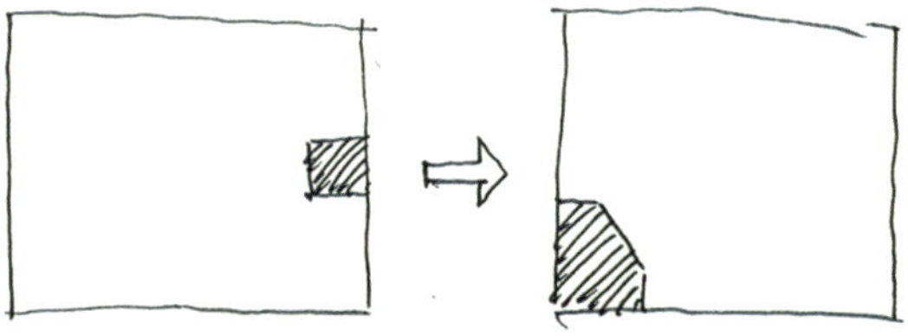

图4　原在东边的办公室设计成多功能会议室，搬到西南边的总设计室采用斜线分隔空间，产生包括共享的室内公共水景、休息房、资料房等多个功能空间

图5　为了让设计师定期到户外活动一下，在新方案中，员工办公桌采用大通铺式的设计，取消相对私密的隔板，让台面变得光亮，也增加了同事之间的交流，在使用之后发现员工的疲惫感有所改善。分享也是节能的一部分。这种流通性不仅方便热能的传播，还可以产生更多思想上的互动。当员工有电话时，为了不影响别人，大多数会走到公共区域接听，这就迫使员工经常走动。关于垃圾分类的规定在公司里被严格执行，特别是餐厨垃圾要即时带离工作场所，这不仅为了公司场地的卫生，也是为了让员工利用扔垃圾的时间到小区的绿地里活动一下

图6　左图是原来的艺术总监办公室，窗外是最好的景观面。右图是搬到西南角落后的办公室，办公桌后面是共享的小鱼池

2009年，当我参观瑞士建筑师彼得的住房时（满足瑞士 Minergie－P 标准的住宅），最让我感兴趣的是彼得把自己建的地下车库免费给社区居民使用。因为瑞士公共交通发达，彼得自己并没有购买汽车。彼得说，因为自己使用了社区的土地（事实上彼得花了近二百万瑞士法郎买了这块地皮），所以建了地下停车场回馈当地的居民。2010年，我到深科院考察时，令我深受启发的是，作为深科院负责人，为改善员工的办公健康而想出了许多有效方法。他们都没有告诉我这样做有多少好处，但直觉告诉我，他们一定是为了追求更大利益，而为此做了大量工作，甚至放弃了眼前的利益。

通过学来的思路，促使我在自己办公室的改造上进行尝试，一来可以总结学习成效，二来可以通过实践培养这方面的思维方式。（表1）

事实证明，当"不把我的办公室放在公司最好的位置"，我失去的只是景观最好的地理位置，而这一点可以通过设计进行弥补。而隔音性下降的问题，很大程度上让我在谈话时有意压低声调，时间一长，反而让自己学会了冷静，以及锻炼自己咬字清晰、说话简明扼要的特点。在"我会得到什么"一项中，很明显，除了解决表中右下角所列的4个问题，还多出了若干个有利的回报。

表1　办公室位置变换及带来的得失

	我会得到什么	我会失去什么
不把我的办公室放在公司最好的位置	①员工对环境的认可度比原来高；工作稳定，效率增加	①我没有使用到最好景观的地方。
	②其他区域通风的改善	②隔音性能较低
	③其他区域采光改善	
	④增加了室内小绿地	
	⑤我的办公室有了更丰富的分区	
	⑥办公室用投影时不用拉窗帘	
	⑦有多种层次的光环境	
	⑧每天经过设计师工作地方，与设计师相处的机会增多	
把我的办公室放在公司最好的位置	①办公室区域景观效果好、光线好	①当关上房门时，造成其他区域通风不畅，员工容易犯困，工作效率低
	②从某种程度上显示位高权重者的重要性	②员工对工作环境认可度不高
		③造成其他区域自然采光不好，长时间依赖人工照明，耗电高
		④办公室采光太好，上午往往要拉上窗帘，办公时有些刺眼

2013 年春，我参加了一个小型设计师沙龙，主题是“设计的环保与艺术”。谈到环保节能，设计师各有说法，有的认为环保节能是建筑师的事，室内设计师难以有所作为；有的认为政府不支持；有的认为应多做一些公益活动。最后到我发言，我反问了一句：“为什么你们不搞环保节能的设计?”

大家面面相觑。

“因为没有利益，所以在大家的眼里，这更是一种道德责任。”我话题一转，“利益可以在环保、节能的项目中实现。”

对许多人来讲，可持续发展设计更倾向于公益，认为带有公益、慈善成分的设计才是可持续发展设计的核心精神。甚至有些人或媒体站在道德高度指责谋利益的人，让许多从事可持续发展事业的人不敢轻言谋利。

在瑞士，国家鼓励企业在环境污染治理、环境保护中发挥作用，并在环保产业中受益。例如垃圾处理企业每年通过商业运作获得市场的回报（并不是政府补贴），环保产业已经成为具有增长潜力的产业。中国政府采取补贴方式鼓励企业做环保节能的建筑，而得到补贴的项目大多数是与政府有着紧密关系的企业，他们是“近水楼台先得利益”，这种方式可以树立几个环保节能的标杆，但对市场的良性发展并不具有可持续性作用。

瑞士的教授不断提醒我们，可持续发展设计在若干年后，一定会成为设计的基本要求之一。到那时，现在从事可持续发展设计的人已抢占了先机，能得到很好的回报。这确实能让更多的人为了自身长远的利益，投入这项有意义的工作中。那些提倡为了环保而一年不洗澡的做法无疑是极端的现象，甚至为了保护自然而让人类回到原始时代的想法也是再愚蠢不过的事情，它们并不能为整个事情的改善做出积极的回应。

我的作品——华达新城售楼部覆土建筑，收录在《十方》[1]中，一位设计界的朋友为作品点评，把我描述为“苦行僧”。但我认为“苦行僧”的形容并不贴切，因为在这个项目中我获得很好的收益，而这种回报从一开始就是我追求的目的之一，虽然工作很累，但一点也不苦。

〔1〕 段新晓，黄惟雄．十方．香港：香港金版文化出版社，2012.

物质观

一

在老广美（对广州美术学院有感情的人都这样称呼昌岗路校区）附近的市场，有一家开了三十年的粉面店，店里只做三样东西：竹升面、河粉和云吞。每天早上和中午的两个时段，这里挤满了排队的人。人们来这里吃的无非是不变的“老三样”，价格低廉，煮法单一，但拥有许多老客户。

在国外待上一段时间，就会想念广州的美食。最想吃的竟不是曾经吃过的所谓高端佳肴，而是那碗云吞面。无独有偶，我认识的广州朋友，有过出国经历的，都会谈起在国外期间常挂念的街坊间的那碗云吞面。

二

许多年前，一位房地产老板找我设计他的宅园。房子就在他开发的住宅区内，他在小区内为自己规划了一个很大的花园。他带我看现场，指着花园里已经种上的十几棵大桂花树，问我：“你猜一下要多少钱。”这些桂花树胸径 20 ~ 30 厘米，显然是从外地移植过来的，我说要五六万吧。老板笑了笑，说：“从广西运来的，一棵要十六万！”看完现场后，他让我报设计费。当我报出 30 万元后，他再也没有联系我了。最初，我常把这个故事作为不尊重设计价值的反面教材讲给学生听，现在我思考更多的是有形价值和无形价值两者的关系。我帮许多老板设计家居，他们会挑市场上非常昂贵的材料，如用进口大理石来贴地面和墙面，但往往不舍得多花一些钱给工人，让他们贴得更仔细一些。在他们的眼里，材料可以是昂贵的，人工则不然。

一次，广东的一批设计师到江苏参观一个仿古建筑，室内装修用材极度豪华。带队的协会领导打电话给我说：“同去的设计师都发出感叹，赞不绝口。”回来后他们还组织了一个观摩会，把这个案例向大家进行介绍。这件事反映了一个真实的现状：大多数设计师把富丽堂皇的建筑作为设计参考的对象。

在一本杂志上，是这样介绍某位园林设计师所做的项目的：

这个位居广州硅谷的地王项目，不仅坐享大面积自然山林，全冠移植 100 多种珍稀植物，配合 3 000 吨黄蜡石、400 岁的香樟树、18 处叠水瀑布，打造广州首座皇家大观园。[1]

设计师在文中谈到设计自然观，说在尊重自然的基础上进行适度设计，尽量做到让所有的景观都从其所在环境里“长”出来。然而“全冠移植的 100 多种珍稀植物”已经暴露了其“移民”身份。植物本身没有贵贱之分，所谓珍稀植物是指由于自然条件的变迁或人为的破坏而处于灭绝边缘的植物。设计师不能为了迎合民众的畸形物质观而违背了设计者应有的道德观。

2004 年我与华南农业大学风景园林系的叶理老师在江门设计了某山地小区的园林，设计采用本土植物营造自然的景观。本土植物适应本地气候，成活率高，能以低成本实现设计效果。（图 1）业主对此很认同，但一直有顾虑：缺少珍稀植物是否让园林的档次降低？

一天，我来到该山地小区时，业主神秘地带我到三棵乔木前，说：“这是从山上移来的植物，很贵的，苗场上绝对找不到。”我一直都没有认同业主的做法，这样做既破坏了这棵植物所在环境的生态，也不可避免地加速了它们的死亡。果然，在不到一年的时间里，三棵珍稀植物相继死去。

这让我想起一位设计师朋友向我讲述的一个故事：他的客户要投资建一家五星级酒店，便到迪拜参观。第一天，设计师带他的客户来到一间建在沙漠中的沙漠酒店。除了采用本地材料体现当地特色，节水也成为这间酒店的环保亮点。沙漠酒店每年吸引大量旅客入住。设计师看得津津有味，但客户却提不起神。接下来他们到了迪拜帆船酒店，这个酒店据说是全球皇室御用设计师设计，其奢华程度难以用现有的酒店评定标准去度量。看到酒店金碧辉煌的装修后，客户激动地说：“就按这个来设计！”

三

有一位朋友请我吃饭，问我吃不吃野生动物。

我说：“尽量不吃。”

朋友说：“野生动物现在是越来越少了，你不吃，别人也把它们吃光了。”

按当前人们的生存能力，本来就不需要吃野生动物来获取能量，只是因为它们越来越少，所以要抢先在它们消失前让自己吃到。至于野生动物的真正作用，已不是十分重要了。

环境与生态问题的背后，已不是人与自然的关系那么简单，更多的是人们对占有、消耗资源这一问题的观念与行为。

我们有没有这样想过：其实，地球的资源不是我们从父辈继承来的遗产，而是我们暂时从下一代那里借过来的。既然是借的，就要好好保管，完整地还给下一代。

当地球的野生动物都被吃光时，我们该把什么还给子孙们？

---

〔1〕 设计回到自然时．生活元素，2012（12）．

图 1　2004 年种植的本地植物，六年后已经形成良好的生态景观

粗材精做

在湖南做项目，记不清多少次乘坐火车到株洲，对这座工业城市渐渐有了深厚感情。这里的小炒肉和攸县香干是我特别喜欢吃的当地菜，材料是普通的青椒和猪肉，但甘香可口，辣味十足，配起饭来胃口大开，每次都是满头大汗，但那种淋漓尽致的感觉至今仍念念不忘。

吴宗敏是一位“双师型”设计师（既是教授又是设计者），做餐饮空间设计是相当有名的。他提出的“设计就是策划”理念在上百家餐厅、酒家中取得成功。他设计的案例有一个共同点，就是装修材料是常见的，甚至是价格低廉的。和动辄每平方米上千元的昂贵材料相比，它们被称为“粗材”。

在设计中，粗材精做主要体现在选用本土材料，讲究材料应用出其不意，突破传统材料的运用形式，创新运用新的装饰语义来体现当代的审美主题。运用方法有：①运用高纯度的明快色调突出餐饮气氛，讲究材料的色彩搭配；（图 1）②以粗材拼贴出特别的肌理工艺，追求独特的装饰感；③以金属和玻璃营造大面积景观窗，与户外景致形成有机的互动；④注重灯光照明在餐饮空间中的应用，以装饰性的灯具作为空间中的重点；（图 2、图 3）⑤轻装修，注重艺术陈设的主题渲染。

粗材精做是餐饮设计中重要的一环，在餐饮行业中，大多数的经营时间在 3 年至 5 年，要么重新装修，要么另外寻找场地。粗材的选用可以减少投资成本，精做又能避免粗材的简陋。粗材精做的理念在 20 世纪 90 年代后期的餐饮设计中具有先进、积极的意义，当时完成原始财富积聚富裕起来的老板（早期经营大排档起家）开始向中高端餐饮转型，往往把餐厅装修得富丽堂皇。而吴宗敏采用粗材精做方式设计的广州澳门街、鱼米之乡、九毛九等主题餐厅，装修成本低，空间特色鲜明，一下子从众多同档次的餐厅中脱颖而出，为餐饮经营者们提供了可借鉴的案例。

图 1　2003 年设计的澳门街主题餐厅以高纯度的色彩和用粗材制成的图案搭配，突出明快热烈的中国澳门、葡国风情

图 2　2007 年设计的广州某餐厅，包房采用肌理漆粉刷墙面，通过镂空工艺将廉价的中纤板材雕刻成装饰图案，上漆后安装在天花板上。整个房间的重点元素是大体量的装饰大灯，渲染出喜庆祥和的气氛

图 3　选材用料不主张昂贵奢华，以艺术化的灯光勾画建筑轮廓和细节

与大多数豪华酒店不一样，上海 URBN hotel 的电梯是一台二手货，它的出名在很大程度上得益于“碳中和”的概念。

谈到碳中和，就要了解一下碳排放。大多数科学家认为，气候变暖的主要原因是大气中以二氧化碳为主的温室气体大幅度增加（也有科学家认为人类的活动并不是造成气候变暖的主要原因）。在工业革命刚刚兴起之时，大气中的二氧化碳浓度是 0.028%，这也是人类有史以来二氧化碳浓度的大致水平。然而，目前的二氧化碳浓度已经超过 0.04%，限制碳排放已经成为应对气候变化的关键。2014 年全球二氧化碳排放总量为 357 亿吨，其中中国、美国、印度、俄罗斯、日本以及欧盟等六大排放主体总计占全球 69.2%。值得注意的是，中国的二氧化碳年排放量大于美国与欧盟之和，达到 105 亿吨，是人类历史上唯一一个二氧化碳年排放量超过 100 亿吨的国家。

来自加拿大的设计师潘朝阳（Raefer Wallis）在中国一直从事可持续发展建筑的探索与实践。（图 4）他在中国生活了近十年，2009 年设计完成了中国第一家碳中和酒店——上海 URBN hotel（图 5）。这家酒店的旧址是上海假肢厂，改造后保留裸露的水泥柱子，房间只有 26 间。潘朝阳采用大量的废弃物来点缀空间，让旅客有不同于豪华酒店的独特体验。

从 2008 年 6 月开始，URBN hotel 开始和美国 ICF 国际咨询公司合作，项目隶属于美国国际开发署（USAID）中可持续建筑项目（SBP）。根据 ICF 的统计，自 2009 年 6 月，URBN hotel 开始实施无成本和低成本节能措施后，酒店实现了节电 36%，节约总能耗 27%，每年可减少 25% ~30% 的经营成本，碳中和成本占了他们四分之一的节约所赢成本。

该酒店进门处有流动的小水渠，用于天然水收集和循环再用。进入接待厅就看到体现环保主题的背景墙——由老旧旅行箱组成。（图 6）这是酒店的环保理念之一——集中采用循环再造物品装饰酒店。地板、房门和电梯上的木头，全是回收的上海老硬木。墙壁上的砖头，则是从苏州拆迁的旧房中买来的老砖，编号还清晰可见，体现出老上海的情调。

除此之外，酒店的绿色措施还包括：①实施碳中和政策，从员工坐车上下班、在酒店递送食品和饮料，到客人使用的各种能量，所有这些产生的二氧化碳，酒店都购买了碳排放配额。[1]②安装无源太阳能天窗，其拥有普通天窗一样的功能，但同时又集成了太阳能电池板，将光能转换为电能并存储起来。在夏天高温天气里，在完全没有能源供给时，能自动调节室内温度。③采用双层玻璃窗。④大规模绿化南面外墙。（图 7）⑤配备再生热能通风机的水冷式空调系统，不加氟利昂，用水来自市政供水系统，在完成降温的使命后，这些水被重新输回公共供水系统。⑥采用有机低挥发化合物油漆。⑦整座酒店均安装

---

〔1〕 目前，酒店还为客人提供购买碳积分的活动，每位酒店的客人都可以在前台算出自己旅行所产生的碳足迹。比如，记者从北京飞到上海单程共产生 166 千克的 CO_2。根据 URBN 合作方 Roots & Shoots 提供的公式计算，买两棵树即可中和这些碳排放量。每一个财务年度末期，合作方 South Pole 会对 URBN hotel 一年的碳足迹进行盘查，并以 URBN hotel 使用的自发的能源减排方式（VERs）来抵消酒店产生的温室气体排放。目前他们通过四川省一个径流式水力发电站来抵消酒店产生的温室气体排放，它向区域性电网输送可再生电能。

低瓦数的照明系统，所有房间设有节能的灯光系统。⑧在运营中确保使用环保清洁产品。

在环保节能方面，酒店采用了被动式策略，为了达到更好的效果，结合使用了现代先进设备。先进设备安装使用后，并不是一劳永逸的，要使节能措施长久起作用，酒店管理方要注重日常经营过程中的使用和保养，通过人工结合智能的调节手段保证运行的最佳效果：①酒店的管理人员通过对历史能耗数据进行分析，制定每天运行制暖和制冷设备的具体时间表。设备工程师大约每十天动手调整一次冷机出水温度，以使冷机出水温度不会低于满足建筑制冷负荷所需的温度，从而更加节电。②为了节能环保，酒店温度严格控制在24℃，当室温到达一定的平衡点，管理人员会把空调关上一段时间。③根据酒店的地理条件和采光条件，分时段和区段开启照明设备。例如在下午5点之前，都不需要开启照明设备，下午5点到凌晨2点再开启走廊照明，凌晨2点至次日6点开启一半的照明。④智能化管理地板采暖，地暖系统在客房温度低于22℃时再开始运行。⑤定期清理过滤网和制冷、采暖设备盘管上的灰尘和污渍，提高设备的运行效率。

建造成本和运营成本始终是酒店经营方关注的重点。尽管某些节能环保措施的成本比传统的方式要高一些，例如水冷式空调系统成本比普通空调高20%，但酒店保留原建筑的结构，集中采用回收的旧材料等措施，就比新建一个酒店的成本降低了15%，环保节能措施在长期运营中也能进一步降低酒店的经营成本。[1]

基于URBN hotel在经营上取得的成效，我向客户推荐，希望他们能到URBN hotel参观一下。客户通过网络了解之后，说："弄不懂这幢二手建筑改造、二手材料装修的酒店房价竟然比某些装修豪华的酒店还要高，而且要提前预订。"

本书第二章提到，在设计圭峰酒店时，我曾建议余先生参考上海URBN hotel并以环保节能主题来经营酒店。现在回想起来，当时充满激情地说服余先生采取各种措施的做法多少显得不切实际。从URBN hotel的经营定位来看，它所处的上海是个国际大都市，26间环保节能主题的房间足以吸引全球目标客户来这里体验。上海URBN hotel的房间设计合理新颖，没有因为粗材的使用而产生违和感，舒适的环境和特色鲜明的主题让它的房价比附近星级酒店还高，为2 000～4 000元，而且房间还需要提前预订。在新会圭峰山一带，酒店房价平均在250～300元，这个三线城市显然没有国际大都市的人流和多元需求的客源，如果环保节能的措施在经营上增加管理成本，对酒店的经营是一种负担，余先生深谙这一点。

所以，要让环保节能的理念深入民心，让大家乐于在环保节能上投资，对经营的可持续考量就显得很重要。

迪拜帆船的设计师被誉为全球室内设计界的领军者，其作品有着这样的评价："见过之后，才知道什么是真正的顶尖。"

---

〔1〕根据ICF的统计，自2009年6月，URBN hotel开始实施无成本和低成本节能措施后，酒店实现了节电36%。同时，从2009年6月至12月，通过对运营维护的调整，节约了用电开支141 620元，节水4 920元。到2010年6月，酒店在一年间大约减少了27%的年均能源消耗，节省人民币226 765元。而根据同年数据，URBN hotel为中和碳足迹而用于购买碳积分的金额只是所节约成本的四分之一。（资料来源：王静书．URBN hotel：碳中和酒店的生存方式．http：//finance. ifeng. com. roll20101214/3053788. shtml）

如果用物质的奢华程度来衡量，也许帆船酒店可以获取殊荣，但在思想的高度上，我更认同潘朝阳先生设计的 URBN hotel。

潘朝阳先生的粗材精做还体现在石迩墙的研究和应用上。

参观过福建土楼（图 8）的人，圆形内聚的土楼建筑一定会给他们留下很深的印象。2008 年三位设计师借鉴了土楼的建筑形态，建造了一幢现代的“土楼公舍”（图 9），尝试将传统客家土楼的居住文化与低收入住宅结合在一起。新建筑类似土楼的独特造型引起了关注，有人批评其只是模仿土楼的造型，却没有土楼顺应气候条件和因地制宜利用环境资源的设计内涵。我个人认为，仿效土楼造型引起的关注和争议，正是“土楼公舍”设计师的目的所在：借此使低收入人群的居住状况进入大众的视野。

潘朝阳对土楼极有兴趣，但这位来自西方的建筑师将焦点放到了土楼的材料上。土楼的墙体厚达80～150 厘米，建造材料就地取材，多为生土、石块、木材、竹料、砖瓦、石灰等乡土材料（表 1），通过分层夯实形成建筑围护和承重结构。（图 10、图 11）夯土墙适应当地的气候条件，在环保生态上有许多优点，但它笨重的厚墙体及其较低的强度仍然制约着它在现代建筑中的应用。潘朝阳对夯土墙进行了创新性的改良，为了增加墙体的强度和减薄墙体的厚度，在夯土中加入了水泥和钢网格，使之适合在现代建筑中应用。为了达到更好的装饰效果，还在分层夯土材料中分别加入了彩色的材料，产生随机的色彩图案，成形后直接作为装饰墙。潘朝阳给这种美丽的墙取名为“石迩墙”，说明了这种新型夯土墙不仅漂亮，还像石头一样坚固。（图 12、图 13）

石迩墙的用材是普通和经济的，经过训练有素的专业团队的精心施工，它有着普通墙体无法比拟的环保生态优势，同时具有地域特色优势。在利用乡土材料实施可持续发展的实践上，潘朝阳将夯土墙的应用推到一个新的高度。他相信，石迩墙的这些新特点，将会吸引更多人采用和效仿。

2015 年，在云南香格里拉市（原中甸县）的阿东村，我参与了德钦酒庄夯土建筑的设计与建造，和当地藏民传统的夯土建筑不一样，德钦酒庄夯土建筑属于商业性质，体量大，采用了类似石迩墙的技术，这足以说明石迩墙的影响力。这个案例将在下一章中进行介绍。

图 4　潘朝阳先生在课桌上和学生们讨论可持续发展建筑在中国的实践

图 5　上海 URBN hotel

图 6　由老旧旅行箱组成的背景墙

图 7　URBN hotel 南面外墙的垂直绿化遮阳系统采用竹子做辅助构架，引导植物攀缘，不遮挡大开窗的视线。近 10 平方米的大透视窗，在日照条件良好的情况下，自然光可以满足房间的采光需求。客房窗口的竹子不仅美观，且环保节能：夏日抵挡强光，冬季则能保证足够的日光照进房间

图 8　福建土楼的夯土墙（摄于 2011 年）

图 9　借鉴土楼造型的土楼公舍

图 10　土楼建筑采用当地石料，外围为厚厚的夯土墙，内部构造采用当地木材

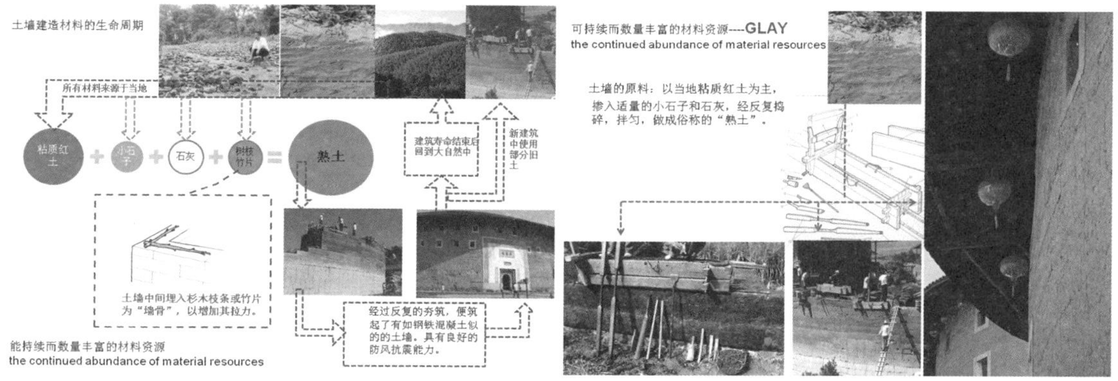

图 11　土楼建造材料的生命周期

表 1　土楼建筑材料生命周期评估表

建筑材料	使用位置	材料来源	材料生命周期评估
黏质红土	土楼承重墙	当地黏土	☆并非经提取的材料 ☆在生产基地附近选购的原材料 ☆在安装或使用过程中无毒性、无破坏性因素产生的材料 ☆建造过程中和完成后都不需要胶带、胶水、防潮剂、涂料或其他室内外饰面材料 ☆零包装的材料 ☆废气处理时不产生有毒物质的材料 ☆可持续再利用
木材	夯土墙骨、土楼梁柱、门窗、楼板、屋檀等	当地丰富的森林资源	
竹	夯土墙骨	当地丰富的森林资源	
石块	地面铺装、夯土墙的墙基等	当地	
鹅卵石	地面铺装	当地	
灰瓦	屋顶	当地黏土	

表 2　石迩墙系统评估表

石迩墙系统评估	传统夯土墙	稳定的夯土墙	稳定的保温的夯土墙	石迩墙
压力值	1 ~ 3MPa	3 ~ 7MPa	1 ~ 28MPa	10 ~ 30MPa
隔热系数	R6	R6	R12 ~ R29	R12 或以上
抗腐蚀性	用普通浇花水管冲洗会腐烂	能抵抗普通浇花水管冲洗	耐腐蚀性和强度不稳定	可抵抗 2500Psi 水压冲洗
质量保证协议	没有	可能	没有	好
风化风险	可能	可能	可能	无
维护	没有	可能	可能	不需要
密封性	没有	没有	未必有	好

（续上表）

石迩墙系统评估	传统夯土墙	稳定的夯土墙	稳定的保温的夯土墙	石迩墙
工前土地优化	没有	未必有	可能	好
防潮	没有	没有	未必有	好
施工工艺	差	好	一般	好
大项目能力	可以	可以	一般	好
标注和说明	没有	有	没有	有
是否有专利权	有	有	没有	有

图 12　石迩墙的装配构造和石迩墙的建造过程

图 13　漂亮的石迩墙建筑（潘朝阳提供）

何陋之有

与夯土墙耗时和复杂的技术相比，竹子这种天然的材料因其可塑性强、不需要复合加工、施工便捷等特点而被广泛使用，且竹子产量大，分布地域广，有其自身优势。

在我小的时候，对竹子印象最深的是竹制的“水烟桶”。当时粤西一带每家每户几乎都备有一支，朋友来访时都要抽上一口。20 世纪 80 年代，人们为了改善居住条件，纷纷将青砖老平房拆掉，用钢筋混凝土建造三四层的小洋楼。当年搭建工人如猴子般在竹排上爬高跳低的场景至今仍深深地印在我的脑海。90 年代，随着农庄食肆的兴起，用竹子做的亭台楼榭也越来越多。这些用竹材做的建筑由当地的工匠按照传统的样式完成，具有浓郁的地域特色。由于没有设计师参与指导，当时的竹建筑多采用简陋的方式建造，建筑的样式也缺乏新意，加上竹子耐久性和防虫防火等方面的特性受到质疑而难登大雅之堂，直到今天，竹建筑也常被认为是临时的、低端的。

然而，一部分设计师仍然不懈地利用竹材的诸多优点，将竹材应用在现代建筑的构造和装饰上。早在 20 世纪 70 年代，上海同济大学的冯纪忠〔1〕教授就利用竹材探索中国传统与现代建筑的传承之路。1978 年，这位 20 世纪 30 年代留学奥地利的建筑师，采用毛竹架梁、茅草做大屋顶、方砖砌地坪等方式，将不入流的乡土材料建成一幢颇有现代气息的生态建筑——何陋轩。(图 1)

千禧年后，以竹材为材料的新建筑不断进入人们的视野：来自日本的建筑师隈研吾应邀在长城脚下用竹子建造了“竹屋”（图 2）；2003—2005 年，来自美国、加拿大等国的设计师在惠州南昆山十字水生态度假村采用竹子实施了一个商业发展项目。（图 3）西蒙·维列（Simon Velez）〔2〕是十字水竹建筑的主要设计师，竹子、木材和棕榈等自然材料的运用是他最为突出的特色，而对竹子的出色运用使西蒙在西方建筑界获得了较高的知名度，至今他已在世界各地实施了超过 60 个项目。2010 年上海世博会上，以竹子为主要建材的越南馆彰显越南与自然和谐相处的文化精髓。(图 4)

具有当代审美的竹建筑引起了业界的广泛关注，也为乡土材料在建筑上的创新应用提

〔1〕 冯纪忠（1915—2009），中国著名建筑学家、建筑师和建筑教育家。

〔2〕 西蒙·维列，哥伦比亚建筑师，低技术生态建筑的代表人物之一。［资料来源：刘宇波．哥伦比亚建筑师西蒙维列和他的竹构建筑．世界建筑，2009（6）］

供了宝贵的经验。但是，这类案例更多是国外设计师在中国的实践，虽然王澍[1]作为本土设计师的代表，在作品中频繁使用乡土和再生材料进行创作，并掀起了国际建筑舞台上的中国热，但仍然不能改变本土设计师在这方面的实践如凤毛麟角般的现状。究其原因，一是中国本土设计师在实践过程中会碰到比国外设计师还要多的制约条件，包括从技术到观念一系列的桎梏；二是本土设计师对实践案例进行总结和介绍的意愿不高。

和国内设计师不同，大多数国外设计师会抓住机会主动宣传自己的作品。2010 年，来自德国的设计师 Roland 就为可持续发展建筑设计研究生班的学员介绍 Markus 设计的竹建筑实例，并在课堂上对竹节点进行了详细的解说。当中也介绍了冯纪忠先生设计的何陋轩。

Roland 说："Markus 的竹构作品更多受何陋轩的启发。"

Markus 的竹建筑作品有大小两个尺寸，大的将近 100 平方米，小的约为 10 平方米，在 2007 年德国与中国同行文化交流活动中，一直在中国主要城市巡回展览。（图 5）他的竹建筑最精彩之处是联结多根竹竿的不锈钢构件，又称为竹建筑节点，做工严谨细致，如一件件精美的艺术品。（图 6、图 7）在课程结束时，Roland 说，这些竹构件运回欧洲的费用是昂贵的，他希望在中国有人接收这些宝贝。这让我感到兴奋，并向他提出收藏一件的想法，Roland 欣然答应，但至今也没有消息。

与 Roland 交流，让我对竹建筑产生浓厚兴趣，也正是 Roland 让我知道了何陋轩。

何陋轩的毛竹没有采用传统的清水做法，而是在毛竹的中段涂了白漆，在所有竹竿交结点上漆上黑色，"使得所有白而亮的中段在较为暗的屋顶结构空间中仿佛漂浮起来"，冯纪忠先生说。涂漆也解决了毛竹的防腐问题。第一眼看何陋轩的撑竿，还以为是现代的铝合金构架。冯先生巧妙地运用这种视觉上的错觉，也是"反常合道为趣"的另一体现。然而它的意义还不止于此，冯先生在 20 世纪 70 年代钢材紧缺的情况下，通过草盖竹构解决经费不足的问题。通过竹构的建筑，冯先生似乎向人们传递这样的物质观：何陋轩何陋之有？何陋轩美在朴素。

正如《庄子·天道》所言："朴素而天下莫能与之争美。"

---

〔1〕 王澍，建筑师，中国美术学院建筑艺术学院院长。2012 年获得了普利兹克建筑奖（Pritzker Architecture Prize），成为获得该奖项的第一位中国人。

图1　何陋轩造型效仿上海郊区农舍四坡顶弯屋脊形式，总面积510平方米
（图片来自于网络）

图2　隈研吾应邀在长城脚下用竹子建造的“竹屋”
（图片来源：http：//www.cbda.cn/html/jd/2013 0318/21771_ 3.html）

图3　竹子文化被广泛运用到十字水生态度假村的景观建筑和室内外装饰上。从竹桥、竹屋顶到夯土墙和陶土瓦，这些元素的运用使度假村和周围环境融为一体
（图片来自于网络）

图4　世博会中以竹子为主要建材的越南馆。世博会后，这些被使用过的竹子被重新用来修建社会设施或改造校舍
（图片来源：http：//jrzb.zjol.com.cn/html/2010－04/03/content_321195.htm？div＝－1）

图 5　Markus 的竹建筑有圆形、方形等形态

图6 Markus 竹构的不锈钢连接件

图7 何陋轩竹节点模型

陈皮村竹建筑

与阳山天泉度假村（图 1）的邓先生第一次见面是在青云书院古朴的灰瓦屋下，这幢具有三百年历史的老建筑到处洋溢着书院的雅气。

一个月后，我向他提交了度假村的改造方案，和之前他找别人大拆大建的方案不同，新方案根据现场情况在功能和业态上做了整合，保留了原来两幢旧建筑，并在屋顶上种植绿色植物。（图 2）考虑到项目所在地是生态敏感区，将原来平板式混凝土停车场改造成生态停车场；集中收集洗澡水，进行生态净化处理后再排到溪流中；使用本土材料建造和装饰。新方案向邓先生描绘了一个全新的面貌。然而对利用当地的河石砌筑园林花基、水池壁和各种矮墙的做法，他始终担心档次不高。物以稀为贵，在邓先生看来，要突出度假村的档次就应该采用广东云浮运来的花岗石。

项目在广东第一峰的山涧里开展，这里有天然的温泉。河石是当地最易得到的建造材料，每次的暴雨，都会将山里的石头冲到滩涂上，当石头堆满河道时，还要组织村民进行人工清理以防堰塞。当地人用河里的石头建房子、砌地里的小矮墙，在当地人眼里，这些河石就是随手可得的建造材料。（图 3）为了说服邓先生，我每次见到他都要反复对他说：“对你来讲，这些石头一文不值，但对从大都市来这里度假的客人来说，想看的就是这里的野草、石头。”最终说服邓先生接受了河石。

项目施工完成后，我和邓先生一起在现场走了一圈，从他的表情来看，对河石砌筑的效果是满意的，因为他提出在一条通往山上的新步行道路上也采用河石砌筑，我为他完全接受这种当地的材料而感到欣慰。

“人工花了不少。”他还是冷不防说了一句。

我接他的话说：“但材料上省了不少钱啊！”

采用河石节约了材料成本，但对工人的施工要求高了，人工费用也相应增加。两者相互抵消，在总费用上是基本平衡的。但采用河石材料，可以减少远途运输能耗，增加手工业者的收入。虽然邓先生更关心他的经营，但采用河石砌筑可以增加园区的特色，这也算是对经营的一种促进吧。

然而，希望通过乡土材料应用促进园区的经营改善，显然是异想天开。我提供给邓先生的新方案，邓先生是满意的，但在后来的实施过程中大多被取消了，原因是资金不足。在“三公”消费被严格控制后，机关单位到景区开会、度假等明显减少。

“如果这次改造再投入大量的资金，很难收回。”邓先生明显充满顾虑。

图 1　阳山天泉度假村鸟瞰图

图 2　改造前的建筑层状。新的改造方案注重生态改造

图 3　河滩上的石头和用河石砌筑的矮墙

远离城市的生态敏感区最应进行生态保护性利用，但往往又很难说服投资商去实施生态环保措施，这是因为：①要实现可持续发展的目标往往要有创新，而创新是有风险的；②实现可持续发展的措施在初始投资上往往不占优势，产生的效益要在长期运营中实现；③多数项目都会要求在较短的时间内完成，创新探索无形增加了更多要考虑的因素，增加了工作量，易遭抵触；④最关键的一点是，三线和四线城市的投资者普遍没有这种意识和能力——把可持续发展策略与经营策略结合起来形成市场竞争力。相比之下，上海 URBN hotel 的经营者则抓住了这个商机。这需要企业有相对成熟的市场营销团队和完善的企业评估、决策结构。很明显，阳山天泉度假村和圭峰酒店都没有这样的团队，老板个人的决策影响企业的走向，而老板决策的随意性有时候很大。

和圭峰酒店业主选用 LED 光源一样，最后邓先生选用了河石材料——他曾经强烈反对使用的材料来砌筑他的园区，因为河石成本低，完成后效果不错。这也从侧面告诉设计者，为了让大多数客户接受可持续发展的建筑设计，设计者必须要求自己的设计首先是美观、好用而经济的。然而，在圭峰酒店和天泉度假村项目中，我的其他设计均未实现，我常用闻浩南先生的那句话——“还没有真正实行节能环保的需求”来检讨这类“失败”的项目。我的客户是否真的有这个需求？

和阳山邓先生的犹豫不同，新会陈皮村的吴国荣董事长在看到竹建筑草图时，激动地从座椅上站了起来，说：“就是它！”

陈皮村项目不是一开始就决定做环保节能的竹建筑的，而是在项目发展中，有了这个需求。

一直以来，在岭南地区流传这样的说法：“广东‘三件宝’——陈皮、老姜、禾秆草。”“三件宝”都是药材，而这些药材并不贵重，哪怕是在生活普遍贫穷的年代，在贫困家庭中也很容易找到。

“三件宝”中，陈皮排在首位。陈皮是柑、橘等的成熟果皮，干燥后陈放久者，主治腹胀、呕吐、咳嗽痰多等症。由于土壤条件、栽培技术、气候的差异，新会产的大红柑的干果皮具有很高的药用价值，又是传统的香料和调味佳品，向来享有盛誉，早在宋代，就已成为南北贸易的“广货”之一，行销全国和南洋、美洲等地区。2006 年，新会柑和新会陈皮被批准为“国家地理标志保护产品”，目前研发、生产、经营户 500 余家，从业人员 6 000 余人，全行业年产值 8 亿元，是当地政府重点发展和扶持的产业。

2013 年，在陈皮节开幕前的晚上，新会农业局的人员在现场布展，几筐新鲜的大红柑堆成展品。适逢天气干燥，征得同意后我拿起一个新鲜的柑果，两三下把果瓣掏出来解渴。农业局的潘先生看着我手上零碎的果皮，说：“新会人看见了一定会心痛啊！”说完拿起一个柑果熟练地分成三瓣皮和肉，肉吃完后，三片连接的果皮就完整保留下来了。我满脸涩意，原来柑皮才是最值钱的东西。

我的竹建筑实践就从新会产的这块大红柑皮开始。

为了推动新会陈皮产业做大做强，同时带动新会文化旅游产业的发展，江门市新会陈皮村市场有限公司响应政府的号召，于2013年6月投资建设新会陈皮村。2013年初，陈皮村的规划设计已经由一家建筑设计院进行。同时，陈皮村的投资者找到我负责陈皮村运营中心、餐饮中心的室内设计。

2013年3月的某个下午，由吴先生带领新组建的策划方、室内设计方相约到建筑设计院的会议室，召开第一次工作协调会议。尽管当天的会议主题是工作协调，但会上主要的矛盾点还是时间进度和造价。

吴先生一直从事塑料的生产和贸易，13年前他在新会茶坑村，即梁启超故居所在地对面建设了九间工业厂房，一直空置。（图4）在当地政府的大力支持下，吴先生决定将近十万平方米的工业厂房改建成集陈皮文化展示、交易、仓储、旅游、住宿以及餐饮等功能为一体的大型农产品市场。2013年初立项，当年就要竣工，并作为承办地迎接11月份的中国陈皮文化节。在不到一年的时间里要完成项目规划设计以及施工，显然是个极大的挑战。然而，直至2013年3月，建筑设计院的图纸仍然未能完成，这就牵制了预算和招标工作的展开。不足8个月的时间令吴先生心急如焚。

会上的次要矛盾点是位于西北角的1号馆将被规划为运营中心，三年后将会在道路建设中被拆除。吴先生认为采用仿明清建筑的做法投资较大，而其作为临时建筑只能使用三四年，这是一笔不划算的投资。

设计院的建筑方案是采用钢结构、仿古青砖、灰瓦、仿古门窗将1号、2号、3号、4号和6号厂房改造成仿明清建筑群。（图5）因为钢结构厂房保温隔热条件较差，厂房内冬冷夏热，为保证舒适性，设计方案采用全室内集中供冷方式。他们运用建筑规范中的条文，如隔热、节能等强制指标，在简陋的厂房建筑上一层层地加上各种“保温衣”，解决中央供冷后的保温隔热问题。由于设备和保温层的增加，势必要重新加固钢结构厂房。因为结构图纸还未完全验算，设计工作进展缓慢。总而言之，这个方案要把厂房完全改建成符合建筑节能标准的新建筑。以新建筑的思路对九间钢结构的厂房建筑进行改造，这样一来，上述的两个矛盾就变得难以避免了。

“能否有一种简单可行的方法解决业主在投资回报上的困境?”在会上我提出一个建议，“例如1号馆外立面采用竹门楼。”

这个不成熟的想法被建筑师当场否决，他们认为1号馆的改动会影响整个园区的风格，还会影响设计的进度，甚至会影响日后的节能评估。会后，吴先生专门给我电话：“请你出一个概念方案，若可行的话，请建筑单位再进行优化。”他接着问：“方案要多久才能完成?”

“三天!”我说。

在建筑设计院的会议上，我的不成熟想法就是要解决“快”（在陈皮节到来前建成）和“低成本”（1号馆三年后要拆）两个矛盾，而且建筑的效果还要吸引人，当“快、低成本、效果”三者放在一起就让问题变得棘手。在提出竹门楼时，我的脑海快速闪过冯纪忠、隈研吾、西蒙还有Markus的竹建筑，这类质朴、亲切以及具有时代精神的作品深深地感动了我，我相信其他人也会有同感。为了能清楚表达我的建议，我不仅画了草图，还把我的思路用文字表达出来。

我希望能改变一下思路——解决问题不能用产生问题的思路。产生矛盾的思路是：钢结构厂房外观简陋单调，因此要在外立面贴上青砖来美化，从而要重新加固围合结构，厂房四周也要重新加固基础；厂房室内达不到使用舒适的要求，因此要在室内装上中央空调，而为了满足节能要求，又要做保温隔热层。这样一来，荷载增加了，就要对厂房原结构重新评估，进一步加固厂房结构。这种为了达到要求而对原结构层层加固，进而又增加更多要求的做法，我把它称为“一壳加固思路”。

另一种思路是扬长避短，充分利用厂房空间高、跨度大的优势，采用三壳融合方式，即：①尽可能保留功能壳原始面貌——每座厂房近 8 000 平方米，结构轻盈、空间高大是它的最大优势，原厂房结构和主要围合已经符合工业加工场所的要求，不需要再做加固改造；②充分利用厂房跨度大、空间宽敞的特点，在室内再造一个具有场景特征的装饰壳——内建筑；③在厂房外建一个生态壳——以立体分层植物和景观墙组成的带状景观层。三壳相互独立，又彼此相互作用。原厂房层（功能壳）为内建筑提供挡风遮雨的作用，使内建筑层可以像舞台布景一样灵活搭建，起到细分空间、装饰功能壳以及内隔热作用。植物景观生态壳采用立体种植修饰厂房建筑单调的外立面，还起到降噪音、遮阳等作用，同时也为室内提供了良好的景观。（图6）

三壳融合讲究围合与开放交织，围合是要遮挡简陋厂房的表皮，因此要做得轻盈，采用园林绿化是最好的方式。开放就是要将厂房原有的低矮的围蔽（约 3 米高）打破，将骑楼空间、天井等嵌入厂房内，使室内外空间相互渗透。同时采用落地窗等将室外景观引入室内，也把室内的空间场景向外展示，让室内外产生交流。落实三壳融合构思的关键点是说服投资商取消集中供冷，让大面积的公共部分如大厅、内街区、走道等空间采用自然通风，有需要的地方如办公、餐厅、体验馆和各个商铺等则采用分区空调制冷，而这一点吴先生完全接受，因为可以节省运营成本。

厂房功能壳是已经存在的，生态壳采用植物、水系和景墙。最后的焦点是装饰壳的建造与装饰的材料选用。这种材料要符合重量轻、造型易、采购货期短、施工快的要求。因为陈皮村倡导“和药”健康养生主题，所以这种材料要环保。

经过对比分析，用当地的乡土材料即竹材对钢结构厂房进行改造，可以为矛盾的突破找到切入点。三天的思考再次巩固了我那天不成熟的想法——竹建筑！直觉告诉我，竹建筑也是吴先生的“需求”。

三天后，我把概念草图给了吴先生，让他与建筑设计公司沟通。过了两天，吴先生来电，问：“如果把整个设计项目给你做，能否完成?”

原来是吴先生把我的方案草图给了建筑设计公司，却遭到他们一口回绝。吴先生已经意识到原方案在投资、建造以及运营上存在的问题，而设计单位的坚持又让事情变得不可调和。

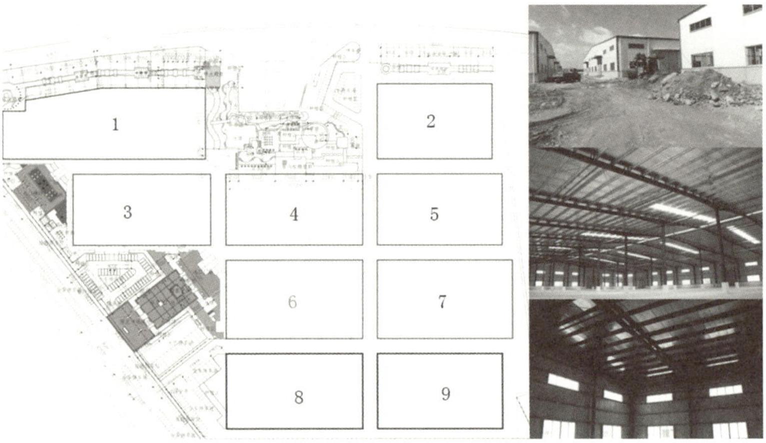

图 4　九间钢结构厂房原状平面图和原状场景

图 5　建筑设计院规划设计的方案

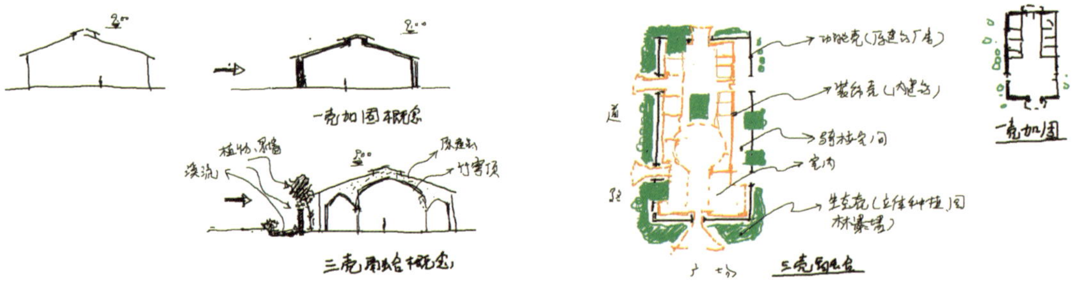

图 6　三壳融合概念草图

我说："再给一个星期的时间，我进一步系统地分析一下，包括我们的构思如何在场地中整体实现，再回复你。"

原本只是想弄个草图给点意见，达到优化方案的目的，现在反而把一个大责任揽到自己身上。然而，随之而来的是两个机会：一是业务上的商机，二是一直渴求在可持续发展建筑上探索和实践的机会。

我难以抵挡第二个诱惑。

一个星期后，我把完整的概念方案交给了吴先生，方案包括场地的分析、设计理念、文化定位、经营策划以及建筑和室内的初步实施方案。

"就是它！"吴先生听完方案汇报后，从座椅上站了起来，指着屏幕说。

吴先生是一位有智慧的商人，当他反复强调对我的信任时，压在他身上的包袱已经卸了一半给我。而我将要承担更多的责任，一个近十万平方米场地改造的项目压力让我失眠了两个晚上。

近代以来，竹材料一直被用在简易建筑领域，工匠们为节省材料、降低造价而就地取材，开发出多种利用竹材的临时性新建筑技术。常见的是捆绑建筑，用竹和木搭构架，以铅丝或麻绳作绑扎连接。1938 年，为了抗战需要，由广东内迁到重庆的兵工厂和宿舍就采用捆绑建筑，施工快速且安全。[1]在钢铁作为贵重材料的时期，竹材曾被当作钢筋的代替品，做成竹筋混凝土，在广东侨乡一带用于民居的建造。

在方案构思时，对于是否采用竹材，我也有过动摇，原因是看到用竹材建的房子大多造型守旧、缺乏新意，它们多由当地竹匠与使用者根据传统的样式建造。（图 7）而另一类造型新颖、由富有经验的设计师或很有影响力的设计公司创作并指导竹匠建造的案例，在竹材的选用、加工、细节推敲上必须花费大量的时间和成本才取得展现在世人面前的独特效果。如隈研吾在竹屋的竹子里注入水泥，以防止竹子破裂；十字水的建筑师为竹建筑设计了漂亮有效的复杂节点。

除了十字水，大多数可借鉴的现代竹建筑的体量并不大。而陈皮村建筑总面积就达 10 万平方米，估计第一期用到竹的面积也接近 4 万平方米。时间的仓促也是我不得不考虑的因

图 7　广东乡村用竹材建造的临时建筑

〔1〕 杨秉德．中国近代城市与建筑．北京：中国建筑工业出版社，1993：375.

素，2013 年 11 月第二届中国陈皮文化节要在这里举办。当时已是 2013 年的盛夏，现场还没有施工的痕迹。此外，还有一个问题摆在我们面前：我和我的团队没有设计过竹建筑。

在项目完成后，我多次思考是什么动力与信心支撑自己最终去接受这样一个艰巨的任务。总结起来有两点：一是强大利益的诱惑，这个项目的直接商机和因此而带来的潜在收益，使我不会轻易放弃这个机会，特别是以竹子为材料进行的可持续发展建筑实践既让我得到难得的机遇，也让项目的建造对生态环境的影响减小，同时还让社会的效益变大。直觉告诉我这个项目一旦成功，会增加自己在业界的影响力；二是经过在瑞士一年的专业训练以及在河源华达新城售楼部覆土建筑的实践，我逐渐具备在非常态下解决问题的能力。此外，国内外竹建筑的案例一直是我研究的对象。我从哥伦比亚佩雷拉的竹子大教堂、泰国的竹儿童阅览室、哥斯达黎加的竹房子、中国十字水竹建筑、长城脚下公社的竹屋、上海何陋轩等案例中，学习竹子建筑的造型和竹子的运用技巧。

我曾在瑞士参观一个高速路管理中心的可持续发展案例，其建筑面积不足 5 000 平方米，设计师告诉我这个项目前后经历了六年。在当前经济高速发展的中国，项目的上马和实施往往要求在很短的时间内完成，这不是设计师所能左右的。很多时候，学会在短时间内消解各种不利因素，在项目中实现可持续发展设计的诸多要素，在中国是有现实意义的，而掌握这种能力离不开平时有意识的积累。

项目实施前，我希望先找一个并不起眼的入口门楼进行实验，成功后再大面积推广。这一想法得到吴先生的认同。

第一个入口竹门楼的图纸在几天后完成，并与竹匠的领班进行了图纸的解释。领班夹着厚厚的图纸满怀信心去干活了，他的信心就是我的信心。二十天过去了，当我从云南香格里拉德钦酒庄——正紧张地进行着夯土建筑的工地回来，第一时间赶到现场，看到的却是令人沮丧的场景。原来竹匠们按照自己熟悉的做法，将入口门楼搭成了一座带翘角的庑殿顶建筑。

建造竹建筑最大的挑战之一，就是设计师和竹匠沟通上的障碍。竹匠们大多看不懂专业的施工图纸，也不能理解设计上的专业术语。这就迫使设计团队摸索多种方式与竹匠交流，或在现场即时画草图，或与工匠一起搭建小模型进行探讨，甚至直接拿起长长的竹竿指导工匠进行细节上的搭建。（图 8）因为体量庞大，这样的现场指导工作是令人疲惫的，但效果却非常理想。

一个月后，首个入口门楼竹建筑完成。（图 9）

有了这个经验，运营中心大堂的室内穹顶工程也开始建造了。（图 10）采用竹子作为建造材料，可以将建筑结构、空间、装饰三者合而为一，例如由于竹子材料的韧性和表面的独特肌理，作构造的同时装饰面也已经完成，在塑造建筑时能呈现出意想不到的飘逸形态和自然之美。施工材料单一，工种也相对较少，施工程序因此变得单纯了，避免多工种的交叉工作，施工管理的难度降低了。在多种因素的作用下，运营中心近 3 000 平方米的竹建筑在两个月内完成了。如果说首个竹门楼的完成还不能打消吴先生在时间进度和效果上的顾虑，运营中心的竹穹大堂在短时间内的建成和令人震撼的效果彻底让吴先生和他的

团队接受了竹建筑。(图 11)

新会是一个多台风的地方，在混凝土地基完成后，仍然采用工字钢做了辅助式的柱梁结构，以增强竹建筑在结构上的抗扭力。应该承认，这不是一个完全用竹子搭建的建筑，毕竟建筑总面积很大、施工周期短，进行反复试验的可能性很小，安全始终是首要考虑因素。关于这一点，在与广州南洋理工职业学院专家交流的过程中，一位机械专家向我提出了更高的要求：能否完全用竹子来解决整个建筑建造的所有问题。

“可以。”我说，“但在陈皮村中我不能这样做。”

要做个全竹结构的建筑一直是我追求的设计心愿，有大量成功的全竹案例可以供我参考。哥伦比亚设计师西蒙・维列在全竹的研究与实践上就非常突出，2000 年在德国世博会上，西蒙・维列用 4 500 根普通的竹子设计建造了一幢全竹建筑，给我很大的信心和鼓励。Markus 带到课堂来的德中同行的竹建案例，当中竹构件精美的金属连接件——工业标准化的做工透露出德国工艺的严谨和成熟，也一直对我有很大的吸引力。我参观了西蒙在广东南昆山设计建造的十字水生态度假村的竹建筑，全竹悬挂屋顶和巧妙的承重结构令人为之陶醉，大跨度的竹构得益于在两根竹子连接处灌入水泥，西蒙的竹建筑工程成就就体现在复杂的节点和材料的创新结合上。这种复杂有效的节点让竹子更耐用。但这些方法都不可能在陈皮村项目中得到应用，首先是金属连接件加工难度大，造价高昂，不适合在大面积的竹建筑中运用；其次，西蒙对竹子严格的选材和复杂的节点设计也不可能在陈皮村中落实，这同样是受到项目诸多限定条件的制约。尽管吴先生对竹建筑有很大的期望和兴趣，但造价和工期始终是他最关心的事情，我要不断地与吴先生讨论和平衡这些问题，此外，还要不断地与消防、施工队等打交道，解决数不清的突然而至的各种麻烦。而主要的实施者——当地的竹匠对创新实践的缓慢熟悉过程也是制约条件。考虑到上述原因，在没有西蒙这样熟知竹子技术的专家协助下，寻求经济适用的竹子建造技术是最明智的选择。相对复杂的节点，西蒙在竹建筑实践中没有受到传统竹建筑建造方式的限制，而是不断探索混凝土与天然竹材结合的新型构造方式，这种不自我禁锢的思维方式反而给了我最大的启发——不要追求纯粹的形式主义。陈皮村的竹建筑不仅以最常用的钢支架来加强刚性和防扭力，同时竹与竹的连接点之间也采用传统的捆绑方式，以达到安全、经济、易操作的目的。因地制宜不仅要考虑气候条件，还要考虑当地的建造技术水平，以及客户的要求等各种制约因素。对于陈皮村来讲，它需要用最经济和最快速的方式来建造一个既安全又独特的竹建筑，而我如期将之交给了吴先生。

我一直在想，也许，我会在下一个较小型的、时间充裕得足够让我进行充分研究的项目中，追求达到西蒙、Markus 作品中我所崇尚的完美和各种细节。或许，在我的真实工作中永远也不会出现这样的一种项目，因为大多数项目都是在多种制约条件的夹缝中进行，追求完美就有可能流产。

许多人在赞美陈皮村竹建筑的同时，都会提出这样的疑问：竹子建筑牢固吗？耐用吗？竹子怎样达到防火要求？

这些问题将会在第五章中详细讨论。

图 8　设计师与竹匠沟通

图 9　首个入口门楼竹建筑

图 10　将要完工的竹穹顶

图 11　竹穹大堂金碧辉煌的效果

巷口的无奈

在阳江城区的一个巷口，从早到晚堆满了垃圾。这是周边的居民扔过来的，因为这个巷口的那户人家长年不在此居住，当人们第一次把垃圾放到这个巷口时，没人阻拦，接着就有更多的人把垃圾扔到这里，久而久之，这个位置就成了垃圾堆放点。（图 1）

有时垃圾污水横流，影响巷子里的人出行，巷子里的人就去投诉。居委会工作人员在墙上贴出公告，果然第二天的情况有所好转。但几天后，又恢复原来的老样子，而且以后再有公告贴在墙上，也无济于事了。

当政府要规划建一个垃圾焚烧厂时，城里人都想把焚烧厂建到边远的地方。由于掌握话语权的人往往是居住在市中心的人，所以在代表大多数人利益的规划思路里，垃圾焚烧厂地址自然就选在人口稀少的边远地区。面对边远地区的居民提出的反对意见，城里人说："不用担心，因为我们建设的垃圾焚烧厂是无污染的。"

广州垃圾焚烧厂选址在番禺。在利益冲突最激烈时，番禺许多居民强力反对。如果非建不可，他们认为该厂应选在远离自己的地方，尽管这些垃圾的来源部分是他们产生的。番禺垃圾焚烧厂最终选在番禺大岗，当大岗人反对时，顺德居民同样在质疑，因为大岗距顺德仅 9 公里。

同样，在珠江三角洲发达城市，政府通过规划，将污染企业转移到边远的经济欠发达地区。与上例垃圾焚烧厂选址的遭遇不一样的是，大多数当地人乐于接受能带来经济增长和就业机会的潜在污染企业，而他们的要求并不高，只要转移来的企业承诺采用先进技术，达到环保的标准。

当人们对环境污染表现出零容忍时，许多人说这是市民环保意识的增强。但是，当我们选择将污染移走时，这背后又意味着什么？

20 世纪 90 年代，广州市的东濠涌被肆意排污而导致环境恶化，当地政府便考虑用钢筋混凝土盖子把它封闭起来，实行障眼法式的治理方式。这种点到点式的解决思路，看似快捷和高效，而要从源头上解决问题的成本（包括经济和时间两个方面）较之直接解决问题表象的成本要大很多。

可以明确的是，在广州垃圾焚烧厂的选址上，市中心的人都希望潜在的危害远离自己，与其说是环保意识的增强，不如说是自我保护意识的增强。焚烧厂定址在番禺，当地农民所受的影响最大。不可否认的是，虽然政府不断强调将采用最先进的技术，确保焚烧厂达到环保标准，但反对的人们对此持怀疑态度。这也并非无道理，高昂的治理费用和严格的监管措施都需要持之以恒的投入。一旦掌握话语权的人们不再直接面对污染，久而久之，对污染的治理便产生了松懈，潜在的危害便会出现。而将污染企业迁到边远地区，当地人对污染的认识较浅，环境保护措施及执法力度也不完善，防范能力较差，面对污染不堪一击。可见，污染的转移，侵害了保护能力不强，特别是没有自我保护能力的人的长远利益。当问题变得严重时，受害者意识到自己的健康受到伤害，但又往往处在一个错综复杂的局面中无能为力。

现在阳江城区的那个巷口还经常是垃圾成堆。十年来，难道大家的环保意识没有增强？巷口的无奈告诉我们，固有的习惯一旦根深蒂固，再大的力量有时也难以改变。在污染面前，人们都难以割舍将垃圾扔到别人家门口的好处。但是，处于整体生态环境以及社会千丝万缕的关系中，难以做出利益的割舍者，有谁敢说他是局外人呢？

一提到环保节能、可持续发展的观点，人人都同意，一旦具体化就不赞成了。为什么？因为有利益的冲突，你要行动，就有利益的权衡和割舍。社会的复杂性就在于利益是相互交杂的，我们简单地把解决问题的症结推到既得利益者身上，甚至认为既得利益者就是自己的敌人，实际上，既得利益者就在我们身边，甚至就是我们自己。

当我们没有把整个人类的利益作为自我保护的前提时，会出现一个根本性的问题，就是每个人在保护各自的利益时，忽视了维系各个利益间的整体纽带，这条纽带是看不见的，但又是不可或缺的，它起到平衡各方利益的作用。每个人都会选择从最低成本和最大得利两者考虑问题，在追逐最低成本和最大得利两者的竞争中，获胜的往往是掌握话语权的人。结果是越来越多人的利益受到损害，显而易见，失去平衡的社会对哪一方都没有好处。

与多数有活力的后发城市一样，快速发展使管理者不得不正视各种问题，其中就包括城市拓展过程中对周边区域的开发与利用。有些被整体拆除建成新的中心区，有些要进行改造升级。当中，经济与环境的变化容易让管理者取得政绩。然而，有一个不可逃避的问题，即如何处理已存在的污染以及避免发展中随之产生的新污染，这考验着众多当事者的智慧，甚至是每一个人的勇气。

图1　城市中心区的垃圾堆放点

棕色土地

在瑞士的学习中第一次接触到“棕色土地”这个词。关于棕色土地的概念，不同国家的内涵与外延都有区别，这一概念最早由美国人提出。美国国家环保局是这样定义的：棕色土地是指废弃的、闲置的或没有得到充分利用的工业或商业用地及设施，在这类土地的再开发和利用的过程中，往往因存在客观上或意想中的环境污染而比其他土地的开发过程更为复杂。

二十多年前，广州昌岗路和工业大道分别有一家农药厂和硫酸厂，在城市的发展过程中，农药厂和硫酸厂的旧址变成了高密度住宅区。棕色土地的重建是一项复杂的任务，它有助于解决中国迅速发展的城市居住需求，但鲜有开发商会投入巨资对被污染的土壤进行修复。大多数居民对棕色土地的了解不多，但知道农药厂和硫酸厂这两块土地的历史的人往往都不敢买这里的房子。因为大家都知道，要建一幢房子就要选择一个优美的环境。

至于举世瞩目的奥运建筑就更要选择风水好的地方了。北京奥运会场馆就以中轴线北区为基地，体现了奥运文化与北京城市历史的交融。当2008年北京奥运会召开时，伦敦的奥运场馆施工者们正在对现场200万吨的土壤进行整治，因为伦敦奥林匹克公园就建在棕色土地上，这里曾是许多工业仓库、运输场地和工厂的所在地，在废弃后一度成为垃圾填埋场，曾是伦敦污染最严重的地区之一。“我们建立了一个土壤医院，”伦敦奥组委可持续发展部主任戴维斯·塔布斯说，“所有污染的土壤都会放到里面清洗、保存，然后碾碎成干净的细土。”在新的土壤上，总共有八座奥林匹克场馆拔地而起。[1]

从北京和伦敦两地奥运场馆的建设，不难看出两种思路：前者利用奥运会大量征用绿地规划建设场馆，来推动城市的发展，此为锦上添花；后者利用奥运会的推动，花巨资对伦敦东区的土地伤疤进行环境的治理，为城市增加了崭新的区域，也是锦上添花。对比两者，后者更能启发我的设计思路。在设计一开始时就应该考虑把不好的因素转变为有利的因素。我经常会对我的设计团队说：“找出场地最糟糕的地方，想尽办法将它变成整个场地里最令人称道之处，我们就成功一半了。”通过反复强调，这一点逐渐指导我的实践。

---

〔1〕 奥运主场馆用地曾是垃圾场　伦敦花38亿清洗土壤. http：//2012. sohu. com/20120802/n349695431. shtml.

天鹅湖公园

2010年春，我再次来到株洲天鹅湖公园。那一天寒风凛冽，游人不多，但满目的绿色却让人感受到浓浓的春意，岛上的商业设施还有点稀落，看来当年规划在岛上建茶庄、咖啡店的想法多少是有些想当然的。环湖走了一圈，看到不足的地方我默记在心里，以便在下一个项目中进行改进。

作为一个环境修复的项目，它本身就具有挑战性。然而，在顾及社会公平方面它所具有的正面意义更有吸引力。2006年公园竣工后，我就想把设计的思路好好总结一下，但该给这个项目怎样的评价呢？城市里的湖泊是极为复杂的生态系统，同时，它又是承载社会、经济活动极为敏感的综合体，由于系统反馈的滞后性，公园建成后的社会效应和生态效应变化难以在短期内显示出来。我一直在想，给点时间，再给点时间，它还是个正在成长的婴孩。

在公园竣工后的六年里，我始终牵挂着这件事。2012年7月的一天，是夏日阳光普照的日子，我又一次来到天鹅湖公园。时隔两年，天鹅湖公园像出水芙蓉般展露出清新优美的一面，这是看得见的。但是，在背后，还有许多故事。

20世纪90年代，鹅颈洲被房地产开发商看中，逐渐形成颇具规模的房地产小区，已建楼盘面积约25万平方米。2004年，当地规划局的负责人带我到天鹅湖现场察看周边环境。只见水浮莲生长茂盛，带着腐臭的生活污水和垃圾，还有南岸工厂排放的污水，注满了这个排渍湖。岛内房地产开发房和自建房并存，由于处在无序发展的城市边缘，早期被房地产商买下的土地大量闲置，被用来建养猪场和苗木场。小卖部和各种餐饮大排档布满街边，小区道路人车混杂。此情此景没有让我感到震惊，因为在大多数城郊结合地带，这种脏、乱、差的场景司空见惯。真正让我担心的是看不见的污染，因为他们告诉我，来自南岸的一些工厂长期向湖中排放污水，土壤已被重金属污染。（图1）

这块棕色土地将被规划设计成城市公园，并取名为天鹅湖公园。在当年，国内土壤修复技术比较落后，因此修复时大量采用异地填埋法，即将污染的土壤转移到其他地方。作为当年株洲市的环境整治项目，这种异地转移的简单粗暴方式，无助于从根本上解决环境问题。

如果没有能力提升问题关注的层次，该问题必然会被整个社会慢慢矮化和抛弃。如何解决问题，这需要另一种思路。

广州番禺垃圾焚烧厂选址事件，在各方利益冲突最激烈时，有人提出，为什么不参考日本的做法，把垃圾焚烧厂建在市政府旁。在日本的武藏野市，相关市民参与了垃圾工厂的选址工作，最后，垃圾工厂选在刚建立不久的政府办公楼附近的排球场。在市政府旁边建造垃圾工厂，除武藏野市，还有仓敷市（冈山县）。[1]最不容易受到污染伤害的人往往是掌握话语权的人，在利益冲突时，只有让掌握话语权的人直面污染，才能使之换位思考，感同身受地体会到弱者的无助和绝望。广州和武藏野市的做法不同，在环境污染的处理中，以大多数人的利益为原则将污染转移，而武藏野市是以保证每一个人的利益为出发点，寻找共赢的解决方法。

天鹅湖公园的设计与建设，与武藏野市的做法一样，有着更深层次的意义。对当地社区的人们而言，脏、乱、差的环境得以改变，成为怡人的公园，这片区域有了一个优美的居住环境。这是由于建造者在处理多年来被周边工厂所污染的土壤时，没有采用将污染的土壤移走的方法，而是尝试用一种兼顾公平和负责任的方式去处理这一问题。试想一下，工程承包方为了追求已经被层层瓜分后所剩无几的利润，把这些土壤运到稍为边远的郊外简单填埋，在环保监管不力的现状下，这些本该被深埋的污染土壤会成为暴露的污染物。正如天鹅湖的早期开发一样，随着城市的扩大，这个郊外地区将会聚集更多的人（开始大多是城市的低收入者）进行各种活动。所不同的是，天鹅湖的原住民知道污染从哪里来，他们会提醒小孩不要到那里去，而在填埋污染土壤的地方，玩耍的小孩没有得到家长的叮嘱，因为在家长们的记忆里，这里不曾有过污染。这正是潜在的危险。

基于社会公平的角度思考天鹅湖污染的问题，就要摒弃转移污染的方式。采用什么方法去处理天鹅湖里大量被污染的土壤，同样不只是技术层面的事。

天鹅湖项目是政府在当年就要完成的政绩工程，由于施工时间紧迫，业主已无暇顾及设计师提出的基于生态环境和社会公平的各类措施。对他们来说，这些措施的结果是看不见的，不仅要额外开支，更主要的是让工作变得更加繁重。

真正的契机是业主与设计师共同意识到天鹅湖公园用地不足的现状。主岛已开发了房地产，除了湖面外，只能利用围绕湖面的驳岸做狭长的滨湖小道，作为定位为城市水滨公园所应有的功能将大多无法实现。（图2）设计师抓住这一矛盾，考虑利用湖中的淤泥，在湖床裸露最高的地方堆一座面积约为28 000平方米的岛屿。方案一提出来，业主表现了极大的兴趣，在他们看来，这一方案正好解决两个问题：一是项目内土方量平衡，节省淤泥外运要耗费的几百万资金；二是同时增加了公园的可建设用地，可谓一举两得。对设计者而言，尽管增加岛屿会使湖面减少，但湖中多年来的淤泥被挖来堆岛和堆筑东南沿线的护坡，裸露的底泥得到疏浚，蓄水量变大，不影响天鹅湖的蓄洪能力。研究国内的成功案例，可知底泥疏浚、湖水稀释和沼泽湿地的保留对重金属去除也是有效的。通过专业的分析，在方案评审会上，众多部门同意了该设计方案（图3），包括水利部门。

---

〔1〕八太昭道．垃圾与地球．夏雨，译．北京：中国环境科学出版社，1996.

实施了第一步，接下来是治理被污染的淤泥。具体的措施也同样结合在设计方案里。

采用植物进行污水净化，在国内也有成功的案例，也许是宣传不够或是仍在探索之中，我们看到的更多是小范围的尝试。2005 年，我到广东的中山市岐江公园参观，设计师通过水生植物改善岐江水质的方法给了我启示。但岐江公园水生植物的净化面积不大，而天鹅湖有将近 20 万平方米的受污染土壤，单靠植物进行分解是否有效，这个问题还有待讨论。

20 世纪 90 年代末，美国福特汽车公司对密歇根州迪尔伯恩的胭脂河大型汽车工厂进行改造，仅利用原址（棕色土地）这一项，就保护了上百英亩未开发过的土地。采用植物净化被工业污染的土壤，体现出可持续设计的种种优势。在各种可持续设计策略中，最夺人眼球的当然是那块全球最大的屋顶绿化，总面积达 42 000 平方米。科学家估计，这块屋顶绿化能够将原先的生物栖息地恢复至 25% 左右。第二年，公司员工就在屋顶上拍到了喧鸻（killdeer）筑巢产卵的照片。（图 4）

案例的成功给了我们尝试的勇气和信心。一种用本地植物和微生物，甚至是菌类进行清洁的方法和思路被确定下来。借助华南农业大学林学院的专业优势，在植物的选择上我们得到学院植物学教授的建议。而另一个资源与环境学院的专业人士，为我讲述被污染土壤修复的方法与途径，并为项目做了部分检测工作。多学科合作为我们提供了专业的参考数据，同时也拓宽了思路。

天鹅湖整个清洁系统由从西北至西南原有的沼泽地和主景观区两大区域组成，分别有西边原有沼泽区（不作疏浚）、新增沼泽区（适度疏浚）、新增自然驳岸区、疏林区，还有庞大的水体区（深度疏浚）。湘江水定期从西北角人工注入（旱季每月为一周期，雨季每三个月为一周期，补充湖水的渗漏和蒸发），经过西边原有的狭长和弯曲的沼泽区。狭长和弯曲的沼泽区可以让水流缓慢，那里种满了水浮莲，用来过滤和吸收被水稀释出来的重金属。（图 5、图 6）湖水继续流入新增沼泽区，该区湖底经过浅层疏浚，两岸水深约 40 厘米，逐渐向东变深，湖边种植了水浮莲、香蒲和芦苇等本地植物。（图 7）作为原有沼泽区与主景观区的过渡区，适当设置人工景观，在两岸种植观赏性植物。主景观区是水流汇集的地方，平均水深达 180 厘米，通过庞大的水体对被污染的土壤进行稀释，水中的鱼类和藻类也加入分解和吸收的工作中。新增自然驳岸区位于水体景观区东边，利用原有铁路护坡的地势，采用淤泥堆筑而成，缓坡伸入水中，形成 5 ~ 10 米的浅水湿地，是最适合微生物生长的区域，为天鹅湖生物多样性创造更多机会。疏林区分别位于人工岛内和新增自然驳岸区的铁路护坡上，种满了樟树、欧美杨、栾树、银杏、夹竹桃等本地树种，淤泥里富含的营养物是植物的天然肥料，同时植物吸收和分解淤泥里的重金属。此外，地上的菌类以及蚯蚓在泥土里的数量也是我们留意的对象，它们同样在清洁土壤。

关于自然缓坡式的驳岸，在建筑时还引发了一段争论。当地的工程师认为自然驳岸需要大量人工堆土，新土在初建时，容易受湖水侵蚀，加上湖浪的冲刷，自然土坡滑落的概率很大。在他做过的类似案例中曾出现这种现象，所以建议采用硬质驳岸以保证工程的质量。

图 1　岛内的建筑大都为 20 世纪 90 年代的小洋房和集资房，虽然建筑风格、形式各有特色，但欠缺总体上的规划。此外沿湖建筑大都为旧工矿企业的厂房仓库、自建房和违章的私人建筑，参差不齐、特别凌乱。天鹅湖水域经过多年淤积，南部湖床大片淤塞，泥沙淤积；岛内居住区和周边工矿企业的垃圾堆放在湖岸上，有多段湖岸成为臭气熏天的垃圾场；生活污水、工业废水直接排到湖内，湖水被严重污染，周边生态环境十分恶劣。湖中生长着大量繁殖迅速的水浮莲，岸边则是粗生粗长的乡土植物如构树、蕨类、野草等，显得杂乱无序。除了靠近浙赣铁路的湖东岸的自然植被，有保留价值的地方甚少（摄于 2004 年）

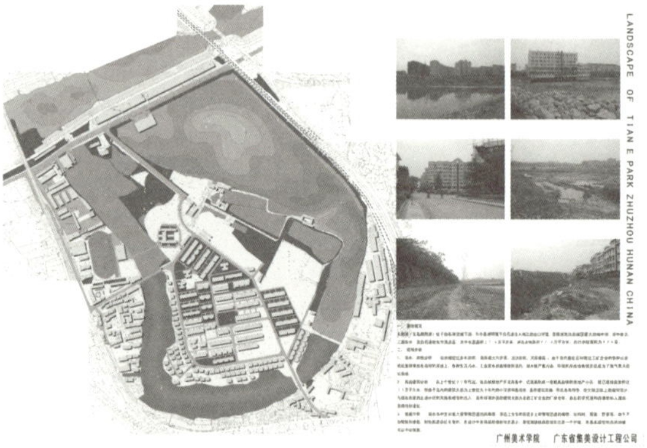

图 2　天鹅湖的原状图

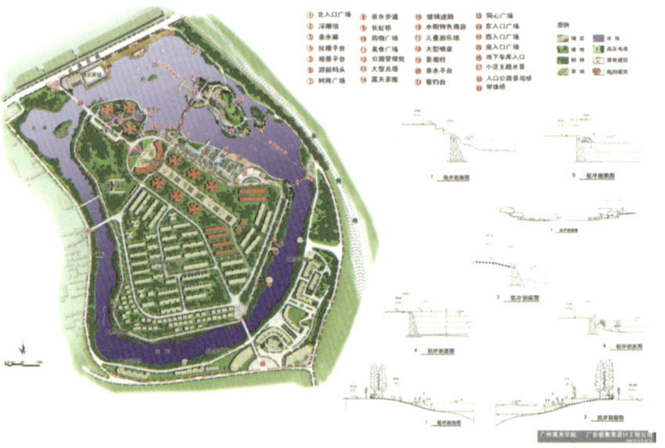

图 3　审核通过的方案图

图 4　福特汽车公司建造的胭脂河工厂（River Rouge Plant）和改造后的屋顶绿化

在建筑自然驳岸上，我没有让步。而这位工程师的反对意见让我意识到自然缓坡存在的风险。为避免日后滑坡，在清淤完成后的湖底铺上一层土工布，目的是用加筋的方式将缓坡和湖底相连，加固土坡的抗拉强度。这样一来，当水流对土体进行冲刷时，能有效将力扩散、传递或分解，防止缓坡土体受外力作用而被冲垮。土工布良好的透气渗水性能，可以使水流通过，有效地拦截土颗粒、细沙、小石料等，以保持水土工程的稳定，且不影响天鹅湖作为生态湿地自我调节的功能。

公园建成后，每隔一段时间，我都会到现场走动，看看周边社区居民在公园里休憩的情况，看看植物的长势。疏浚后天鹅湖水质透明度增加，湖水鱼类和藻类明显比疏浚前增多。我特别留意到自然驳岸完好无损，除了土工布的功劳，用稠密的淤泥堆成的土地，本身就起到防止湖水冲刷的作用。延伸到水中的水生植物也长势良好。以自然驳岸、沼泽等形式建造的浅水湿地能承载大量的水生动植物，它们被广泛用来吸收湖水及被污染土壤中的重金属，如镉、铜、锌等，是人工湿地系统逐渐形成自我清洁能力的一个要素。2009年，湖中水生植物还生长稀疏，2012 年 7 月，我再到天鹅湖时，自然生态环境已基本形成，植物特别是水生植物功不可没。（图 8）用植物进行清洁的方式不仅成本低廉，还产出了人们喜欢的自然景观这一附加效益。种满了各类水生植物的自然驳岸远比附近一处同样以湖为公园主景的文化公园——其湖边几乎是用花岗岩砌筑的垂直驳岸更让人亲近。

这种清洁系统的最大优势，是没有安装独立在景观系统之外的多种设备，也没有使用化学药剂，因此不需要为此做出单独的预算，而生态效益的产出却是如此高效。清洁系统是景观系统营造的一个过程，清洁系统中用于分解、吸收污染物的各个部分，同时构成丰富多样的植物造景，它们是人们向往的自然景观之一，为大家提供美的享受，这正是它产生的社会效益。

在印度的卡尔库塔市（Calcutta），那里一座污水处理厂都没有，所有的生活污水被排入一个经过改造的湿地复合体中。这些污水被用来养鱼，鱼产量每年每公顷可达 2. 4 吨，也被用来灌溉稻田，每公顷年产水稻 2 吨左右。另外，还在倾倒固体垃圾的地方种植蔬菜，并用这些污水来浇灌。卡尔库塔城东的湿地成为一个低成本处理生活污水并能同时获得食物的典范。[1]而《辞海》关于沼泽的条目曾有如下记载：“水分长期饱和，通气不良。为防止沼泽化的发展，必须进行排水。”这从侧面反映了当时学术机构及社会湿地保护意识的浅薄。很长的一段时间里，在城市建设者的思路中，沼泽地成为城市发展的拦路虎。直到今天，在一些刚开始发展的城市里，大量沼泽地被填平，变成了城市居住区。面对日益严重的环境污染，当我们费尽心思甚至束手无策以及为此付出高昂的代价时，是否应该回到自然界本身学习更多方法？当然，前提是要重新认识我们赖以生存的自然界。

---

〔1〕 湿地——生命之源　城市之肺 . 合肥晚报，2010 – 07 – 02.

图 5　自然缓坡、沼泽区分布平面图和改造后被保留下来的西边沼泽区的水浮莲

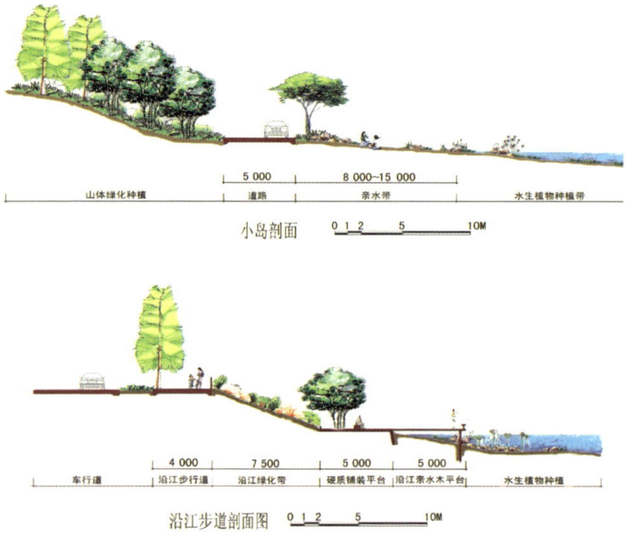

图 6　自然缓坡式的驳岸和水生植物种植区剖面图

图 7　东岸自然缓坡湿地里种植的水生植物

图 8　2012 年天鹅湖公园东岸自然缓坡湿地生态系统

在天鹅湖公园建设过程中，除了自然缓坡驳岸的争论，天鹅湖底的铺设方案也引发了争议。由于湘江近十年水位较低（除了汛期之外），天鹅湖水体靠湘江水满自然注入的方式被人工定期注入所代替（采用抽水泵）。许多人担心天鹅湖湖水在日后会渗漏，这也是许多城市中湖区公园日益面临的问题。由于各种原因造成城市地下水位下降，城市中的许多湖泊的蓄水能力减弱，有些甚至干涸，为了保持水域的原有面貌，许多地方对湖底进行硬底改造，或用特殊的膜做软底，形成不透水的湖。在天鹅湖的建设过程中，为了避免长期靠抽水补充水源造成维护成本较高的问题，有人提出采用钢筋混凝土硬底或铺设防渗膜〔1〕的做法。这个建议由于成本问题未被采纳。2005 年北京圆明园湖底铺设防渗膜工程一事，就把圆明园作为湿地生态系统的基本功能抹杀了，这种做法受到很大的质疑。大家对环境整治的认识水平比以前高了，意识到不能再用一些简单粗糙的方法去解决环境问题，这是令人欣喜的。但是，在否定了硬底或防渗膜做法后，如何防漏的问题仍然没有答案。这也是我们担心的事：当湖水渗漏，为了保持设计水位，就要长期采用抽水设备从湘江把水注入湖中，这就增加了公园日后管理维护的成本，同时，还耗费了能源。

怎么办？要解决这一问题，还要回到原先的思路。

在日本的酒店里，当你使用马桶时，它就会冲出一些水。第一次看到时，你可能心里会想，日本这么讲究环保的国家怎么会这般浪费？再说，日本也不至于制造出这种漏水的劣质马桶吧。后来，我又在日本许多酒店碰到这样的事，细心研究才发现这个马桶含有聪明的点子。大多数人上厕所常常会碰到尴尬的事情，即方便后冲水却冲不干净，于是等水储满后又冲一次，如果还是不干净还得再冲一次，虽然造成水的浪费，但总不能让污秽物残留在马桶里吧！其实，想要解决这种尴尬事的方法很简单，使用前用杯子装点水倒在马桶上，增加马桶缸壁的润滑度就可以一次完成了。但是，大多数时候人们都不会这么做。日本大多数马桶都有这种感应功能，当你坐上去后马桶先出水润滑一下。（图 9）看似浪费水，实际上是节水的举措，这种得失的权衡体现设计师的大智慧。

20 世纪 90 年代，广州市的旧城护城河东濠涌被肆意排污而导致环境恶化，相关部门用钢筋混凝土盖子把它封闭起来，并在上面建成东濠涌高架，当时被认为是既治理了污染又解决了交通的好做法。几年后，粤西的阳江市也效仿省城，在老城区的护城河上加了混凝土上盖，并在上面建成商业街。2009 年初，广州市花大力气对这条三公里长的河涌进行综合整治，其中就包括东濠涌的揭盖整治工程。〔2〕可以看出，由于 90 年代的整治造成的城市人文景观和生态环境破坏的硬伤，后来的一系列改造也因此付出了巨大的代价。直到今天，自诩“再造广州‘六脉通渠’文化特色，采用多项生态和环保新技术，恢复岭南水乡的河涌风貌”的东濠涌，仍然因为头顶着一座高架桥而大打折扣。（图 10）我想，作为发展中的阳江，在不久的将来，也会打开久封的护城河上盖，同样，他们要为父辈的短见付出更多。

采用障眼法的治理方式，除了缘于对污染问题认识不够之外，解决问题的思路也影响

〔1〕 防渗膜标准名称为聚乙烯土工膜，主要是由乳白色半透明至不透明的热塑性树脂材料聚乙烯树脂制作而成。

〔2〕 新东濠，新生态，新广州东濠涌“蝶变”迎亚运 . http：//2010. 163. com/10/0928/07/6HLDM9CJ00863FCJ. html.

着当事者的判断。以直接解决对象问题为目标的思考方式，是一种点到点式的直线思维模式，具有明显的排他性，往往会将诸多因素排除在考虑范围之外。他们选择最经济的方法来达到最直接的目的，因此会缺乏对未来效益回报的客观判断。

在天鹅湖，为了避免因硬底化造成对生态环境无法挽回的破坏，对于在相当长的时间里不能解决的湖水渗漏问题，宁可遭受一些经济和资源上的损失，最后还是保留了自然湖底，只是在施工中加了一层渗水的土工布，再覆上细石，以加强湖床底泥整体的张力。同时建设抽水设备，以备湖水渗漏后补水之用。

天鹅湖公园竣工后，抽水系统启用，在旱季里平均每月花费将近 10 万元的电费来补充湖水。2012 年 9 月，设计师回访了公园管理单位的工作人员，再次问到抽水系统的事。他们说旱季每月注水一次，雨季每三个月注水一次。为什么雨季还要补水？这个反常的现象引起管理人员的注意。直到最近管理人员才发现，湖水的渗漏并不主要来自湖床，而是与当年埋在湖底的排污砼渠防水有关。由于防水工程质量低劣，在下雨时湖水上涨，在水压作用下大量湖水从砼渠渗走。而长年发挥排滞湖功能的天鹅湖，湖底深处的土层已形成天然的缓慢渗透结构，避免了水体快速流走。当时设计师没有对土层结构做深入的研究，只是以经验和感觉作为依据，好在当年没有做出蠢事——将湖底硬化或铺防渗膜。不过，运气从来不是人们可以长久依赖的法宝。

和筑堤的防洪工程一样，排污工程是独立在天鹅湖公园建设之外、由其他部门负责的项目。劣质的砼渠工程，造成天鹅湖公园湖水的渗漏，更严重的是，大量湖水渗入排污砼渠，势必给污水处理厂带来处理压力。

图 9　日本大多数旅馆采用的预先出水的马桶

图 10　高架桥下的东濠涌

由此看来，我们在实践可持续发展设计时，从一开始就要意识到：包括地理、人文、政治以及经济等因素交织而成的具体环境，有着极其复杂的一面，如果我们没有足够的能力去解决当中负面的因素，那么，除了继续完善监督机制外，设计师必须把目前暂时还不能消除的具体问题（如与事者的观念差异、施工质量、技术水平和监管力度等）作为决策前的考虑因素。将所在的环境理想化或者笼统化都会造成不可避免的损害。日本旅馆里的马桶设计，就是充分研究了大多数人如厕的习惯以及传统马桶中未能解决的问题，才会设计出具有预先提防功能的产品来。看来，当初对工程队的假设——可能会为了节省成本而将被污染的土壤随意处理是不无道理的。

在天鹅湖项目中，掌握资源的是决策者，设计师也是决策者之一，他们不单选择了这种符合自然之道的设计，还为此付之于行动。（图 11）这一做法会影响到许多今后碰到类似问题的人，这正是天鹅湖项目所体现的深层精神，也是项目的最大意义。

再有意义的事，都要通过具体实在的形式体现出来。2012 年 7 月的天鹅湖公园，园区湿地系统已基本形成，植物生长茂盛，湖中水生动植物种类增多，林中常有鸟类出现，各种昆虫在植物间栖息，这说明了生态环境得到进一步的恢复。从上午到晚上，除了中午较晒的时间外，到公园里休憩的市民数量与 2010 年相比明显增多，特别是晚上，大量市民在公园内散步、乘凉，人工岛上的健身设施周边聚满了运动的人群。我特别留意岛上的商业设施，两年前当我看到当年设计的配套建筑像烂尾楼一样被闲置时，不禁为当时的设计失误深感歉意。现在这里已被装修成餐厅，看来商业氛围的促成是需要时间的。湖边新开发的高档住宅区也正式对外发售，小区园林融入公园景观的系统内，形成共享的开放空间。所有这些，都是天鹅湖呈现给市民的整体面貌，在一定程度上反映了公园的建设取得了社会、生态和经济三者的平衡，在发展中这是合乎“和谐之道”的。我始终认为一个好的设计就是能持久地向人们展现其优美的一面，这种美有着丰富的内涵，并不是“好看”那么简单。当然，或许对老百姓来说，它就是好看那么简单。天鹅湖公园没有呈现出来的部分——包括过程中思想的碰撞，最终也带给老百姓实实在在的好处，它们构成美的另一面。（图 12 至图 17）

图11　2004年底与设计团队在干涸的湖床上考察场地

图12　天鹅湖公园总貌。天鹅湖公园总面积为33.2万平方米，2004年6月进入设计阶段，2006年8月竣工。由于基地现场地形起伏较小，为使公园更具有空间意义上的景观层次，在设计过程中，我们在利用地形地貌的基础上，对现有积淤渠进行疏浚、改造，本着“土方就地平衡”的原则，对整个园区进行合理的竖向地形规划，通过合理设计湖心岛的面积和标高，结合环湖岸线绿化带的建设，基本消化淤区大量的土方，使湖区内的土方量达到平衡。利用挖出的土在湖边营造自然坡地，在湖床裸露最多的区域堆砌人工岛，营造微地形，使公园空间更富层次与变化

2005年12月施工中

2006年8月红岗路观景大平台

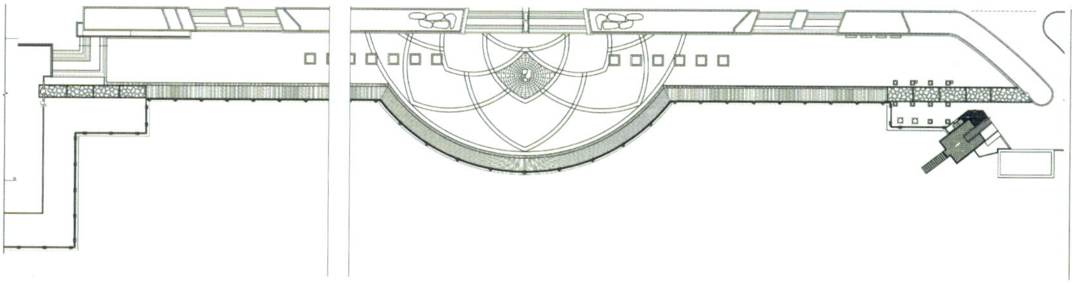

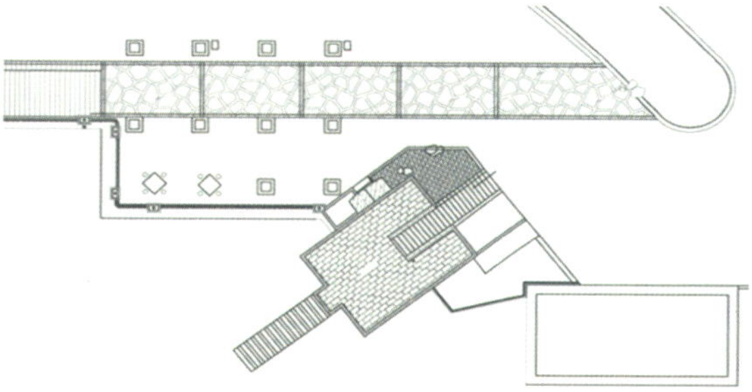

图13　公园的设计和建设与小区周边环境。在设计过程中，我们始终贯彻总体空间规划布局共享与发展的理念，合理划定公园范围，预留小区发展用地，合理布局公园的配套设施，将小区的配套设施与公园配套设施共融。同时通过对公园的建设进一步改善小区周边环境，提高土地价值，提高开发商参与公园建设和日后管理维护的积极性

图 14　植物种植设计根据公园的功能要求和市民活动的需要，将植物分为针阔叶混交林、自然式疏林草地、行道树、广场林荫树、水滨风景林和观赏花灌木等多种片区，形成生物多样化的生态体系。整个公园以株洲地区常见的乔木如香樟、荷花、玉兰、银杏、水杉为主要树种

图 15　在景观设计中重视感官感受以及视觉和空间的营造，为营造全方位的立体生态空间，公园因势造山，以山映水。通过构筑山丘、植物造景等手段将不同功能、风格的景观分开，在各个景区间形成相对宽敞的交通区域，既增加了空间的层次和立体感，又避免了整个公园一览无遗，令整个生态环境的组成更具层次感，各景区的个性更加突出，在整体上也更为和谐统一

图 16　市民在公园内乘凉

图 17　天鹅湖东边承载老百姓祈望的“和谐号”列车

另一种思路

在漫长的生产实践中，人类要不断地总结经验并将经验以某种方式固定下来，向下一代传授，这是推动人类发展的重要基石。但是这种经验一旦形成，在面对不断发展变化的情况时，越是固若金汤的传统逻辑，越会显得保守和难以逾越，成为发展的障碍。经验和创新两者就如悖论一样充满着矛盾。

以陈皮村的项目为例，在项目完成后，我常一个人在现场溜达，感激设计构思被实施出来，有了对比和观察的机会。在陈皮村项目中，前后两家设计公司的背景和各自的优势是不同的。前者作为一家建筑甲级设计单位，对建筑规范、节能指标等不可谓不熟。正是因为具有这样的优势，他们尽自己的所能，想方设法地对钢结构铁皮厂房进行符合各类指标的改造。为了不让建筑内的冷气跑掉，他们把厂房设置得严严实实，在屋顶和四周铁皮间隔加上保温隔热层。在他们眼里，原先的厂房是脆弱的——既不美观也不能达到保温隔热的要求，因此要在它的构造和围蔽上使用大量材料，将之包裹成坚固的外壳。在解决了美观和隔热问题的同时，又带来了新的问题。新的问题出现，他们又用专业的计算去验算各种数据，因此耗时过久，导致项目开工日期不断拖延。对于每个问题他们都用严格的规程去解决。由于是专业的建筑公司，所以他们对室内的设计往往只停留在功能定位和指标的计算，只能给出一个简单的平面图。这一点，从国内大多数建筑公司的室内图纸中的“详见二次装修图”字眼可以反映出来。后者是一家以室内设计为主的公司，设计师没有受“建筑”这一单个主体的束缚，而是从整体环境、艺术、室内人的感受、可持续经营等方面入手进行三壳设计。三壳设计的做法是尽量维持厂房现状的铁皮壳，并在铁皮壳外建一层装饰壳（竹门楼、广告牌、竹墙和植物），然后在室内建一个内壳（竹廊、竹穹岸顶和竹天花）。这样一来，三个壳之间既相互独立又互相依存，美观、通风、隔热保温等问题迎刃而解。竹子材料的介入，使构造和装饰两者合二为一，大大降低装修成本，很好地解决了时间和成本问题。然而，在传统逻辑的影响下，建筑设计公司的工程师们并不认同这种开放的、看似跳跃或不严密的思维方式。换句话说，他们也许习惯了单线思维下的原则，并把这种原则当成了金科玉律去考量碰到的各种复杂变化的问题。以不变应万变往往被喻为处事不惊，但这并不是万能的，而且多数时候是不可行的。

在学校里，风景区规划专业的学生从老师那里得到这样的叮嘱：设置风景区垃圾桶的数量，要根据游人的流量和游人的类型科学地配备。事实是，大多数时间垃圾桶在野外闲置，可是一到了节假日，再多的垃圾桶也不能解决垃圾遍地的现象。但在日本的盛冈公园，我没有看到垃圾桶。在日本东部的净土之滨风景区，也找不到一个垃圾桶，倒是公共的卫生间有醒目的标志，以为里面可以扔垃圾，进去一看，墙上竟有日本卫生部门的警示书，大意是把垃圾扔在里面会被罚款。当地游人会把垃圾放到随身背包或衣袋里，带回家分类。（图 1）此外，在日本，你还可以发现公车站的设置是极有意思的。（图 2）

图 1　日本没有垃圾桶的卫生间和风景区

图 2　日本的公车站——为了不阻挡人行道，把站亭“反过来”安装

日本的这些做法是建立在人们意识观念上的，它不只研究物，更是研究人，从而使建造方法有效而成本低廉。为了更好地说明我的观点，不妨引用法国著名社会心理学家勒庞〔1〕在19世纪末提出来的对今天来说仍具有启发性的思路：

从透视的角度看，立方体可以变成椎形的或方形的，圆可以变成椭圆或直线。但是，考虑这些虚幻的形状，远比考虑它们的真正形状更重要，因为它们，也只有它们，是我们所看到并能够用照相或绘画加以再现的形状。有时不真实的东西比真实的东西包含着更多的真理。〔2〕

当我们自以为掌握了事物科学客观的本质，并以此作为真理的标准时，却忽视了真正影响我们生活的，并不是真理本身，而是每一个活生生的人对这个所谓客观事物的主观认识和判断。物体反映到每个人头脑中的“图像”构成了真实的世界，即使要研究它们比研究一个特定的真实事物要复杂和慢得多，也比不这样做更能找到简单的方法。因为认识到这一点，我的实践更关注人与人的关系。

瑞士向内开窗的事例告诉我们，只是瑞士人想得更长远一些而已，如果不这样做，说不定掉下来的窗扇砸死的人就是自己。我们所做的一切，包括为了别人，全然是为了自己，这是我思路的最大转变。

在结束这一章前，我还要回顾Pius教授——我瑞士的老师在中国的斑马线前问我的话。当开车和他去新会参观圭峰酒店时，我在没有红绿灯的斑马线前停了下来，让一位犹豫不决的女孩通过。

他问：“从欧洲学来的？”

我说：“是的。”

但是背后有更深的渊源。

〔1〕古斯塔夫·勒庞（Gustave Le Bon，1841—1931），法国著名社会心理学家。他自1894年始，写下一系列社会心理学著作，以《乌合之众：大众心理研究》最为著名。

〔2〕古斯塔夫·勒庞．乌合之众：大众心理研究．冯克利，译．北京：中央编译出版社，2000：3.

4　斑马线前

所谓预言当然不是说真正能够预见未来的事物，不过，我们认为在思考今后的趋势走向时，则先从当今人们所追求的事物去着手探讨应该是一个可行的方向。因此，与其说这是预言，或许不如说它是愿景或者是对未来愿望的描绘来得贴切一点吧。[1]

对于设计来讲，这种愿景是什么呢？

斑马线前

中华人民共和国《道路交通安全法》第四十七条明确规定："机动车行经人行横道时，应当减速行驶；遇行人正在通过人行横道，应当停车让行。"这与几千年前罗马古城设置跳石的精神是一致的。

斑马线的雏形来自古罗马时期庞培城的跳石，为了避免车马与行人在繁华的街道上交叉行驶而造成交通堵塞和发生事故，人们在靠近马路口的地方砌起一块块凸出路面的石头，将人行道与马车道分开，作为指示行人过街的标志。行人可以踩着这些跳石，慢慢穿过马路。马车运行时，跳石刚好在马车的两个轮子中间。可以想象，石头凸起的目的是让马车速度减慢下来，它的核心是保护行人。

2009 年 7 月，在兰州一个有信号灯的斑马线前，一位老人只要看到有车辆闯红灯，便会用砖块砸向违章车辆。老人用这种方式捍卫斑马线的尊严，在社会上引起不小的震动，在媒体上也引发了争论。[2]

问题的关键不在于对老人这种行为方式的是非评判，而是透过这种行为方式反映出的问题：斑马线作为行人过马路的安全通道正在受到严重威胁。正是因为斑马线不再让人有安全感，才使得兰州的这位老人用如此方式捍卫斑马线的尊严。机动车在斑马线前闯红灯是违法行为。相比之下，在没有信号灯管制的斑马线前，机动车抢行的行为所受到的关注要少得多，人们甚至对此习以为常，然而这种行为造成的危害比前者更隐蔽。下面是对一处无信号灯斑马线进行的观察，并基于现场记录做出的分析。（图 1）

时间：2012 年 10 月 12 日　12：00—13：00
地点：广州市海珠区怡乐路金禧路口

---

〔1〕 黑川雅之．世纪设计提案：设计的未来考古学．王超鹰，译．上海：上海人民美术出版社，2003.
〔2〕 张鹏翔．兰州晨报，2009－07－10.

特点：无信号灯的T字路口，斑马线呈南北走向

描述：一个小时内，有108辆机动车通过该路口，机动车慢行礼让的为零。（图2）除了行人快速通过和与汽车较劲之外，有一种现象值得注意，那就是行人远远看到汽车向人行道驶来，在斑马线前等候或已迈出一小步之后又退了回去。

上述调查只是一个缩影，机动车在无信号灯的斑马线前抢行的现象，在全国各个城市几乎都会出现。

刚到瑞士时，走到无信号灯的斑马线前总要左右看一下，看到汽车远远驶来，下意识地会在斑马线前停住脚步，等车通过。但在瑞士生活久了，便知道机动车远远看到行人站在斑马线前一定会减速停下来，这已经成为一种默契。

与此相反，国内的行人在斑马线前避让车辆成为另一种“默契”，它是在下面的情况下被迫形成的，并由此产生相应的结果——当人们相信法规规定自己在斑马线前的权利时，他要自如地通行，结果被粗野的机动车一次次地阻止，他开始怀疑法律能否保护他的权益。当人们尝试着去维护自己的权益时，却被大量行人伤亡的事实所告知，这种抗争是要以生命为代价的。在多次的失败后，行人最终选择放弃权利，采取退让（观望、避让）的方式。行人对机动车的信任已经丧失。而另一种规则在逐渐形成——行人避让机动车，机动车则毫无忌惮地在无信号灯的斑马线前通行，车辆停下来时，行人还常常表示怀疑。

上述情况，是在相当长的时间里反复较量形成的，当情况没有发生根本性转变时，行人很容易会放弃对法规的信任，选择有红灯时抱团通过。

行人在没有红绿灯的斑马线前没有得到有效的尊重，对自身利弊的判断使之停下了脚步；在有红灯的情况下，行人陆续聚集在斑马线前形成一个群体，一旦有人迈出违章的第一步，群体在这种行为的暗示下就会释放出轻信、冲动、急躁甚至专横的一面，不顾规则徒然冒险。“当一个人加入一个不负责任的群体时，因为很清楚不会受到惩罚，他便会彻底放纵这种本能。”[1]

机动车在斑马线前抢道和行人抱团过马路在某种程度上是两者的博弈，不可否认，在这场博弈中机动车始终是强势的一方，抱团过马路的行人始终是以生命为赌注，他们是弱势的一方。当我们谴责这种过马路的现象时，无信号灯的斑马线前弱者的权利仍在受到侵犯，由于没有受到规则的有效尊重和保护，行人抱团过马路的行为也是对不公平博弈的无奈回应。

值得注意的是，当我有一次主动将车停在斑马线前让行时，行人竟然露出迷惑的表情，停着不走，一时双方都不知所措，后面的车辆开始不耐烦地按起喇叭。在斑马线前，交通规则的失效，令人与人之间的信任感缺失，并逐渐瓦解维系公民间的共同情感以及相互理解的纽带。当弱者对不断被破坏的规则表现出无可奈何时，就会像抱团过马路一样对规则表现出藐视的态度。行人一旦抱团形成群体，所积聚的力量是巨大的，只差一个突破口，积聚巨大力量的愤懑，往往会以非理性的方式宣泄。

---

〔1〕古斯塔夫·勒庞．乌台之众：大众心理研究．冯克利，译．北京：中央编译出版社，2000：39.

“群体中累加在一起的只有愚蠢而不是天生的智慧……历史告诉我们，当文明赖以建立的道德因素失去威力时，它的最终解体总是由无意识的野蛮群体完成的……群体只有强大的破坏力，他们的规律永远是回到野蛮的阶段。”[1]

当行人在斑马线前的权利被剥夺时，只能表示无奈并顺从，但怨气却在逐渐积聚，一旦遇到某个爆发点就会演变成仇恨。信任的缺失也常导致冷漠，当暴力来临时，冷漠成为帮凶。2012 年 9 月 15 日下午 5 点，西安“9・15”事件[2]中，一位年轻人用 U 形钢锁砸破无辜的驾驶人的头，理由就是这位驾驶人在他的私人财产——一辆日本小汽车将要被砸时下意识地进行了反抗，就遭到残酷的报复。这一击导致驾驶人头颅严重骨折，一块颅骨断裂并凹了进去。在长达 4 个多小时的抢救手术中，医生取出了一大块和一小堆被砸碎的颅骨。而在现场行凶的年轻人是从农村来到这座城市的刷墙匠。[3]这种暴力行为让我想起 19 世纪发生在法国大革命中的一件事——“当巴黎的群众攻下巴士底狱后，一群极度兴奋的人把监狱长团团围住，从四面八方对他拳脚相加。有人建议吊死他，砍下他的头，把他拴在马尾巴上。在反抗过程中，他偶然间踢到了一个在场的人，于是有人建议，让那个挨踢的人割断监狱长的喉咙，他的建议立刻博得了群众的赞同。这位动手割喉咙的人，只是当天闲着没事，来巴士底狱看看的一位厨子。”[4]

值得深入研究的是，由于机动车与行人的关系实际上是驾驶人与行人的关系，而两者之间的角色又常常相互转换，今天你是行人眼中的驾驶人，明天可能是驾驶人面对的行人。久而久之，从个人侵犯个人，逐渐演变为全部人相互伤害，愤懑也就容易扎根于人们心里，但每个人怨愤的对象都不是特定的某个人，于是发泄愤懑的对象往往落在富人和权贵身上，但最终的承受者难以避免地落在每个人的身上。所以，发生社会性群体暴力事件时，弱者的角色也并不特指底层阶级，有钱人或是有权势的人的合法权益与基本尊严往往最先受到冲击，这时，他们成为弱者。1871 年法国大革命中的人群就屠杀了1 200 ~ 1 500 个民族的敌人——贵族、僧侣、官员、王室仆役。[5]而在社会暴力事件中，我们一直认为的弱者（社会底层）也没能幸免。当法国大革命的人群屠杀完“人民的公敌”之后，有人提议说，那些关着老年人、乞丐和流浪汉的监狱其实是在养着一些没用的人，因此不如把他们全部杀掉。他的建议立刻就被采纳……其中包括 50 名 12 岁到 17 岁的儿童，全部被解决掉了。[6]

西安“9・15”事件中，被车锁砸头的那位市民是最严重的受害者，来自一个普通的市民家庭。在此事件中，一名 26 岁的年轻人在微博上这样说：“我知道这种游行对事件起不到任何作用。再说，经过以前几次抗日游行，我认识到，这种游行到最后都会变味。”他在人人网的朋友的反馈态度和他一样，只有一个中年的朋友问他：“你不觉得，通过打砸抢，你再买日系车时，至少会多考虑一下，这不就是对日本的打击吗?”

---

[1] 古斯塔夫・勒庞. 乌合之众：大众心理研究. 冯克利，译. 北京：中央编译出版社，2000：5，6.
[2] 9. 15 西安打砸日系车事件. http：//www. 360doc. com/content/12/0928/08/5556304_ 238569797. shtml.
[3] 西安“9・15”砸车者蔡洋一审被判十年. http：//www. infzm. com/content/92207/.
[4] 古斯塔夫・勒庞. 乌合之众：大众心理研究. 冯克利，译. 北京：中央编译出版社，2000：137.
[5] 古斯塔夫・勒庞. 乌合之众：大众心理研究. 冯克利，译. 北京：中央编译出版社，2000：138.
[6] 古斯塔夫・勒庞. 乌合之众：大众心理研究. 冯克利，译. 北京：中央编译出版社，2000：140.

他想了想："会的，自己也可能真的不会再买日系车。但那是因为，对自己同胞的恐惧。"〔1〕

斑马线前不同群体的行为和心态，反映出社会各阶层之间相互的漠视和不信任，由此产生的矛盾又掩饰在日常生活的风平浪静当中。我们常说的社会矛盾，在老百姓的眼里，是一个抽象的内容，但在日常生活中似乎感受不大，只有在显现的时候，即暴动、变革发生时，才会被大家清楚地看到，但这时已经晚了。"9·15"事件中拿U形钢锁砸人的小伙子曾在他的QQ空间里写道："在项目经理的奥迪车上撒过一泡尿，感觉很爽。"〔2〕社会中这些细小的矛盾和仇恨，在喧嚣的游行队伍中找到了宣泄的"机会"。

关于这些观点和事例，可以在两本关于法国大革命的书上读到精辟的分析，一本是托克维尔的《旧制度与大革命》〔3〕，一本是勒庞的《乌合之众：大众心理研究》。

斑马线前所喻示的深远影响和后果，显然不是普通的人群所能洞察的。即使某些区域高校会时不时开展城市文明活动以减少安全事故的发生（图3），但斑马线前的"博弈"现象却也并未消失。

每次坐着出租车经过怡乐路这个没有信号灯的人行道时，几乎所有的司机都会迫不及待地在人群中穿行，有些还会快速抢道。大多数出租车司机每天争分夺秒为的是谋生，他们对在人行道前粗野的抢行行为已习以为常。由于他们的受教育程度不高，在斑马线前的博弈中对长远的利益不可能有所洞察，即使知道了也对复杂问题的解决束手无策。因为他们自己也常是处在社会底层的一员，不能奢求他们能在斑马线前主动地让行。

但有一次，我发现大学教授的车经过这里，也毫无减速之意，后来发现大多数受过高等教育的人，也没有意识到要在无信号灯的人行道前减速，更不用奢谈让行。受过良好教育的人，具有系统的知识体系，对具体的事情有抽象判断和分析的能力，这就决定了他们比受教育程度不高的群众有更敏锐的洞察力和反省能力，并能从宏观或长远的角度去思考问题，同时也能针对问题找到具体的解决措施。除此之外，他们常能保持个体的思考，常常能独立在群体的情绪化和低智商之外做出理性的判断。但是从斑马线的情况来看，他们为了一时便利而漠视规则，在这场博弈中加入了"得罪"民众的行列。他们会有许多借口，也可能是根本没有意识到。但不管是哪种情况，作为社会上最应负起责任的人士所表现出来的麻木，让危机的解决变得困难起来。

在欧洲的大多数国家过没有红绿灯的斑马线时，你都会享受到可以从容通过的礼遇。从瑞士回来，我会特别注意在没有红绿灯的斑马线前将车减速，礼让行人。这不仅是身体力行的行为，更重要的是，作为社会的知识分子，在斑马线前要比一般人看得更远，这不仅是为了别人，更是出于对自己利益的考虑：①驾驶人有一天也会成为斑马线上的行人；②由群体产生的暴力，没有人能够幸免，而首当其冲的是掌握社会资源的人，因为在日常生活中失去了彼此间的信任，他们受到大多数人的妒忌和猜疑。

---

〔1〕 西安之痛：还原9·15西安车主遭U形锁砸头过程 . http：//shehui. daqi. com/article/3357179_2. html.

〔2〕 砸车者蔡洋生存碎片 . http：//www. infzm. com/content/81726.

〔3〕 托克维尔 . 旧制度与大革命 . 冯棠，译 . 北京：商务印书馆，1992.

在斑马线前，强者与弱者之间总有一方要做出避让，弱者已没有了让步的本钱，关键的一点是强势的一方为了长远的利益必须主动做出让步。当一种能设身处地为别人着想的善良成为一种习惯而植根于内心的土壤，它就能在人与人的关系中起着调和作用。

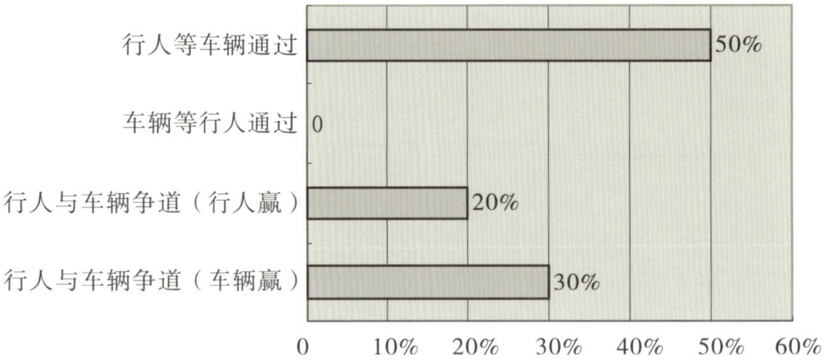

图 1　斑马线前行人与车辆行为情况

图 2　广州海珠区怡乐路金禧路口，行人和车量在斑马线前的“博弈”

图 3　城市文明活动（摄于 2016 年，广州昌岗中路口）

合作与博弈

在斑马线前人们的表现，实际上是对资源占有的博弈。有一种现象是，当你在斑马线前停下来时，后面的车主会不耐烦地按喇叭，然后不顾正在过斑马线的行人，从后面超车越过斑马线。

还有一个在生活中经常发生的例子是：每天上班坐公共汽车，本来大家都知道排队会更加顺利，但是当你在按规定排队时，有人从你旁边挤在前面，你心里虽然不高兴，但也忍住了。可你后面排队的人，看到有人不排队就挤上了公车，于是陆续有人往前涌上去，结果是还未轮到你时，公车上早已挤满了人，你要等待下一班。第二天，你又按规定排队，但心里在想，如果有人再插队，也要有所行动了。果然，公车一来，有人从旁边挤上去，你后面的人也挤上去，你也不得不快步抢上去，大家你争我抢，堵在了车门口。

“在资源面前，你不主动出击，反而做出让步，在现实中，最后吃亏的不是自己吗?”有人这样说。

我朋友的那句话——“野生动物现在是越来越少了，你不吃，别人也把它们吃光了”，正好反映人们的普遍心理。

这就引出了合作与博弈的话题。

著名的“囚徒困境”形象地分析了在困境下各方为什么没有选择对大家最有利的方式——合作。故事是这样的：

甲、乙两名嫌疑犯被警察抓回派出所，由于没有足够证据指控两人犯罪，警方想了个办法，将这两名嫌疑犯分开囚禁，分别和两人见面，并向双方提供以下相同的三种选择：①若一人认罪并作证检控对方，而对方保持沉默，此人将即时获释，沉默者将判监八年；②若两人都保持沉默，则二人同样判监一年；③若两人都互相检举，则两人同样判监三年。

甲、乙两人彻夜未眠，苦思和猜想怎样才能将自己个人的刑期缩至最短？可以从下面的矩阵表看一下甲乙二人博弈的思路。

在表 1 中，对双方最有利的是互相合作，两人保持沉默，刑期分别是一年。但是甲乙两人由于隔绝监禁，并不知道对方的选择，若对方沉默，自己指控对方会让自己获释，所以会选择背叛。若对方指控自己，自己也要指控对方才能得到较短的刑期，所以也是会选择背叛。两人的优势策略都会得出相同的结论——选择指证对方，检举对方的风险总比选择沉默要来得低。由于相互检举，双方各获刑期三年。这就是著名的“囚徒困境”[1]。类似的利弊选择广泛存在社会生活当中。

“囚徒困境”是生活中许多现象的抽象概括，小到个人、集体，大到社会、国家，在日常生活、商业广告、国家军备竞赛、环境保护等方面也会频繁出现类似情况。

在第一章中我们讨论过毒苹果事件，无疑，种植苹果的村民都知道药袋会对人体健康造成一定的危害。而且时间长了，这个产业迟早会垮掉。我们不能说这个村的村民中就没有几个心地善良的人，也不能说这个村的村民都目光短浅。可是，无论是心地善良的还是心地恶毒的，目光长远的还是目光短浅的，他们都数年如一日地生产销售药袋苹果。新闻里曾曝光北方某个村庄全村多年生产毒木耳的事。所谓毒木耳就是把从别的地方低价购买的烂木耳通过硫黄熏制的办法，让烂木耳恢复好木耳的外观，从而充当好木耳流通到全国千家万户的餐桌。记者暗访该村的一位村民时问过一句话：“你们这样生产毒木耳，难道不担心有一天被媒体报道出去，从此就再也没有批发商和消费者买你们这个地方产的木耳了吗?”

这位村民的回答可以代表药袋果农的心态：“我们也知道我们村的这个产业迟早要垮掉，我们县的这个产业也会垮掉。就算我从现在开始生产优质木耳，别人还会生产毒木耳，所以我还不如趁这个产业垮掉之前再赚点钱呢!”

摆在全村村民面前的博弈是这样的：别人生产毒木耳，我一人生产优质木耳，别人赚很多钱，我无钱可赚，我一人的善行就像滴入乌黑的海水中的一滴清水，不会改变什么，也不会引起关注，而木耳产业照样垮掉；别人生产优质木耳，我一人生产毒木耳，别人赚少量的钱，我赚很多的钱，我一人的恶行就像滴入蓝蓝的海水中的一滴污水，不会改变什么，也不会引起关注，而木耳产业照样不会垮掉。所以无论别人生产毒木耳与否，我生产毒木耳都是优势策略。

囚徒困境反映的是聪明的利己主义者的悲哀：每个人最聪明的选择，都是寻求自身最大利益，而不关心另一参与者的利益，最终导致集体的悲剧。每一个个体的优势选择集合到一起，往往会造成群体的灾难。而群体发生灾难，每一个个体都是逃不了的。

如何走出囚徒困境？不妨花点时间对比下面的两个例子。

囚徒困境中的甲乙博弈思路

甲/乙	检举	沉默
检举	三年刑期/三年刑期	无罪释放/八年刑期
沉默	八年刑期/无罪释放	一年刑期/一年刑期

---

[1] 1950 年由梅里尔·弗勒德（Merrill Flood）和梅尔文·德雷希尔（Melvin Dresher）拟定相关困境的理论，后来由顾问艾伯特·塔克（Albert Tucker）以囚徒困境方式阐述。

案例一：许多游客投诉在旅游点购物时，常常遇到售卖假货、短斤缺两、价格高昂的欺骗行为，甚至出现强买强卖等恶性事件。这很大程度上是因为这里的商家知道游客只是一次性交易，尽管他们每天重复在卖，但面对的几乎都是新客户。商家从欺骗消费者的行为中，当然可以获利。

案例二：品牌店以品质和服务在市场竞争中立足。和案例一不同的是，品牌店可以预见消费者在未来有可能会无限次地购买他的产品，所以商家就不太可能会在当下的一次买卖行为中进行商业欺骗。这不是因为商家良心发现，而是因为这不符合他的长远利益和整体利益。也正因为如此，消费者才会放心地在品牌店做出购买的行为。

所以，无限次重复囚徒困境或者让局中人认为该博弈将被重复无限次，人们为了长远利益，会放弃眼下的自私行为，转而携手合作。

在重复和无限次的前提下，美国科学院院士、密歇根大学政治学与公共政策的罗伯特·阿克塞尔罗德教授提出“一报还一报”的最优合作策略，并在《合作的进化》中以一个鼓舞人心的结论，去突破囚徒困境。[1]作为著名的行为分析及博弈论专家，阿克塞尔罗德通过对多人多次重复博弈的对策研究，指出在博弈中产生合作的必要条件和获胜策略的主要特征。在“一报还一报”中，有一个重要的特点是“可激怒的”，体现在行动上是对对方的背叛行为一定要报复。

我可以用一件亲历的事情证明“可激怒的”在合作中的作用。2013 年夏天，我从广东驱车到海南，到达海安渡口，过渡的汽车在排队等候通过检查岗。由于船离靠岸还有较长的时间，所以没有工作人员维持秩序。当检查岗前等候的车辆较少时，大家都是一辆接一辆地排成直线，体现自觉的合作性；当车辆较多时，后面排队的车辆开始变成不规则的三条，显然是有车辆停在前车的后侧，在向前观望。当检查岗开始放行时，最后赶来的车辆开始不顾规则，快速地往队伍的前面驶来。这些不合作者开始见缝插针，在挤占中通过了一辆。当第二辆正想挤过我前面的车辆时，我前方的车辆急忙向前抢住了空位，但插队的车辆仍然在每次缓慢前行中挤占前方的车位。终于，前方车辆的驾驶员怒气冲冲地走了下来，指着插队的驾驶员狠狠地斥责起来，这一切发生得非常突然，那位插队者完全被吓住了。当车队继续向前驶去，插队的车辆乖乖地停在旁边，选择了合作，驶过它前面的车辆都按了一下喇叭，似乎在警示它不要再插队，其余的插队者也放慢了车速。我真心感谢这位“被激怒者”对它的报复，让排队的车辆顺利上了渡船。海安渡口那位驾驶员行动快速、态度鲜明、斥责严厉的报复生动地说明“一报还一报”具有很好的效果，让对方短时间内对局面有所辨识，从而不得不采取合作的态度。

这是非常生动的一课。

“报复”在“一报还一报”的三个序列中非常重要，它在维持合作过程中具有关键性，另外两个特点是“善良的”和“宽容性”。它们的序列分别是：第一，从不首先背叛，即“善良的”；第二，对于对方的背叛行为一定要报复，不能总是合作，即“可激怒

---

〔1〕 罗伯特·阿克塞尔罗德．合作的进化．吴坚忠，译．上海：上海人民出版社，2007.

的”；第三，不能人家一次背叛，你就没完没了地报复，以后只要人家愿意合作，你也要合作，即“宽容性”。

“一报还一报”策略，从社会学的角度看是一种“互惠式利他”，其结果是双方获利，这种行为的动机是出于个人私利但又要控制住私利最大化的欲望。出于私利与控制私利，这是一种难以割舍的选择，而在试验中，这是最优的策略，互惠式利他有可能覆盖范围最广的社会生活，让事情向更好的方向发展，从而让自己的获利在质上得到提升。与其说是选择，不如称之为一种能力，而后者更贴切，因为不是所有人都具有这种权衡利弊的能力，除了天生具有的悟性之外，经过教育来获得这样的能力也是必不可少的。

在课堂上，瑞士教授常强调，做可持续发展设计的人一定要聪明。

“甚至还要更狡猾。”教授笑着说。

是的，但首先应是善良的。

在斑马线前，要让全体社会成员互相尊重与合作，前提是尊重和敬畏法律。正如阿克塞尔罗德的研究给人的一个重要启发：社会要使交易能够进行，并且防止出现不合作行为，必须通过法制手段，以法律的惩罚代替个人之间的“一报还一报”，规范社会行为。通过研究、制定游戏规则来解决“社会悖论”或“资源悖论”的问题。

人类共有的资源是有限的，当每个人都试图从有限的资源中多拿一点儿时，就产生了局部利益与整体利益的冲突。我们可以制定严厉的法律法规去矫正这些行为，也可以通过专业的设计去完善制度造成的误差。但在做这些之前，最重要的条件是策略必须“友善”。如果在斑马线前的各方能够合作的话，友善代表着不要在对方背叛之前先背叛。先迈出停车礼让这一步绝不是可有可无的态度。而社会的精英在这场危机中往往具有先于别人去解决问题的勇气和决心。

设计师经过了专业的教育和训练，不可否认的是，他们比普通人更有自我反省的品质，以及发现问题和解决问题的能力。如果设计师——作为知识分子中的一员不能理解民众，不能以理性的态度思考现实，那么，很可能逐渐丧失作为知识分子的社会功能；如果无法通过自身的体验来认识我们生活于其中的社会，就不可能产生真正的问题意识，只可能产生所谓的“假问题”，会把自己臆想的问题视为现实的社会问题。

对斑马线前各种矛盾的关注，之于设计的启示，是设计关于问题的思考。

设计要解决问题，第一层面要从设计的对象入手，解决关于功能、空间、形态、色彩等问题，可以说这是解决人与物之间的关系；第二层面是对当前中国社会转型中面临的问题的关注，贫富分化、环境污染以及贪污腐败是中国发展过程中面临的重大困扰。设计要关注到社会中不同阶层的诉求和他们之间的关系；第三个层面是从关乎人类社会持久发展的“长远问题”的角度去思考设计的深层使命，在逐渐解决人类可持续发展的难题中寻找现实的方法和措施。其中第二层面的问题最具现实的迫切性，而设计在很大程度上能够对避免剧烈的社会动荡起作用。但我看到的大多数设计，仍停留在第一层面，有些甚至还加剧了第二层面的问题的矛盾。

设计师的责任

在设计中，决策者掌握资源，而设计师也是决策者之一。

作为一个职业群体，设计师人数越来越多，他们在国家建设的工作中扮演重要的角色，很大程度上影响着决策者的决定，这当中也包括政府的重要措施。可以说，人类历史上没有哪个时代有如此多的设计师介入人们生活中的方方面面。担任的角色越重要，肩负的责任就越大。

在大学的课堂上，我不止一次地向未来的设计师灌输“责任”的含义。但每次看到刚到公司上班的年轻设计师拿着简陋的早餐——用塑料袋打包的小笼包，有时是快餐盒装着的肠粉匆匆忙忙地赶着上班，且常常充满郁闷：设计该怎么做，为什么一味地加班，生活却没有很大的改观。我心想，他们还为生计而发愁，“责任”对他们来说意味着什么？

“责任”这个对大多数人来讲并不陌生的词语，人们对它的意义的理解其实十分空洞，甚至是生疏。而与之相反，我与一些功成名就的设计师聊天，他们多不讲设计，而是谈收藏、爱好、运动。责任对他们来说有时似乎是做做慈善，例如免费帮某个乡村小学做个设计。

而我认为责任的大小一定是和获取的利益挂钩的，所以我从已成功的设计师入手，谈谈责任。

设计师群体的快速成长是从 20 世纪末改革开放开始的。几乎每一位设计师的成长都有过刚出道者经历的境况——迷惘、纠结、收入低。在改革开放的初期阶段，大量建设项目兴建，经济快速发展，专业设计师数量不多，机会也随之而来，这个时期的设计师能够轻易地得到项目。可以说在改革开放的前二十年，这批人快速成为行业的决策者。社会转型带来了机遇，同时也有大量的问题随之产生，有些问题是一直存在的，有些是新出现的，如贫富分化、社会不公、生态环境的恶化等。在经济发展占了主导地位的时候，这些问题还没成为社会的主要矛盾，或者说还没有突显。这个时期获得利益的设计师，在社会上早已成为行业中的老行尊，而六七十年代出生的设计师现在也已成为设计行业的顶层人物，他们取得了各方面的成就，包括名与利。

在分层化、分利化与世俗化三大现代化因素的深刻影响之下，设计师对其价值观、人生观与知识分子所承担的社会功能的认识都有所改变。[1]世俗化追求效果最大化，以此为目的的思维方式与价值取向，也会瓦解以信仰为基础的崇高感与道义感。

萧功秦先生在《中国的大转型：从发展政治学看中国变革》中谈到知识分子的基本特点，很适合用来概括精英设计师的特点："有较多的知识，能运用知识进行思考与比较；对身边的事物有比别人更强烈的敏感性；比一般人更能敏锐地发现社会面临的困境与矛盾，并力求运用他的知识；对他所发现的问题与矛盾在学理层面上做出独立的判断与解释，并向世人提出他所认为合理的解决与选择。他具有一种超越感，总是追求一种更为完满的社会理想，并以这种他认定的理想为尺度，来衡量自己所处的社会现实。基于这种道德激情，他总觉得自己对社会有责任，社会上的问题与他有关，他总是要超越自己的职业角色与地位，运用自己的知识与思想，去为社会的问题与困境谋求解决之道。而最重要的一点，是精英人士有强烈的个体意识。"[2]

无可置疑，这一角色的众多要求，决定了精英人士大多是在顶层中产生的。

在顶层之外，大量处于底层的设计人员、对未来之走向（或自己的前途）迷惘的人，他们心情复杂，却有获利的向往，同时又愤世嫉俗，容易受各种因素影响。而刚从事设计工作包括正在学习设计专业的人比以往都要多，这和中国处于建设的高峰期不无关系。要证明这一点，我只需要对身边的学生做一次统计就可以说明问题。我所任教的大学开设的环境设计专业，2010 级学生为 4 个班，共 120 人，2011 级也有 120 人。而到了 2012 年就有 5 个班，为 150 人，2013 年新招的学生亦为 5 个班。统计下来这个专业在校生就有 500 多人。这说明学设计人员数量增多，并有上升的趋势。全国各大院校几乎都开设有这个专业（或与之相近，只是名称不一样）。这批准设计师有着自己的理想，但在交谈中会发现，他们普遍在现实中感到迷惘和困惑，甚至没有未来的设计必将由他们去创造的自信。

也有处在中层的设计师，带着自己刚起步的团队，或在设计公司干着相对稳定的管理工作，一边在为交图稿忙得焦头烂额，一边还为业务的来源而奔波，而人力资源成本的增加也常常让他发愁。同行的竞争，特别是来自国外设计师的冲击，令他对发展几乎倾注了全部的精力。基于设计师所从事的工作的性质，无可置疑，设计师是担任起一种特殊作用的社会角色。他们向社会其他群体包括自己提供创意来实现其价值，并用之搭起联系人与人之间的桥梁。这样的工作性质也同时决定了设计师作为社会精英的角色，在思考问题及解决问题时就要有非普通人所能及的深谋远虑的能力。但是，在我的接触与观察中，还很难在为生计奔波的设计师身上看到这种能力。很显然，他们还不是这个群体中的精英，至少在他们所处的这个时期还不是。可以这样说，和刚入行的设计人员相比，这个阶层的设计师关心生计多于关注理想。

这样粗略地划分，就有三大设计师阶层了。

最底层的设计师，他们不仅在学校，在工作后也被当成未来的希望而被寄予厚望，当然也少不了设计大佬关于责任的教育。例如，有前辈说，"现在做设计的年轻人，还未干

---

〔1〕 萧功秦．中国的大转型：从发展政治学看中国变革．北京：新星出版社，2008：364.
〔2〕 萧功秦．中国的大转型：从发展政治学看中国变革．北京：新星出版社，2008：267，268.

几天设计，就想着转行了”，“他们对设计没有我们那时的责任心”，“老谈设计已经过时了，该谈点设计之外的事”。刚出道的设计师多从前辈那里看到他们开着豪华汽车去打高尔夫，偶尔做点慈善性的设计。他们掌握着各类评审的大权，在大赛中划分奖项名额，既占领了道义上的制高点，也站在利益的顶端。

有一次，我带几位刚出道的年轻设计师和一位客户见面，客户很有感触地说：“辛辛苦苦赚钱没有用的，该享受就享受。”我笑着对他说：“千万不要在我的设计师面前讲这样的话，钱对你来讲也许够了，但对他们来说，现在正为赚几个钱天天熬夜。”

和这个例子一样，已经在行业中获得许多利益的设计师，有时也会有意或无意地向新人灌输关于设计的上述论调。

在一次交流会上，一位资深设计师用“苦行僧”一词来形容我在河源做的覆土建筑——这个建筑以促进新住民和当地人关系为项目主旨。我对“苦行僧”这个词不甚认同，因为在实施这个项目过程中我很快乐，也获得不小的收益。我所担心的是，许多涉足设计行业不久的设计师一定会被“苦行僧”一词吓到，他们会想，设计是这么“苦逼”的事？其实，我是在这个项目中赚到了利益，我应该让他们清楚地了解这一点。

我认为，责任是理性的利己主义者所做出的选择。如果没有利己的因素在里面，仅谈付出的责任，可以肯定地讲，这只是苦行僧式的教义。而完全利己主义者往往在追逐利益最大化时，伤害别人的利益，而最终也会伤害利益最大化追逐者的利益。处于底层的设计工作者，仍处在初级利己阶段。这部分人大多是年轻人，利益获得较少，他们急于得到眼前的利益解决当前的实际问题。

面对资历尚浅的设计师，处在顶层的设计师有两个责任：一是要把他们当成社会的未来资产来培养，教会他们如何在做对社会发展有利的事情上获得利益；二是把他们当成社会的资源来守护，在早期的博弈中给予他们公平的关怀。这一切全因他们是我们未竟事业的延续和实施者。

在和同行交流的沙龙上，我讲到一个观点，一些成功的设计师到贫困地区做免费设计被认为是一件很有社会意义的事，但是当我们动不动就拿这类榜样来教育年轻的设计师——他们多是学设计的学生和刚入门的新人，并在媒体上以一种道义的高度向他们进行宣传时，他们会认为真正的设计离他们很远，因为他们当中的大多数还为如何租一个像样的房子而加班画图。成功的设计师应该向他们传授自己是如何利用设计来获得收益的经验，从而让他们更加坚信自己的选择是没有错的，进而在更深的层次上向他们传授如何在为别人着想的思维下为自己谋求更大的收益。这是一种既要为崇高信仰而付出，又要在行动中获益的良性发展循环，而非舍生取义，也不是唯利是图。要让他们逐渐认识到，有理想的设计就在他们身边，而利益也在他们理想之手能触及的地方！

在广州番禺迎宾路上有一家新开的 SPA 水疗馆——曾因像白宫而出名。室内有一个可以容纳 200 人的休息大厅，大厅的装修采用多种规格的柚木方料搭建而成，就像架子床一样特别。而更奇特的是，这些实木以卯榫结构相接，与墙体和天花分离，独立形成装饰构架。一般情况下水疗的商业项目在经营8～10年后，要么重新装修，要么改变用途。不管怎样，这些实木方料都可完好地拆下来重新利用。这批实木在休息厅里就如保存在一个恒温恒湿的仓库中，既省下了高昂的仓储费用，又能够在待其成为稀缺资源后而升值。我们可以算一下，2003 年的柚木方料市场价约为 8 000 元/立方米，到了 2013 年已涨到近30 000元/立方米，价格已是当初的数倍，10 年后说不定还可以用这批柚木的售价赚回当初的装修投资费。只需一个思路，就能在资源的使用上做到最大化，也让投资商获得加倍的回报，当然设计师也可获得不菲的设计报酬，这种“老谋深算”的方法还有很多，却不是资历尚浅的设计师轻易能想出来的。资深的设计师应该传授这类既有意义又有收益的设计思路给他们，让他们掌握未来的设计方法。

“让资历尚浅的年轻人拥有一次又一次的工作机会，万一失败了，在以‘自己要承担责任’这种觉悟的态度面对挫折时，他们就会不断成长。要教会年轻的设计师，因为我们用别人的资金来建造对此人而言可能是一生唯一的一幢建筑，所以需要我们相当的觉悟与责任感。”〔1〕这是安藤忠雄给年轻人的机会，我想在后面加一句“同时让他们学会以此来获得利益”，让他们明白，不要选择劣势策略，收益很重要。

仅仅谈从上而下的传授还是不够的，很多时候，年轻的设计师避免不了竞争和博弈，对手很可能就是资历深的设计师。在《合作的进化》中，先假设了个体之间的博弈是完全无差异的。但在现实的博弈中，对策者之间绝对的平等是不可能的，对策者在实力上有差异。刚入行的设计师，明显比资历深的设计师缺少经验、社会关系和运作的资金。

这种博弈的典型例子是设计竞赛。

香港中文大学的助理教授给我们上课，讲到他作为某专家助手参与国家某大型项目设计招标的全过程，因为政治上的因素，专家把一个本来由日本设计师胜任的方案改为法国设计师的方案。出于民族的感情和其他因素去考虑无可厚非，但不能客观判断造成的不公平会影响社会的价值取向。

接着他举了瑞士的一个例子：在一个设计竞赛中，有一个胜出的方案被全体评委一致认为是最优异的。但不久该方案被取消了资格，原因是方案优胜者认识其中的一名评委，却没有主动告知组委会。为了体现公平性，组委会最后只能忍痛割爱，选择了第二名。

难道公平性比一个作品的质量更重要？组委会的回答是肯定的。

这更多是出于保护社会的新生力量的共识。在一个成熟的国家里，资源的分配早已成型，社会关系掌握在资历深的人手上，年轻人要出头只能靠创新和才干。竞赛是最好的途径，公平是最好的保障。年轻人身上积聚着强大的力量，如果在他们展示自己能力的过程中设置人为的障碍，年轻人难以通过正常途径走向成功，这股力量会演变为对社会的不满，甚至成为破坏秩序的力量。这不仅积聚社会矛盾，而且使年轻人的创造力转化为生产力的障碍变大，进而影响国家未来的竞争力。

不公平还会带来另一种恶性循环，不成熟的参与者经历的早期交易对他们未来的影

〔1〕 安藤忠雄．建筑师安藤忠雄．龙国英，译．北京：中信出版社，2011：12.

响，可能比这些交易对成熟的参与者的影响要大得多。在博弈过程中，缺乏经验的参与者与经验丰富的参与者的互动是不对等的，他们特别容易被欺负，随着经验逐渐丰富，他们获得了对可能性的背叛更真实的印象，从而更成功地参与博弈，这种不公平的经历，常常让他们最后也成为欺凌弱小者。

当公平、正义的社会责任由强者来维护，由资历深的人去践行，它就潜移默化地扎根在年轻人的心里。

这就好比斑马线前主动让行，反映了群体中背叛的可能性可以被合作的经验所削弱，因为先前的博弈建立了信任，这种信任应该先由强者来树立。

有一点要注意，在第一次合作中，强者总是比弱势的人具备更多的能力，在被背叛后，强者可能会做出宽容性的报复，而一旦由弱势的人对被背叛进行报复，则往往是歇斯底里和致命的。因此，处在顶层的设计师，应该向年轻设计师迈出“绝不主动背叛的一步”。

每年都会有大量的学生到我的公司实习，我也非常赞同安藤忠雄先生的这句话：“我认为，必须将身负未来的学生，当成社会的贵重资产来守护与培养。”〔1〕

〔1〕 安藤忠雄．建筑师安藤忠雄．龙国英，译．北京：中信出版社，2011：16.

山包上的建筑

现代主义大师伦佐・皮亚诺（Renzo Piano）[1]设计的保罗・克利（Paul Klee）博物馆对我的设计有很大的影响。博物馆建在平缓的山坡上，我亲切地称之为“山包建筑”。（图 1）初次认识皮亚诺的建筑，是在瑞士学习的一个星期六，课程安排是参观伯尔尼郊外的保罗・克利博物馆建筑。该馆如此命名是由于保罗・克利[2]约 40% 的绘画作品被收藏于此。

王受之[3]先生的博文《前卫却不极端——谈谈伦佐・皮亚诺》生动地介绍了皮亚诺先生的谦虚和睿智。王先生的文章总是能通过一些细节讲述设计的事，因此生动有趣，能够吸引读者。

王先生在文中讲述库哈斯[4]和皮亚诺两位建筑师关于 20 世纪 90 年代纽约惠特尼博物馆扩建与设计的故事。惠特尼博物馆是现代主义建筑大师马塞尔・布劳耶（Marcel Breuer）[5]设计的，落成于 1966 年，是粗野主义的经典作品，在建筑史中有里程碑的意义。由于库哈斯的影响力，惠特尼的馆长找到了库哈斯。库哈斯的方案是打算建造一幢高大的新楼，把惠特尼博物馆老建筑完全压倒，建筑总造价约为 2 亿美元。由于 1997 年经济衰退导致资金不足，博物馆希望库哈斯重新考虑方案，但库哈斯坚决不让步。董事会于是找到皮亚诺。皮亚诺的方案是一个九层楼高的金属盒子，用玻璃通道与布劳耶设计的老博物馆建筑相连。这个方案优雅、内敛、包容，无须借助怀旧装饰而表现出稳健的气息，很快就得到惠特尼博物馆的肯定。2011 年 5 月，皮亚诺设计的纽约惠特尼艺术博物馆新馆

---

〔1〕伦佐・皮亚诺，1937 年出生在意大利热那亚，目前仍生活并工作于这一古城。当代著名建筑师。1998 年获第二十届普利兹克奖。1971—1977 年，他与理查德・罗杰斯共事，其间最著名的作品为巴黎的蓬皮杜艺术中心。

〔2〕保罗・克利（1879—1940），最富诗意的造型大师。代表作品有《亚热风景》《老人像》等。

〔3〕王受之，设计理论家。80 年代初执教于广州美术学院。现在美国最高设计学府——位于洛杉矶大都会的艺术中心设计学院任教授，是汕头大学长江艺术与设计学院院长。编有《世界现代设计史》《世界平面设计史》。

〔4〕雷姆・库哈斯（Rem Koolhaas），1944 年出生于荷兰鹿特丹，为荷兰建筑师。2000 年获得第二十二届普利兹克奖。在中国，他设计了中央电视台的新大楼。

〔5〕马塞尔・布劳耶（1902—1981），出生于匈牙利，1920 年曾在维也纳艺术学院学习，后来成为包豪斯的第一期学生，毕业后任包豪斯家具部门的教师，主持家具车间设计。在那里，布劳耶充分利用材料的特性，创造了一系列简洁、轻巧、功能化并适于批量生产的钢管椅，造型轻巧优雅，结构简单，成为他对 20 世纪现代设计做出的最大贡献。

破土动工。这个设计方案造价是 7 000 多万美元，只是库哈斯方案造价的 1/3 而已。

在大多数设计师的眼里，设计总是强势的。没有标准可以衡量怎样才算是强势的设计，但我们可以从许多案例中去了解和思考，从而找到答案。

还是从库哈斯和皮亚诺的再一次交锋——竞争美国布洛德博物馆洛杉矶当代艺术博物馆（布洛德当代艺术馆）[1]项目的故事开始。库哈斯设计的方案是要将现存的博物馆建筑全部推倒铲平，重建一个全新的博物馆。这个方案造价很高，整个博物馆建筑费用要 3 亿美元以上，超出捐款的好多倍。和库哈斯的方案相比，皮亚诺的方案并不提倡拆除现有的博物馆建筑，仅仅提出增加一幢新建筑，并通过重新规划将原有博物馆几个分散建筑连成一体，这样一来成本也比较低。当时是解构主义全盛时期，库哈斯的设计走的是解构主义方向，大家对解构主义的建筑师都有点另眼相看，不管多么古怪的建筑，都先肯定了再说，加上弗兰克·盖里（Frank Owen Gehry）[2] 这批解构主义大师都在洛杉矶，如果一个当代艺术博物馆做得不够前卫，会遭受评论界批评，因此许多人建议即使再贵也选择库哈斯的设计方案。

库哈斯到洛杉矶艺术博物馆提交方案的时候，颐指气使，傲慢自大，出言不逊，熟悉他的人知道，库哈斯走到哪里就要“铲平”哪里，将一切推倒重来，让人们接受他的“文化教育”是他经常挂在嘴边的话语。而皮亚诺则细声细气、娓娓道来，与库哈斯形成很鲜明的对照。经过几轮介绍，董事会最终决定选用皮亚诺的方案。用《洛杉矶时报》的建筑评论专栏作家克里斯多佛·豪索恩的话来说，“是对手的傲慢和轻率，以及刺耳的言行成就了他”。在和库哈斯造价昂贵的“强势”设计较量中，皮亚诺之所以能够胜出，一个重要原因是他个性沉稳，举止优雅，尊重客户和合作者，容易与人相处和共事。[3]

接下来要谈的案例在设计史上有着重要的地位，一个被后现代主义用来宣布现代主义的死亡，一个标志着现代主义走向国际主义。

1951 年，美国世贸大厦的设计者、著名设计师山崎实（Yamasaki）[4] 为美国圣路易斯（Saint Louis）设计低收入住宅群“普鲁蒂—艾戈”（Pruitt-Igoe），在设计中为了表达设计师对现代主义精神的坚定立场，采用了典型现代主义的建筑方法，否定装饰，突出功能主义特征，以预制构件和简单的工业材料为主，特别是混凝土、玻璃和钢材，使这一批九层楼高的建筑具有一种冷漠到极点的形式特点。建筑群落工整有致、毫无情感，好像监狱一样。建成后二十年，入住率不到 30%，连流浪汉也厌恶居住在内。1972 年 7 月 15 日，因其完全不符合用户的需求而被拆毁。（图 2）这一著名而又极端的案例就很典型地说明

---

〔1〕 布洛德博物馆（Broad Museum）坐落于洛杉矶市中心，于 2015 年 9 月份开始对外开放，这是一个崭新的现代艺术博物馆，收藏了 250 多个大师级的作品。这个博物馆由慈善家及艺术收藏家 Eli Broad 和 Edythe Broad 夫妇筹办，共耗资 1.4 亿美元，他们拥有 40 多年的收藏经历，其收藏及展出的作品是现代艺术的顶尖级作品。

〔2〕 弗兰克·盖里，1929 年 2 月 28 日生于加拿大多伦多的一个犹太人家庭，17 岁移民美国加利福尼亚，成为当代著名的解构主义建筑师，以设计具有奇特、不规则的曲线造型、雕塑般外观的建筑而著称。

〔3〕 参见 http：//blog. sina. com. cn/s/blog_ 4bdabb4901018fha. html。

〔4〕 山崎实，美国重要的现代主义、国际主义建筑设计代表人物，在设计上深受密斯的影响。

了现代主义存在的问题："人"只能被动地成为设计的接收者，其概念被一体化，多样化的需求被忽视，因而生活的多种可能性一部分被设计师的主观意志所剥夺。[1]

山崎实的设计很大程度受路德维希·密斯·范德罗（Ludwig Mies Vander Rohe）[2] 的影响。密斯是现代主义设计的先驱者之一，1945 年至 1950 年其为女医生艾迪斯·范斯沃斯（Eddis Farnsworth）设计的住宅是一个架空的玻璃盖子、大开窗玻璃，室内无任何装饰。单调的几何形体，彻底的"少即是多"理论的体现，令这个玻璃住宅毫无私隐可言。（图3）这个建筑是一个长方形的玻璃盒子，宽 8.5 米，长 23.5 米，内部仅设计了一个小小的封闭中心，把浴室、厕所这些设施放在里面，其他地方全部是敞开的。8 根钢柱支撑整个建筑，巨大的玻璃幕墙，使人在外面看建筑时完全可以一览无余，简单到无以复加的地步。

当业主向密斯提出改进时，密斯坚决不让步，为此，业主将密斯告上了法庭。但是这个建筑无疑是密斯的国际主义风格达到一个新高度的标志，"少就是多"的原则体现得极为清晰，因此，也标志着现代主义建筑向国际主义风格的转变。

强势设计的副作用——现代主义走到了它的相反方向，减少主义成为核心内容，它像病毒一样蔓延西方世界，造成社会中的年青一代开始对现代主义、国际主义设计逐渐产生不满情绪。[3] 这些著名而又极端的案例就很典型地说明了强势设计隐藏着主观化和机械化的危险性。现代主义的大师们常常主观地认为，他们所要创造的世界就是未来的世界。但这只是部分事实。普鲁蒂—艾戈住宅的最终命运已经回答了这一问题。

图1 位于伯尔尼的保罗·克利博物馆

〔1〕参见周博《现代设计运动中的道德话语》。

〔2〕路德维希·密斯·范德罗（1886—1969），德国建筑师。"少就是多"（less is more）是密斯最经典的语录，意味着最经济的原则、最简洁的构造、最简单的结构体系、最简约的空间形式。

〔3〕到60年代末70年代初，世界的大都会几乎变得一模一样，设计探索多元化的努力消失了，被追求单一化的国际主义设计取代。所有的商业中心都是玻璃幕墙、体现立体主义和减少主义的高楼大厦、简单而单调的平面设计、缺乏人情味的家具和工业用品，原来变化多端、多种多样的设计风格被单一的国际主义风格取而代之，不但使用者的需求被漠视，就连简单的使用需求也没有得到满足。这种状况造成社会中的年青一代开始对现代主义、国际主义设计逐渐产生不满情绪，这种广泛的不满倾向，是国际主义设计逐渐式微的主因。参见王受之《国际主义设计运动的衰退》。

在国内，有设计师在帮业主设计住宅的时候，常把国外一些极端个性的设计作为参照的蓝本向业主推荐。这些形式感强的图片被广泛传播，成为年轻设计师崇尚的典范。然而，在一个家居的设计中，你如果不能耐心地倾听女主人对生活的抱怨，对满足繁杂家居生活细节的要求，你是设计不出一个真正好住的房子的。而女主人的唠叨基本都是关于怎么方便擦窗格上的灰尘，怎样把入门后的鞋子摆放得既好看又容易再穿上，厨房能不能放下更多的碗碟……你要把她的房子变成一件作品的伟大想法就暂且放在一边吧。

回到伯尔尼“山包建筑”的参观环节。负责带我们参观的导游叫多博斯，是一位建筑师和城市规划师。他在保罗·克利博物馆工作的主要原因是倾慕皮亚诺的设计。这位略为执拗的专业导游把我们带到建筑后面的山坡上，说：“皮亚诺是从这里开始设计的。”

建筑在 1998 年开始筹划，于 2001 年至 2005 年建造。皮亚诺多次来到现场的小山坡。这种小山坡是伯尔尼典型的地貌。皮亚诺不希望在这里建一个突兀在大地上的建筑，而是顺应地势，在这里建造一个与周边地貌相符的建筑。（图 4）

皮亚诺为自己的设计作了这样的注解：“克利是 20 世纪最多产也是全能的艺术家之一。他的天分是多方面的，因此很容易引起误解——似乎你可以任意地选择一种方式来理解他。克利曾是建筑学校一位多才多艺的教师。他的课并不是把所有的艺术形式混在一起，而是让不同的艺术形式相互深入、相互浸润，其中潜藏着诗一样的含义。在克利的作品里，你能找到任何你想要的东西，很深刻，也很复杂。因此我们有了这样的想法：宁愿找一个地方，挖地破土，创造出一件‘地景艺术’作品，而不只是建一幢高楼。”〔1〕

在现场，可以看到山坡上的植物沿着建筑波浪形的结构向上生长，逐渐模糊了建筑与大地的边界。建筑是建筑师的镜子，建筑师的个性往往在具有地标性的建筑上表现得淋漓尽致。从皮亚诺设计的保罗·克利博物馆，可以想象到他是一个谦虚和睿智的人。

对“山包建筑”的参观学习，让我受益匪浅。

〔1〕 参见 http：//www. archreport. com. cn/show -6 -3102 -1 html。

图2　1972 年 7 月 15 日下午 14：45，随着几声巨大的爆炸声响，“普鲁蒂—艾戈”在浓烟中消失了。1977 年，美国建筑评论家詹克斯出版了一本书——《后现代主义建筑语言》。在这本书中，詹克斯说：“现代建筑于 1972 年 7 月 15 日 3 时 32 分在美国密苏里州圣路易斯城死去……”（图片来自于网络）

图 3　范斯沃斯住宅（图片来自于网络）

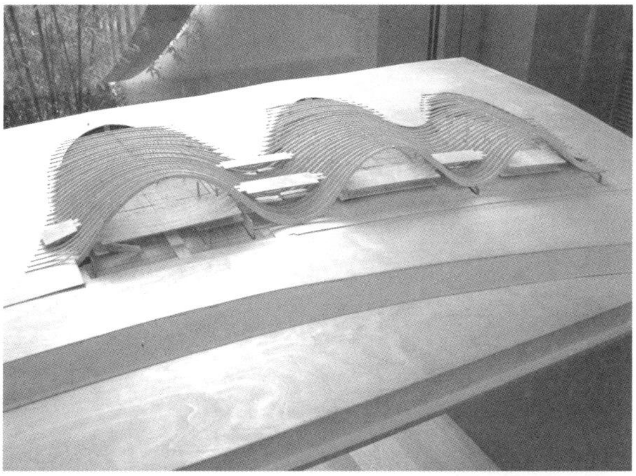

图4　保罗·克利博物馆建成后像三个连绵的小山包，通过一条被称作“博物馆大街”的150米长的通道相连，很好地融入了当地自然景观。皮亚诺把它命名为“风景雕塑”

夹缝中求存

瑞士的学习课程中，有一门关于保护和发展的谈判课（Negotiating Conservation and Development），课堂上以阿尔卑斯山地区是否申请联合国世界遗产的谈判为例，详细介绍了经历数年之久的谈判过程。谈判的双方是阿尔卑斯山当地的大多数人和少数人。认为申遗有利的一方，人数上占绝对优势，但在整个谈判中并没有以强压弱，而是通过六年漫长的谈判来达成共识，共识中包括大多数人的妥协让步。上课的专家是瑞士外交部的官员，曾在阿富汗与塔利班组织进行过谈判。他谈到谈判的核心是共赢，而为了达到这一目标，学会妥协就很重要。例如在英国的大革命中，贵族阶层主动地做出了妥协，避免了法国大革命中贵族被屠杀的下场。

在一个讲究和谐共处的社会里，要做到多方利益的平衡，妥协无疑是谈判中最有效的方法。2010 年 12 月，与《广东建设报》的主编聊起旧城改造，她说，旧城改造的话题现在是老生常谈，没有什么新意，要谈就要找一个新的切入点。于是我从妥协的话题谈到了广州忠佑广场的改造。

广州的中山路，原名惠爱街，20 世纪 40 年代后期，它们分别被命名为中山二路至中山七路。中山路的两厢原来是完整的骑楼街，在城市建设中大部分已被拆掉，只剩下中山六路的一段保存得较完整。（图 1）对于旧城改造，我有特殊的感情，一是看到旧貌变新颜，心里总有说不出的喜悦；二是从 2001 年开始，我就一直在做旧城改造的设计，看到广州的逐年变化，也看到包括政府在内的各方对旧城改造的思路的转变和方法的成熟过程。对我来讲，这是很宝贵的经验。

在中山路的改造工程中，位于中山四路与文德路交汇处的忠佑广场是中山路旧城区难得的公共开阔地，也是改造的重要节点。广场宽约 50 米，进深约 40 米。从地形上看，这个处在闹市区的空地被周边高大的建筑挤成狭窄的 L 形。在狭窄之处聚集着两大文物单位，一是北边的广州城隍庙，一是西边的南越王宫博物馆（图 2）。在广场的东边，还有一个名叫信德大厦的商业综合体。（图 3）忠佑广场无论在城市空间格局上还是历史文脉上都有着重要地位，在旧城改造中又是矛盾最激烈的地方，“夹缝”一词可用来形容其尴尬处境。（图 4）

设计从 2009 年 6 月开始，一直到 2010 年 10 月才最终确定方案，最后的施工工期仅有一个多月。当然，城隍庙建筑的修复与南越王宫博物馆的建设早已如火如荼地进行。而关于广场环境的设计已是几易其稿，信德大厦面向广场的一面素墙也还未进行墙面装饰，由于其尺度高、面积大，该如何装饰成为争议的焦点。

争议是这样的：①南越王宫博物馆一方，由于博物馆建筑的外立面材料是产自广东的一种红色的砂岩，所以希望该面素墙能与其建筑相呼应，贴上红色的砂岩材料；（图 5）②城隍庙一方，因为与这面素墙相邻，则要求该素墙贴上青砖，体现明清建筑风格；（图 6）③设计方提供的方案是采用垂直绿化的方式美化整个墙面；④信德大厦一方，上述 3 个方案都不想要，认为最好能开窗，首层做商业铺面。

方案在领导、专家和业主之间多次评审，三家单位在评审会上都坚持自己的诉求，最终也没有结果。

与以往的做法不一样，在这个案例中，我看到一个积极的转变，作为在旧城改造中往往被认为是强势一方的政府部门，在广州为迎亚运而进行城市改造的背景下，当出现多方不同利益的诉求和处于胶着局面时，并没有用以势压人的态度去命令或强制执行政府意志，而是与设计方一道扮演协调者的角色，以审慎的态度去处理事情。有许多例子告诉我们，如果政府以强势的态度去解决一些社会性问题，实际收效往往与初衷大相径庭，如北京奥运期间单双号限行和奥运后继续推出的“五限一”政策。然而，限行后北京的购车量猛增，全城范围大塞车。为什么在大多数市民的眼里再简单不过的道理——限行后就再买一辆车，相关部门却失去了基本的判断呢？一个很重要的原因是，推出限行令的是政府部门，他们做出了强势的决定。但事情发展具有复杂和不可预测的一面，可以说，强势的一方往往会将他们认为的有利因素放大而忽视不利因素，寻找更多解决方法的积极意愿也不高。

2010 年 10 月的某一天，离亚运会的开幕式不到 60 天，职能部门的领导再一次把城隍庙、博物馆、商业大厦的负责人和设计方召集起来讨论方案。

这次职能部门组织的多方讨论会似乎又陷入了僵局。这时，设计方提议到现场再走一次。在现场，设计师综合了多方意见，观察了熟悉的场景，向大家提出一个方案：根据信德大厦正立面的浅灰色调，采用浅灰色外墙漆将素墙大面积粉刷，并阴刻与正立面铝塑板勾缝线相似的装饰线。面向广场的墙面在离地面 2.4 米高的范围内，则采用青砖灰瓦围墙，再在周边种上植物。（图 7）

简单的一个方案，让在场的领导和各方欣然接受。修改后的方案报给上级领导，也很快得到批复。

大家会提出疑问：这个方案没有满足博物馆的要求，博物馆一方为什么会同意？

要回答这个问题，我想引用瑞士课程学习中关于谈判的一些要点：①面对面的沟通是最有效的；②在现场的沟通可以让对方认清现实；③让对方意识到你在帮助他；④有时让局面变得更坏，各方才会放下坚守的原则，妥协才能成为大家可能的选择；⑤要留有挽回的空间。

图 1　广州市中山六路骑楼群

图 2　南越王宫博物馆中的宫署遗址（图片来自于网络）

图 3　左图中的高楼为信德大厦，白墙部分为大厦裙楼。右图为城隍庙原状

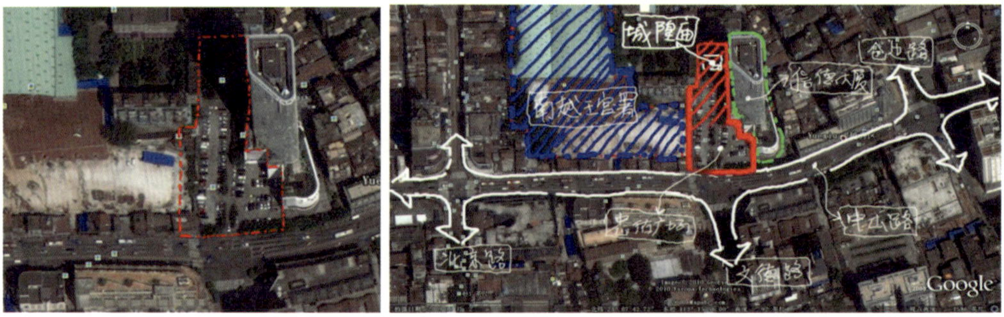

图 4　改造前，忠佑广场这块不大的狭长空地（狭长范围）一直被用作停车场。西边是正在建设的南越王宫博物馆，东边是信德大厦，在大厦阴影下的是广州城隍庙（图片来源：谷歌地图）

在新方案中，商业大厦得到好处，墙面的装饰是以大厦的色调为基准的，而在人们平视范围内的青砖瓦墙与城隍庙建筑浑然一体。至于南越王宫博物馆，设计方在现场说："我会在浅灰色中加入一点蓝，和浅蓝的天空一起，成为博物馆建筑的背景色，这样就能把红色砂岩纯粹的一面显露出来。"三方体会到新方案对自己的尊重，最后都放下原来的坚持。负责项目的相关职能部门也因为新方案施工难度小，可以保证在最后的时间点完成而得到好处。

这个方案在项目早期的时候也曾提过，但当时没有一方留意。直到事情变得越来越糟糕，离开幕式越来越近，可以实施的时间逐渐减少，加之各方都已筋疲力尽，才发现最简单的方案，是大家都能接受的、最合适的方案。

在南越王宫博物馆南面还有一排临街的骑楼群，被列入南越王宫的范围，因为挡住了博物馆，在规划中是要拆除的。关于骑楼群的拆与留，在亚运会前反复讨论了几次。南越王宫博物馆内是广州千年的文物遗址，其重要性让建筑师显露出强势的排他性：把周边原有的建筑拆除，把博物馆完整地展现在人们的面前。（图 8）

然而，新建的博物馆建筑为什么不可以谦虚一些，如皮亚诺的"山包建筑"一样把自己融在环境中呢？作为强势的博物馆一方，最终在后来的规划中做了妥协。原本挡住博物馆的骑楼群被悉数保留。在 2013 年 10 月召开的广州市文博会上，确定了将该骑楼群作为与博物馆同时存在的文化休闲空间而加以活化。

在雅典城，地下几乎遍布几千年前的文物。除了地表显露的遗址，在城市的建设当中常常发现有地下文物。当地政府要求用玻璃把文物盖起来，形成地下式遗址展示，上面仍留给当代人使用。在瑞士伯尔尼新建的火车站里，几百年前的城墙根遗址仅仅是用玻璃罩住，和咖啡店、商场融在一起，成为生活中的一部分。（图 9）

在一次关于城市广场的课程中，我带的学生针对南越王宫的案例做了新的方案。有一组学生在遗址上建了一座覆土建筑，尽管是课程作业，也不乏为一个好的思路：让文物继续留在底下供人们参观和研究，上面建成供周围市民休憩的城市公园。这是一种活在当下的解读方式。

"但是，设计师的妥协是否让其专业精神打了折扣？"有人提出这样的疑问，"现代主义大师密斯不正是因为坚持才让范斯沃斯住宅成为现代主义的经典之作吗？如果他向业主妥协，就成不了大师。"

在大多数设计师的眼里，设计总是强悍的，设计师为了坚持自己的方案总是执着的，许多大师为了坚持理念甚至达到近乎疯狂的状态，这些事例让无数设计入门者为之感动。

对于这个尖锐而有趣的话题，我们可以从以下几个例子谈起。

安藤忠雄曾在中国设计了一个美术馆——大都美术馆，由于对清水混凝土的严格要求，国内的施工单位在尝试后发现达不到要求，最后只能请德国的队伍施工。我想，为什么安藤先生在设计的时候不考虑中国施工队的现实水平，将设计基于现状去考虑呢？据说扎哈 · 哈迪德（Zaha Hadid）的设计以难实现著称，她的设计有 50% 由于难度大和投资大而不能实现。为此，我曾在博文中也对扎哈·哈迪德的设计问题表达了不满。广州歌剧院就是超预算的一个例子。

广州歌剧院于2012年落成并投入使用，其独特圆润的“双砾”造型获得了不少好评。（图10）与传统的建筑不一样，广州歌剧院建筑没有一根垂直的柱子，被称为最复杂的歌剧院。（图11）其结构形式在世界建筑史上找不到任何可以借鉴的案例。但广州歌剧院的施工和质量问题也一直是外界关注的焦点。据广州的媒体报道，广州歌剧院建成不到5个月就问题频出。有人认为是施工方的责任，而承建方认为出现种种质量问题是因为“设计太复杂，施工太复杂”。有专家质疑承建方，认为既然中标了，就肯定提出过技术标书，能提出技术标书，说明已经想好了实现设计方案的各种技术手段了，为什么在出了问题之后才来埋怨设计太复杂呢？《南方都市报》曾就这个问题对扎哈进行采访：

南方都市报：由于歌剧院造型独特，施工单位认为“设计太复杂”导致施工比较困难，因而出现纰漏。身为设计者，你怎么看待这样的问题？

扎哈：我觉得施工是工程师的工作，他们是专业的技术人员，如果他们不能完成，那么他们应该找人帮忙。工程师应该去协助设计师完成（建筑作品），而不是由设计师来协助工程师。[1]

从最初规划工程总造价的8.5亿元（不含地价）追加到2009年实际工程总造价的13.8亿元，虽然这在扎哈设计的项目中不算高的，但对于一个仅有两个剧场、座位数才2 200个的市政项目来说太贵了。如果拿中国大剧院作比较，广州歌剧院的造价是它的一半，但是按建筑面积来算的话，国家大剧院每平方米约1.8万的造价其实比广州歌剧院每平方米近1.93万的造价还低一些。让造价大幅度提升的一个原因是异形结构非常复杂，第一批金属网状结构部件在工厂放样加工后，到现场拼装时出现尺寸误差，这批结构部件只能全部作废。在首次安装失败后，工程师们总结经验，新的网架结构部件加工成型后先在工厂预拼装，发现问题及时调校。准确无误的成品运到现场后，再在空地上组装成一定面积的模块，然后通过大型吊装设备进行安装。

正如扎哈在采访时所回答的：“就设计本身而言，我一直都坚持原则，我不会因预算而妥协。”因此最后广州歌剧院大大超出预算。

贝聿铭[2]在法国罗浮宫扩建的工程设计中，采用玻璃和钢结构建成通透的金字塔。按照其设计，钢结构网格要比现在完成的大，因此也更通透。但这样做要选用优质钢材。法国国内还没有这种钢材，必须从德国进口，造价也会比较昂贵。最终，法国人选用了自己国家的钢材，网格也因此变密了。

---

〔1〕扎哈·哈迪德回应广州大剧院工程纰漏问题．南方都市报，2011－03－01.

〔2〕贝聿铭，美籍华人建筑师，1917年生于广州，1983年获普利兹克建筑奖。代表作品如中国香港中国银行大厦、苏州博物馆。

图 5　方案一：贴上红色的砂岩材料

图 6　方案二：贴上青砖，体现明清建筑风格

图 7　被粉刷成蓝灰色的大厦裙楼墙面

图 8　南越王宫博物馆南面的临街骑楼群

图 9　瑞士伯尔尼城墙根遗址

图 10　广州歌剧院造型

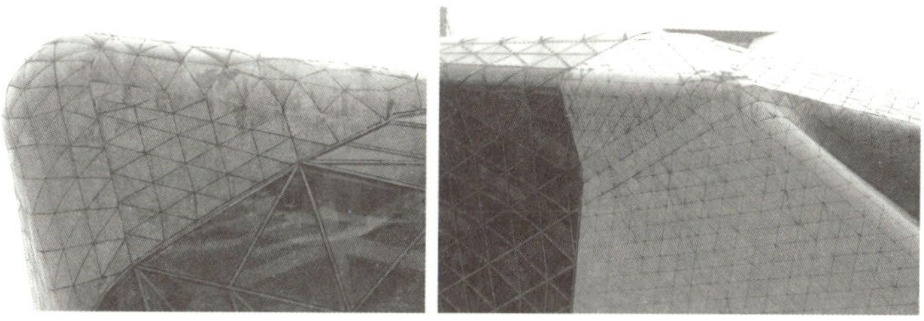

图 11　广州歌剧院的独特造型

在列举了这么多设计师后，从他们对业主和限制条件的态度上考虑，我简单地将之归纳成两类：一类是谦虚的设计，一类是强势的设计。前者以兼收并蓄的态度创造了另一种可能，他们存在于现实，有如方形的建筑在大地上的布局。从古至今，世界上大多数房子是（或接近）方形的，它们之间的空隙可以尽可能地缩小，这是土地利用最大化的结果。后者用坚定的态度突破人类建造的可能，就如多边和异形的建筑，显然不是遵循这一结果的产物，但它提供给人们更多的浪漫、遐想。

当我到广州歌剧院听了几场音乐会并听到人们对它的赞扬时，竟逐渐接受了这座“双砾”建筑——尽管它的施工质量存在瑕疵。一个最大的理由是，它为广州的旅游带来很好的增长点。

但即使是这样，我仍然会为此有些忧心。问题在哪里？

2007 年，我在内地某市承担的大型城市景观项目的设计工作已经开展快五年，突然有一天，规划部门通知：“新来的市领导认为方案国际性不够，希望你们能用代表国际水平的设计来提升亮点。”

我们和当地的设计院一起对这个项目研究了五年，从概念设计到一步步与限制条件接轨，经过无数轮的专家和部门评审，方案已被大家所认同，正要进入实施阶段，收到通知后一时不知所措。

还是当地人为我们出了个主意：“你们找个外国设计师参与到项目中来，并向市长作个汇报。”

于是找了一位在广州工作的美国设计师，考虑到报酬成本，我们请的是一位名不见经传的设计师。得知他不会听或讲中文，反而更放心了。于是带他去向市长汇报。在市长办公室的汇报非常顺利，首先因为有这位外国友人，我们受到了很好的礼遇。美国设计师用流利的英文讲他对方案的看法，由我用流利的中文向市长翻译，而我讲的都是曾经在无数次评审会中陈述的设计构思和实施思路，最后新市长提了几点意见，比较满意地接受了方案。美国设计师的露面是关键的。

“违反科学、民主决策精神的权力决策机制，正是造成当前建设领域种种乱象的根源。”在 2013 年 11 月 22 日召开的“中国当代建筑设计发展战略”国际高端论坛上，中国工程院院士程泰宁指出：“山寨建筑、方圆大厦以及那些贪大、求洋、高标准的建筑怎么会出笼？舆论特别关注的鬼城现象，以及破坏城市历史文脉的大拆大建的恶劣案例又为什么会不断发生？所有这些最初的创意和最后的决策往往都出自各级领导，特别是主要领导。”

从设计本身来说，强势与谦虚只是两种不同的思路，库哈斯、扎哈的建筑没有错。而问题是，作为主导中国市场的最大客户——领导阶层，常常为了某种需要而选择短期和能够显而易见出政绩的模式。以城市建设为例，在新建设的城市里，没有大树怎么办？那就从外面移过来，一个城市这样做，另一个城市也跟着效仿，很快形成效应。当各个城市都移大树来种植时，有的城市已经开始从域外移来大家没见过的物种，以满足人们的审美情趣。2002 年 11 月，北京天安门广场 15 棵新栽的丝葵、棕榈等棕榈科热带植物的根部周围被埋入电加热线圈。这次抗寒施工是为了让南方的植物可以在北京过冬。树木专家们形象地比喻，穿上这些“电热靴”，这些生长在长江以南的大树就能经受得起寒风的吹拂了。[1] 他们只关心种什么树，而不关心这块土壤。因为种一棵树是短时间可以完成的，而土壤的培育则要几代人的时间。

主要领导的一念，往往能够使规划设计意图和项目的存废产生改变。从官方的招标项目开始，就以追求新奇、高科技作为竞标和评判的倾向，而外国设计师的作品最易受到青睐。从鸟蛋、鸟巢、大裤衩等建筑开始，官方的取向、媒体的报道，加快了这类建筑向客户的宣传，客户看惯了这类建筑后，反过来又要求设计师提交这样的设计。官方、媒体、客户、设计师之间不断地加强了这种审美取向从而让更多的年轻设计师以为未来的设计就是如鸟蛋一样的建筑。

当前，已经不仅是北京、上海、广州，新兴的城市对这类新奇的建筑也大量地进行模仿，许多正在设计或已开工的建筑，当中有扭纹、千层浪、马桶圈、玉璧、尖刀、石块、烟花、馒头、裤衩，只要能抢眼球，甚至像一堆狗屎一样也可以理所当然地成为一个方案。高科技、新奇的建筑本身就是一种实验，它的意义在于突破和尝试，设计师在尝试当中表现出执着，在一定程度上把实验的成果推向一定高度，这也是突破的必要条件，对人类的发展是有意义的。同时我们也看到这类建筑属于实验的性质，为了避免代价昂贵的冒险，人类追求利益最大化的本能会理性地将这类实验控制在适度的量上。

而上文所列现象显示，本应严格控制在适度范围的实验性项目正被疯狂助长，短时间内正在膨胀。掌握话语权的人失去了控制风险的理性，在鼓励实验的时候漠视风险的增加。而让风险进一步加大的推力是大众的态度，有时甚至是被迫地取悦于实验，以实验性著称的设计师毫不费劲地以“创新”绑架了大众。

在客户的纵容下，标榜着要把中国带向未来的实验性建筑，已经有了强势设计的嫌疑。

“这又怎么样呢?”有人这样质问，“技术的进步是全人类的。”

这一点没有错，但所谓先进的技术在应用的时候也会有代价的。德国大众汽车在中国率先把 DSG 双离合器技术在量产车上应用，并以领先于其他对手作为宣传点。但不久，在使用过程中纷纷出现离合器故障，这一技术在欧洲的使用是比较稳定的，为什么在中国出现大量的问题?原因在于中国的路况和驾驶习惯，汽车长时间低速行驶，导致离合器过热。这几年，大众在中国被离合器事件搞得焦头烂额。其实奔驰、宝马等车厂也在研究双离合技术，但他们只是小范围地应用，为了质量和声誉，严格控制住抢先试行的欲望，没有贸然地大量投入使用。

这个汽车界的例子可以给我们一些启示，一窝蜂兴建这类高科技建筑，也不例外地要面对技术不成熟，或者设计陌生化、不具备条件等因素所产生的副作用。由于建筑体量庞

---

〔1〕 南方植物北京越冬　天安门广场棕榈树穿上“电热靴”. http://www.chinanews.com/2002-11-02/26/239284.html.

大，在中国经济发展不平衡和贫富分化严重的情况下，有时还要面对超预算地投入资金、高昂的日常维护费用和能源消耗等问题。一旦受某种需求推动，所谓的高科技建筑成为主流，就会愈发助长强势的性格，体现出不顾当地的经济条件、技术水平和文化背景的特点。这种代价是昂贵的。

2013 年在巴塞罗那国际艺术节上，建筑师与艺术家们利用加泰罗尼亚库砖拱形技术突破复杂形体的挑战，通过现代化的数字工具对传统结构进行优化，建造出坚固适用和具有艺术想象力的空间。（图 12）这种结构技术在巴塞罗那和世界其他地区广泛使用了几个世纪，在高迪的建筑中也常见到这种结构。项目的获奖再次表明人们对建筑师将本土的、传统的、通用的技术和现代技术的结合进行探索的肯定。与当地技术的结合，同样可以创造出绝佳的艺术空间，这在体现经济性和可持续发展方面是一种尝试，我们可以借鉴。

“但我们不能因为民族主义而保护本土的设计，从而把国外设计师排斥在外啊！”又有人这样说。

问题恰恰相反，在之前和今天的中国，正是大量本土设计师被挡在了公平的竞争之外，许多重要的设计竞赛从一开始就对中国木土设计师设定了条件或障碍。

即使本土设计师对身边的实际问题非常了解，但整个设计师群体在创新实验上的竞争力仍然低下，这与设计师没有得到充分尊重很有关系。

工程院院士程泰宁的课题组对北京、上海和广州城市核心区约一平方公里的区域进行调查发现：广州的 12 幢建筑中，仅 3 幢为国内设计；而上海的 26 幢建筑无一例为大陆设计师设计；北京的 8 幢建筑则全部由西方建筑师设计。这些年来，由于鸟蛋、鸟巢、双砾等建筑的出现，本土设计师已经被挤出了国家大型公共建筑的市场。这有设计师自身的原因，但更大的一个原因恐怕是大众对外来物种的猎奇心理，以及在近代落后于西方产生的崇洋媚外的心态，这种心态已深入几代人的骨髓里，在关键的时候它表现出倾倒性的作用。当外来的设计不断进入我们的视野，各地都在兴建这类建筑的时候，评价的标准已经在无形中形成了。选评委的时候也有意识地选择这类设计师，在大众的眼里他们代表着未来的设计。从国内许多房地产公司请国外设计师作为代言人这一事例也可以看到有趣的现象——他们连中国老百姓的生活习惯都未弄懂，却标榜能给予中国人真正的生活。我们到底需要什么，许多时候并不重要了。

对于一个没有在中国生活过、不知道中国人需要什么的外国大师来讲，他能为我们带来的更多是一种想象和向往。而这种想象的标的是遥远的西方，生活在别处，所以大家为这种未能达到的远方而狂热。

近年来，三、四线城市也极力赶建新奇建筑，对新奇建筑几乎到了膜拜的程度，人们认为只要是外国人设计的都比自家的好。从官员到商家，再到大众，没有了对本土的包容，来自别处的东西能轻易将本土的击败。这样一来，本土设计师在中国城市化进程中就失去了国家重大项目的实践机会和成长的沃土。

无论如何，我们不能忽视建筑所承担的社会责任和时代责任。建筑设计的可持续发展，不仅要带有广泛的国际认同，更重要的是应基于本土情况进行判断。

贝聿铭在日本设计了京都的美秀博物馆，因为要在自然条件极为敏感的地方兴建，采用挖土将建筑物建于其中的方式，再将土盖上，然后在上面种上与原先相同的树。

他的德国朋友波姆采访他："现代建筑在日本究竟该是何种模样？"

贝聿铭说："我个人认为，现代日本建筑必须基于他们自己的历史文化，就好比一棵树，必须植根于土壤之中。"

从外地移植的和从自己土壤中成长起来毕竟不一样。中国当代的新建筑如扎哈的建筑，就如从伦敦移植过来的大树，对国人来讲，它很奇特，但又很难适应当地的气候和土壤，所以要用昂贵的费用去维护它，有时它会水土不服，或生长不良，或死掉。当它出现这些问题时，我们竟埋怨自己的土地和气候不好，最后甚至悔恨自己生在这样的土地上了。

在巴塞罗那参观高迪的博物馆，在惊讶他的才华的同时，让我感到震撼的是高迪一生的作品几乎不超过以巴塞罗那为中心方圆500公里的范围，他的成长，正是由于他的客户对他的信任和宽容。

曾经，他在做米诺之家时，一直没有详细的施工图。业主有一天终于忍不住问他："高迪先生，你能否让我看看我的房子是怎样的？"

高迪想了想，从大衣的口袋里拿出一张皱巴巴的草图，打开给业主看。即使没有详细图纸，也没有影响米诺之家的完成，因为高迪几乎每天都要到工地现场指导工人的工作。越了解高迪，就越能感受到西班牙人对高迪高度的包容。（图13、图14）

在中国，甚至那些在西方最前卫的建筑思想，也被无条件接受。一位美国前卫设计师坦言："如果在美国，我设计的作品不可能建成，而在中国，一切都是可能的。"

"在中国，最好立法禁止中国设计师参与国内大型公共建筑的设计工作。"有网友说，"好让国外的设计师可以畅通无阻地实验他们所谓的新建筑。"

这是一句气话，但也反映出一个现状：许多时候，本土设计师是在这样的夹缝中寻求生存。

在2014年的绿棕榈奖颁奖会上，主持人问著名设计师朱小杰[1]先生："怎样才能让中国的设计走向世界？"

朱小杰慢条斯理地说："爱自己的这块土地。"

这是我听到的关于本土设计与国外设计竞争的最好回答。

---

〔1〕朱小杰，中国著名家具设计师，温州澳珀家具有限公司总经理兼首席设计师。

图 12　2013 年巴塞罗那国际艺术节上坚固适用且具有想象空间的建筑（图片来自于网络）

图 13　高迪设计的米诺之家

图 14　设计圣家族教堂时，高迪尝试了大量模型

沙头的民宅

“东是八米路，北是三米巷，西是三米巷，南是五米巷，层高不超十二米，向东可以朝路悬挑一米三，向南也可以悬挑一米三。”这是沙头业主反复强调的要求。

在珠江三角洲地区，许多村镇像沙头镇一样，政策允许村民自行建造新住房。（图 1）这样的小区大多先有一个简单的规划，划定了道路，设置了限高，房子怎么建就由村民自己决定了，所以又称为自建房。

与阿全的第一次见面是在吃鱼生的餐厅里，他是通过朋友找到我的。鱼生是珠江三角洲的人们喜欢的吃法，把鱼切成晶莹剔透的薄片，和着姜丝、蒜片、香菜和花生碎，拌上香油，入口酥滑爽脆。这块被称为“鱼米之乡”的地方水网交织，物产丰富。但近年来污染严重，主要原因是当地大量农田、林地建起了工厂和住宅楼，在很长的一段时间里，生活与生产污水直接排到河网里。虽然这种情况已有所改善，但直到今天，向河涌排放污水仍是部分村民的生活习惯。在乡镇地区，人们环保意识薄弱，原有的排污系统比城市简单，生态系统很脆弱。但在当地，鱼生仍然需求火爆，污染是污染，生活仍然是生活。

经济快速发展，为当地人带来实在的好处，住房条件的改善就是很好的例证。作为一名艺术爱好者，阿全希望他的房子与众不同。尽管之前设计院为他做了适用的方案，他仍然不满意，我答应帮他设计一个特别的房子。

阿全的地块周边已经盖起密密麻麻的房子，它们之间的间隔只有 1.5 米。尽管每间房子室内面积不小，大家也要争着往外凸 1.5 米的权利。结果可想而知，大家的采光不好，各户的隐私也受到影响。我建议阿全主动让步，并为他设计一个没有向外凸的方案，而且还向里退缩了一块。做了模型后，经过了光和风的模拟，大家认为不错，就把方案模型交给阿全。阿全第一眼就喜欢了，还把模型拿给他的朋友看，其中一位是周先生。

方案给了阿全一个星期左右，阿全约我到顺德古村的涌边吃烤乳鸽。席间谈到方案，他表示很喜欢，但家里人不同意房子向里退缩，这是阿全难以下决心的原因。夜晚的河涌散出淡淡的臭味，但也丝毫不影响我们对美食的享受。

新的方案继续进行，既要有实用的一面，又要独特。这次我帮阿全设计了一堵斜墙——采用混凝土浇制，由里向外倾斜。（图 2）当阳光从天窗洒在室内的斜墙上，光线在斜墙的漫反射下变得柔和均匀。模型做出来后，阿全很满意，将模型带回家里。

一段时间后，他反馈全家人都喜欢这个设计，难点是东立面的混凝土斜墙怎样做？为此，阿全找到南海设计院的院长谈结构的问题。在饭桌上和结构师见面，大家出谋献策，很快就找到了方法。席间，院长还提出在屋顶上做太阳能光伏板的看法。同时这也是我的想法。南海设计院在这之前就对办公大楼进行了环保节能上的改造，屋顶安装了太阳能光伏板，还获得国家绿色星级认证，并向政府申请了节能补贴 300 万元。在大楼和环保节能改造中，他们还去参观了众多建筑研究院的示范案例，其中包括深科院。

阿全对环保节能的措施没有表态，我想他对此没有什么概念，当然也不会有特别的兴趣。作为完全由市场运营的房地产项目，如果不是政府推行环保节能型住宅，多数开发商对增加成本和时间、精力去落实环保节能措施是不感兴趣的。普通老百姓更不会自己去惹上麻烦。据我所知，在国内至今没有一座私人小住宅获得绿色星级认证，除了认证没有针对性外，更主要的是没有需求的市场。

在大众对环保节能措施的了解还不普及的情况下，通过体制层面设立示范点向业界推广宣传是一个循序渐进的方式。但也要看到示范的单位大多集中在国有体制转型的企业，它们多少带有官方背景，对政策的解读和利用比民企要快，也容易拿到项目。利益的获取与我在前面讲到的要有利益的驱动是不矛盾的，但若在开始时就因为体制的优势而占有先机，且在掌握资源之后又设置了进入的门槛，就会将许多民营设计公司阻挡在门外。前面谈到的国外建筑师在中国的“超国民待遇”对中国本土设计师的冲击已是业界的共识。但另一个问题是，体制内的设计师在门槛的保护下，垄断了国外设计师余下的大型或有影响的项目，体制外的设计师就更难有机会在中国城市化进程的下一个三十年里成长起来。中国可持续发展建筑设计的实践和探索要防止这种倾向。

周先生是当地家具厂的老板，他的工厂生产的家具品质不错，大多出口到欧洲。这位年轻的企业家有十足的干劲，在今天许多企业主纷纷转行去搞地产或提前退休的风潮下，他成为这片麦田的守望者，坚持干实业，直到现在。近些年，欧美市场萎缩，订单大量减少。这个现象并不是局部的，前面提到的新会圭峰酒店投资人余先生就专门生产风扇出口到欧美等地，每年参加广州商品交易会，但从 2013 年开始，国外客商大幅减少，他的展位在第三天就撤场了。除了欧美经济不景气，另一个不容忽视的原因是制造业成本增加，国内低劳动力成本的竞争力逐渐削弱。近几年低技术含量的劳动密集型加工企业逐渐转移到越南或柬埔寨，在很大程度上分摊了部分订单。

“更头痛的是来自于内部。”周先生说，“要让工人加班越来越难。在赶订单时，是求工人干活！”

我和珠江三角洲的几位老板谈到企业近况时，他们都说工人难请了，几年间工资增长较快，工作条件不好的难留住人，这也是众所周知的事情。但这不是好事吗？工人收入增加能带动内需。然而，企业要不断应付工人的离职和纠纷，由此牵制企业大量的精力。由于工人流动性大，新招的工人在生产过程中工伤事故常有发生，一旦出事，家属往往希望从事故中得到一笔可观的赔偿。如果企业的赔偿达不到要求，家属就要采用闹事的方式。当地主管部门也不管事情的来龙去脉，只要发生工人伤亡事件，往往劝告企业息事宁人，不要激发矛盾，赔钱了事。一味迁就催生了副作用，只要闹就可以多拿钱，使得正常调解和仲裁的途径被放在一边。

“有工人甚至故意制造工伤事故，以此来讹诈企业。”周先生说，“有个人在机床上切断自己的手指前，还打了麻药。”

周先生的新项目让我来设计，这是一个商业地产的项目，以商场、写字楼和娱乐为主。在考虑了一段时间后，周先生终于也像其他企业老板一样，准备转行到商业地产。周先生的考量是，做商业地产项目要比做工厂的利润高，不需要面对大量的工人。

“做工厂最头痛的是应对政府部门。由于经济不景气，一些家具生产企业倒闭，我们的税收加重了。”周先生说。

看到我不解的样子，周先生继续讲：“在本地，家具行业较好时，税收情况是不错的。但近几年行业不景气，一些家具厂倒闭或转到异地，我们要交的税反而比生意好的时候增多了。相关部门要平衡因企业倒闭而减少的税收，因为往年有那么多的税收，今年少了就说明领导政绩不好，所以由剩下的企业分摊倒闭企业流失的税。”这无疑是杀鸡取卵。

这是从周先生那里听到的，事情的真实情况并没有得到验证。不过，在我接触的几位企业老板中，他们纷纷转向其他行业的投资。周先生也打算引入自动生产线，来代替生产工序中重复和标准化的那部分工人。虽然投入上百万购入设备，但可以省下二十人左右的劳动力，从长久来讲回报是较大的。周先生说：“有了自动生产线，不用担心工人怠工的问题，省下了每年增长的社保，更重要的是，不用为劳动纠纷伤脑筋。”

有报道说，富士康在经历了员工跳楼和招工荒之后，计划引入机器人来解决越来越繁重的劳动力问题。如果这是解决企业长久之痛的趋势，那么相反地，就会引起劳动就业市场需求的萎缩。人工成本越来越高，企业用机器代替，就业需求变小，这与中国人力资源丰富，但人员素质较低的现状一起形成产业发展和生存的困境。

在瑞士，有专门的设计师为业主改造老房子以满足环保节能标准，建筑师彼得（Lieber Peter）就是其中一位。

参观带有 Minergie 标识的房子在瑞士是建筑设计学习的重要内容。星期天，彼得带我们参观他为自己设计和建造的房子——这是一幢满足瑞士 Minergie - P - ECO 标准的建筑。(图 3)房子坐落在离伯尔尼市中心不远的一个社区里。社区的住宅楼大概建于 20 世纪 50 年代，大多是三层左右，白色外墙，坡形屋顶，经历六十多年的风风雨雨，房屋结构依旧牢固，外立面普遍干净整洁。(图 4)

我在伯尔尼市的宿舍也是这类老房子，钢筋混凝土结构，门窗的气密性非常好。即将进入冬天，室外的温度已快接近零度，晚上把门窗关上，只开少量暖气房子就相当暖和。不过，早起时房子的空气有些污浊，需要打开门窗进行换气。相比之下，符合瑞士 Minergie 标准的房子，每个屋里都有通风系统，不需要开窗户也可以一直保持空气清新。

彼得告诉我们，在对建筑时间超过 50 年的老建筑进行改造时，与 Minergie 协会有合作关系的建筑师通常都能够捷足先登，获得改造项目。在伯尔尼彼得帮客户建起了满足该标准的住宅，而他为自己建的房子不仅满足 Minergie 标准，还达到 Minergie－P－ECO 标准。

Minergie 与 Minergie－P－ECO 是一个体系的不同级别。瑞士索洛图恩市有一位叫盖希特的人，他从 1994 年开始为自己的房子更新内部的墙面材料和隔温玻璃，使改造后的老房子达到了瑞士节能建筑的 Minergie 标准。在使用了十几年后，瑞士的节能建筑有了升级版的 Minergie 标准，他又花了 50 多瑞士法郎租借了一部红外线摄像仪，用来拍摄自家房屋的能耗图景。从拍摄的照片中，他发现屋子墙体保温功能不差，但窗户部位的能耗色彩与墙体明显不同，温度明显低于墙体，表示这里泄漏了不少热量。于是，他决定进一步改造房子，把原来的双层玻璃改成三层玻璃，选购德国最先进的节能型窗户，并在几层玻璃之间填充提高保温效果的稀有气体。这个升级改造工程不是一笔小开销，根据预算，这样的窗户改造需要 4.2 万瑞郎，增配百叶窗需要 7 000 瑞郎，换节能型电器需要 3 000 瑞郎，折算成人民币 30 多万元，依靠节能省下的费用，需要 15 年才能回收投资。但盖希特表示，这样的投资，他觉得非常值得，因为改造后房子更舒适。[1]

图 1　当地的自建房

图 2　正在施工中的斜墙

图 3　彼得的住宅

图 4　彼得房子所在的社区

〔1〕 杨群．“让生活更美好”的节能故事．解放日报，2008－12－26.

这并不是特例，今天，约13%的新建筑和2%的重修建筑采用 Minergie 能源标准，自1998 年 Minergie 能源标准创建以来，瑞士已经建有 15 000 座这类建筑，而且这一数量在不断上升。由于瑞士众多房屋都达到了该标准，瑞士推出了 P、ECO、P－ECO 等更严格的指标。

伯尔尼老房子的门窗都进行了改良，气密性比国内的新房还要好，但也要常常开窗进行换气，避免空气污浊。在采暖和制冷的季节，打开窗户通风，是一件浪费能源的事情。在国内，我常碰到这样的问题：在南方的盛夏，屋子里开着冷气，但窗子往往要打开一扇，因为长期关闭门窗，室内的空气很污浊；而在北方寒冷的冬天，大部分的小区都在采暖，也开着窗。为什么中国的建筑在冬天还要开着窗？一个常识性的原因是通风对人的身体是相当重要的，不仅仅是提供了新鲜空气而已，其他的像装修、家具、办公设备等排放出来的有害气体和污染物也要通过通风排出。解决关窗和开窗的关系，实际上就是解决节能和舒适健康这两者尖锐的矛盾。

Minergie 标准依据以下概念：在现代节能过程中，密闭是解决室内小环境节能和舒适的一个重要前提。只有在密闭的情况下，才能尽可能花较少的代价调节温度和改善空气质量，进而改善我们的居住条件。一套住房要达到 Minergie 标准，必须具备良好的密闭性、厚保温层和良好的通风设施三个条件。房屋具有良好的密闭性，并不意味着它就是完全封闭的。按规定，环保住房要保证在不开窗的同时也能换气。主人出去以后，带有过滤器的通风设备也能够工作，并保证在通风的同时过滤灰尘和其他脏东西，这样，主人回家后不会感到屋内空气浑浊。

在国内，某些城市为了达到节能减排的指标而强行将路灯关闭，有些还在冬天采用间断性限制供暖措施来达到节能的指标，这是对节能含义的粗暴理解。环保节能的根本出发点是以人为本。Minergie 标准是不断动态改良的参考依据，特别是和市场运营的商业运作相结合以达到社会、环境和经济三者的协调。Minergie 标准的房子并不排斥使用暖气，但是鼓励用多种方式来代替电暖，如人身上散发的热量。它从舒适这一诉求出发，最终也落实到舒适的目的上去，而不是硬性地执行所谓的标准和目标，这也是大众乐于接受 Minergie 标准的原因。

自 1990 年英国建筑研究院发布全球第一部绿色建筑评价和认证体系——《建筑研究所环境评估法》（BREEAM）以来，瑞士的 Minergie、德国的 BlueAngel、德国可持续建筑 DGNB、澳大利亚的 Green Star、美国的 LEED 和日本的建筑环境效益的综合评价体系（CASBEE）等针对绿色建筑设计、建造以及创新等的评价体系也相继应运而生。

美国的 LEED 是自愿采用的评估体系标准，主要目的是构筑起完整、准确的绿色建筑概念，防止建筑的滥绿色化，推动建筑的绿色集成技术发展，为建造绿色建筑提供一套可实施的技术路线。LEED 是性能性标准，主要强调建筑在整体、综合性能方面达到绿色要求。该标准很少设置硬性指标，各个指标间可通过调整形成相互补充的关系，以方便使用者根据本地区的技术经济条件建造绿色建筑。2013 年，位于广州珠江新城的珠江城获得美国 LEED－CS 的白金级认证。

德国可持续建筑 DGNB 认证是由德国可持续建筑委员会与德国联邦政府共同编制的、代表当今世界最高水平的第二代绿色建筑评估认证体系，包括生态质量、经济质量、社会文化及功能质量、技术质量、过程质量和基地质量六大领域。整个体系覆盖了绿色生态、建筑经济、建筑功能与社会文化等建筑的全过程产业链，包含建筑周期、成本计算和建筑低碳排放量计算等科学技术方法，该体系已得到联合国环境规划署等机构在内的多方国际机构的认可。[1]

瑞士的 Minergie 是经法国“建筑能效国际基准项目”研发的，它是目前欧洲最具吸引力的概念。瑞士是一个发展较为均衡的国家，国土面积很小，Minergie 标识中对能耗的要求适用于瑞士全境。

中国、澳大利亚、日本、西班牙、法国、印度等国都在对 LEED 进行深入研究，并在此基础上制定本国绿色建筑的相关标准。我国在 2006 年颁布第一部有关绿色建筑的国家标准《绿色建筑评价标准》（GB/T503782 - 2006）。中国现行的《绿色奥运建筑评估体系》《中国生态住宅技术评估手册》和上海通过的《绿色生态小区导则》也在一定程度上借鉴了 LEED 认证标准的内容。我国香港地区主要实行《香港建筑环境评估标准》，该评价体系在借鉴英国 BREEAM 体系主要框架的基础上，由香港理工大学于 1996 年制定，是一部多目标、多层次的绿色建筑综合评价体系。该体系从选址、材料、节能、节水、运行管理等多方面对建筑进行综合评价，其特点是强调设计过程中的节能控制。

为了支撑现行的测评体系和设计标准，我国颁布了《公共建筑节能检验标准》《节能建筑评价标准》《公共建筑节能改造技术规程》《集中供暖系统温控与热计量技术规程》等。这些都为我国建筑节能改造的规范化管理和实施奠定很好的基础。

彼得位于伯尔尼市的房子建于 2005 年，历时 3 年建成。房子由彼得与另外两位朋友共同出资建筑，含买地共花费 210 万瑞士法郎。房子一共三层，总建筑面积约 600 平方米，建有地下停车库。第一层和第二层分别是彼得的两位朋友居住，彼得住在第三层。房子风格简约但充满生活味，外表和时下流行的简约住宅没什么两样，但里面却大有文章：楼顶安装有太阳能光伏板，可以产生全屋 75% 的供暖，够 12 人使用；采用灵活的建筑外遮阳；墙体达到 40 厘米厚，具有保温隔热功能；门窗采用热导系数为 0.5 的三层中空玻璃，隔热好，同时不影响室内采光；良好的通风系统；建筑外墙及室内部分墙面采用清水混凝土，既是围合结构，也是装饰；室内间隔是灵活的，可根据日后使用功能的增加而改变间隔；设计建造时预留了电梯的位置；采用木材建造楼板及外立面的遮阳和装饰（木材在瑞士被认为是资源丰富和低碳的建造材料）。一系列措施使这栋房子满足 Minergie - P - ECO 的指标。

彼得打开电脑津津有味地向我们介绍整个房子的建造过程，并让我们参观了室内的每个角落。房子的功能空间很紧凑，每个功能区的面积恰到好处，并利用边角设计了大量的

〔1〕 朱洪祥．德国 DGNB 可持续建筑评估认证体系．建设科技，2010（18）．

收纳空间，把家里的杂物放置得整齐有序。室内充满着生活气息，设计师用木材调和了钢材、混凝土和玻璃材料冰冷的质感，客厅里红色的布艺沙发（图 5）是一家人团聚的小空间，一组书柜是视觉的焦点。主人的热情和屋子温馨的氛围让我的学生一下子放松起来。

突然间“嘭”的一声响，其中的一位同学拍照时坐在红沙发的活动扶手上，一下子把扶手弄断了。我们知道彼得视这个房子为自己心爱的作品，这张红沙发是房间仅有的一张沙发，看得出，它是主人精心挑选的。大家轻声责备这位同学的鲁莽。

彼得房子底层建有地下停车库，可以停 10 辆小汽车，但谁都不会想到，这个由彼得建造的停车库是免费供周边居民停放的。（图 6）没有人要求他这样做。按他的说法，他作为新住人，占用了原住民的土地资源，哪怕土地是花钱买的，也应对社区的原住民进行补偿。

我第一次接触这样的观点，并亲眼看到设计师将之实现。在伯尔尼应用科学大学里，教授们不断地向我们讲授可持续发展建筑的指标，包括能源、水、土地、材料等各种指标和数据，掌握节能、低碳、环保的具体措施和方法。最后，教授们总是不忘记告诉我们，满足这些指标有很大的难度，但处理人与人之间的关系才是最难的，这种关系在实现可持续发展目标中起到了最重要的作用。

彼得和诸位教授的观点一起，影响了我在后来几乎全部的实践。

这样就不得不谈一下绿色建筑、生态建筑和可持续发展建筑的概念和区别。根据 2003 年和 2008 年中国两大搜索引擎对绿色建筑、生态建筑、建筑节能、可持续建筑的搜索统计，可以看出最初大家较为关注能耗问题，而 5 年后，在对绿色建筑、生态建筑、建筑节能和可持续建筑的关注中，可持续建筑的关注度分别跃升百度搜索的第一位和雅虎搜索的第二位。（表 1、表 2）

图 5　彼得家里的红沙发

数据除了说明人们越来越想了解可持续发展建筑，这个有趣的变化也许还可以这样解读：当人们尝试用技术的手段来解决能耗、污染等问题时，发现这种以改变“物”为目的和从“物”的层面入手去解决问题的方式，有时会让事物变得复杂，甚至适得其反。而这类例子有很多，除了在前面提到的案例，还可以从广州造价高昂但效益不高的BRT交通系统以及瑞典人在鄂尔多斯实施的一个全球最大却在3年后悄然消失的生态旱厕小区等案例中得到验证。而且，我们的生活不仅仅是围绕节能和污染展开，更多时候，我们还在对诸如我们的下一代到底希望祖辈留下一片森林还是将森林砍伐后建成无比雄伟壮丽的人文历史建筑这类考问我们心智的问题上左右为难。

图6　建筑师彼得介绍他为社区建造的车库

表1　2003年中国两大常用搜索引擎相关词条搜索结果比较

英文词条	雅虎 www. yahoo. com		中文词条	搜狐 www. sohu. com	
	搜索结果（项）	数量排名		搜索结果（项）	数量排名
sustainable building	1 460 000	3	可持续建筑	75	4
green building	2 890 000	1	绿色建筑	2 380	2
eco-building	1 840	4	生态建筑	1 372	3
Building energy efficiency	2 100 000	2	建筑节能	8 764	1

注：搜索时间为2003年1月23日。

表2　2008年中国两大常用搜索引擎相关词条搜索结果比较

搜索词条	谷歌 www. google. com		搜索词条	百度 www. baidu. com	
	搜索结果（项）	数量排名		搜索结果（项）	数量排名
sustainable building	11 400 000	2	可持续建筑	6 580 000	1
green building	15 800 000	1	绿色建筑	2 040 000	4
eco-building	68 400	4	生态建筑	2 860 000	3
Building energy efficiency	1 270 000	3	建筑节能	3 930 000	2

注：搜索时间为2008年3月4日。

（资料来源：瑞士伯尔尼应用科学大学讲义）

于是，人们开始思考环保、节能的真正意义是什么，并尝试用可持续发展的概念予以回答。

什么是可持续发展建筑？至今为止，世界各国都没有一个权威或统一的说法。但大家的理解都离不开可持续发展的核心理念——人类的发展既要能满足当代人的需要，又不对后代人满足其需求的条件构成危害。可持续发展的概念，决定了可持续发展建筑包括社会、环境、经济三者的协调发展。可持续发展建筑概念的提出是建筑界对可持续发展思想的回应。

有学者根据已建成的建筑和来自文章和报道中有关可持续环境、生态建筑和绿色建筑的相关论述，将可持续建筑理论与实践分为六个方向，即“生态技术”“生态中心”“生态美学”“生态保健”“生态文化”和“生态社会”。[1]

生态建筑是尽可能利用建筑物当地的环境特色与相关的自然因素，比如地势、气候、阳光、空气、水流等，使之符合人类居住，并且降低各种不利于人类身心的环境因素的作用，同时尽可能不破坏当地生态循环，确保生态体系正常运行。绿色建筑一般是根据现有的某种绿色建筑评价标准来衡量的，不同的国家会有不同的标准。这些标准无一例外地把建筑生命周期内包括由建材生产到建筑物规划、设计、施工、使用、管理及拆除等系列过程中，有效利用现有资源，提出解决办法并对其效果进行量化或标准化，以衡量是否达到进一步改善环境、最低限度地消耗地球资源、制造最少废弃物、极大减少对环境的影响的目标。可以说，生态建筑和绿色建筑是可持续发展建筑中的“生态技术”部分，而人们常说的节能建筑是生态建筑或绿色建筑里面的一个内容。(图 7)

如果把可持续发展建筑简单理解为绿色建筑、生态建筑或者节能建筑就会出现下列问题：

第一，可持续发展的设计必然要从社区、就业、经济、文化、政治、气候、能源、水、垃圾、材料、土地诸多方面进行研究，这已不是传统单一的学科所能应付，于是复杂学科、新兴学科、交叉学科以及边缘学科一并进入我们研究的视野。这不是将诸多学科进行简单的综合，而是要从人类社会整体利益与科学的设计观出发思考与面对各专业的设计。由于可持续发展建筑概念的广泛性和包容性以及人们对解决环境问题的不同态度和建筑活动的不同视点，每一种领域都有自己独特的框架体系和实践方法，都企图借助特殊的手段在可持续建筑实践中起支配作用，这不利于人们从当前的实际矛盾出发找到解决问题的切入点（如为了突出零能耗的概念，在城市商业核心区建零能耗建筑），也容易造成可持续发展的理念被片断化（如对高科技手段的迷信，忽视因地制宜），甚至出现各领域之间画地为牢的困境。

第二，可持续发展的核心思想是经济发展应建立在生态可持续能力、社会公正和人民积极参与自身发展决策的基础上，并从当前实际出发，寻求方法以达到经济发展、环境保护以及社会关系三者协调发展这一目标。（图 8）可持续发展建筑中各种措施的实施是为

---

〔1〕 陈喆．国外可持续建筑的实践分野．工业建筑，2004（1）．

了人，而执行这些措施的也是人，人们乐不乐意、接不接受这样做，都直接影响实施的效果，因此人们的积极参与起到最关键的作用。但是，我们可以看到，比起节能、环境等的评估，对社会公正、人文关怀等的评估始终难以量化，在短时间里还不容易显现和被观察。在现实中，一些极为有益的政策和措施在实行过程中往往事倍功半，这和人们将大量资源和时间投入可以量化的技术而忽视了人与人的关系不无关系。有意或无意地把可持续发展建筑称为绿色建筑、生态建筑或节能建筑的做法，正反映这种倾向。

可持续发展是综合的考量，想在所涉及的各方面一蹴而就是异想天开的事，要实施必须找到一个切入点。在日益严峻的生态危机、社会分化的背景下，在这块土地，最容易找到的切入点是人们漠视的，但又充满着危机的、人与人之间的关系。

瑞士天黑得早，结束参观时，我们除了向彼得表达谢意外，还对损坏了沙发表达了深深的歉意。后来，那位坐坏沙发的同学在伯尔尼买了维修的工具，专门到彼得家里修沙发，最后沙发没修好，倒是彼得安慰了他，并在家里款待了他，请他吃了一顿晚餐。

这是彼得的性格，温文尔雅又平易近人，尽管语言不通，他仍然给我这位身处异乡的人一种亲近感。

而在沙头的全宅，关于厨房、餐厅与客厅的关系引起了讨论，业主希望把厨房、餐厅放到房子的南边，把客厅放在北边，主要理由是煮饭和洗碗不影响客厅的环境。我问阿全："你家是保姆煮饭吗？"

"没有保姆。"阿全说。

"当你老婆一个人在厨房煮饭，而你和小孩却在厅里看电视，等饭煮好了再叫你们过来吃，由于饭厅和客厅隔了一段距离，还要大声叫或跑过来叫你们吃饭。长久下来，家里人交流的机会就少了。这是厨房与客厅远离的弊端。而三个功能区相互依靠，煮饭炒菜时厨房门关闭，洗碗时，家人之间还可以说说话，这不是更好的一种情感促进吗？"我对阿全说。

"是喔！"阿全似乎明白，"不然的话，老婆一个人躲在厨房，被当成保姆了。"

最后的实施方案是厨房、饭厅与客厅三个功能区融在一起。

我还常常想起沙头周先生讲起工人的事时无奈、愤慨的神情。虽然他每天与工人在一起，但从他的言语中可以看出其对工人的担心和提防。媒体对于老板拖延工钱、超时工作、企业对员工的苛刻管理的事情也时常报道，也加深了人们对老板的负面印象，而媒体很少报道老板对员工好的事例。在贺州有一个项目的老板，文化程度并不高，在工作中做事强硬，有时还带着粗口，但是和他共事的人说，外出旅游，他很乐意帮大伙安排好各种大小事务，碰到动情的事还会落泪。我在新会做的项目，投资商是一位生产风扇的老板，十几年前，他带着一位患白血病的员工到北京找权威的医生就医，这类事情常常让我感到血汗工厂的报道背后隐藏着泛指的对立和每个具体事件中人与人沟通的匮乏。

事实上沟通的危机也存在所谓底层的人们。家人向我说起在广州菜市场遇到的一件事：一位衣着简朴的男子在菜摊前买菜，他向菜贩要 10 斤菜，菜贩称了 10 斤 2 两。

男子说："我买了这么多菜，这二两就当送给我吧。"

菜贩子坚持不给行，两人僵持不下，这名男子突然拿起一把菜，掰掉几片菜叶扔到地上，说："这不少了二两了！"菜贩子被这一行为气得目瞪口呆，许久才反应过来。

更多的时候，我们之间的距离很近，但彼此间却充满着怀疑、对立或冷漠。这不禁让我想起上帝对古巴比伦人建造通天塔的嫉妒并将之摧毁的故事。有时候，某些负面的情感，让人和人之间的沟通与理解难以顺利地进行。

我们生活的这个时代正在经历一场巨大的转型，科技的日新月异把人们的思考远远抛在后头，它们比以往更强烈地改变着人们传统的关系。即使空间上的距离可以轻易地把人们拉得很近，我们的思想和情感似乎也变得一致，但仍然改变不了人与人之间走向疏远的社会现实。

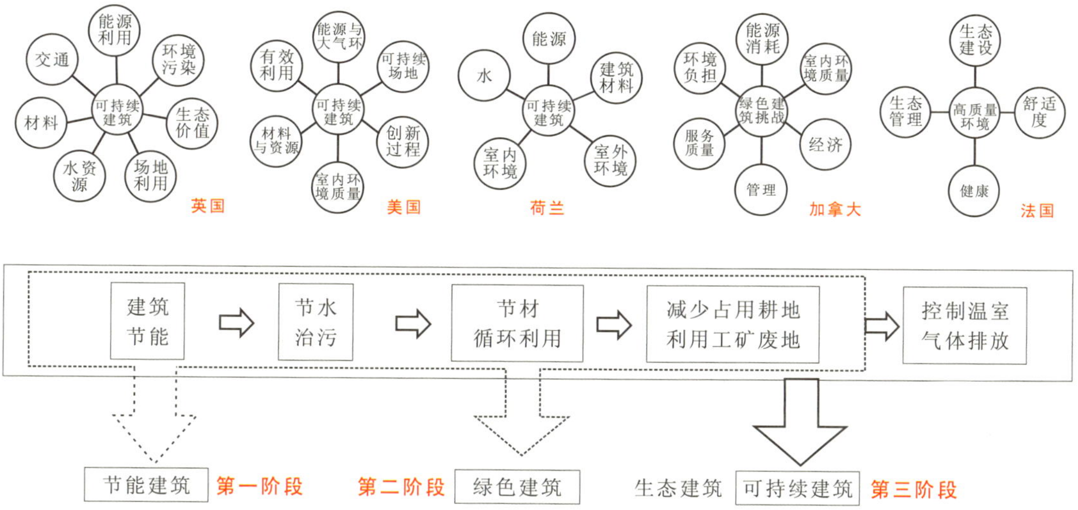

图 7　绿色技术在各国建筑发展中的定位

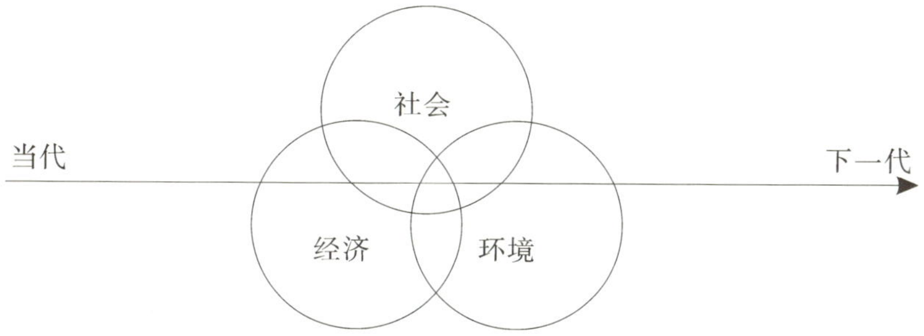

图 8　可持续发展建筑的思路

亲近感

我的朋友 Rico 是香港一名资深的建筑材料代理商，我向他表达参观香港设计公司的想法，于是他帮忙联系了香港凯达设计公司。

2013 年，清晨的香港，接近上班时间，打扮入时的白领精英迈着匆匆的步伐涌向现代化的写字楼。凯达的接待厅是在 31 楼，现代风格，中央摆着一组别致的沙发，有一红一银的两个大镜框将访客的视线聚焦在两组场景，一组是靠近窗外的艺术雕塑，另一组是前台接待的漂亮女文员。女文员穿着庄重而不乏时尚，她把我们带到窗边的会客室，带着专业的微笑问道："请问喝茶还是咖啡？"举止之间展现出大公司的形象，我下决心回到广州后也要找一位同样素质的接待文员。

凯达的执行董事施先生接待了我们。他也是一名建筑师，尽管很忙，还是带我们在公司的设计室转了一圈。凯达的办公室有三层，公司的业务主要以规划、建筑设计为主。

在浏览墙上的项目图片时，我发现有一栏是可持续发展建筑的项目，包括广深港高速铁路香港段西九龙总站初步设计。在中国内地，凯达设计的无锡恒隆广场、大连恒隆广场和佛山友邦金融中心等项目都拿到了美国 LEED 的认证。在公司的招待室，施先生介绍说，2012 年的设计业务量是 3 亿美元，仅是这个数字，就让我感到惊讶。

当天上午，我们还参观了香港一家 10 人左右的建筑事务所，办公室在铜锣湾的一幢住宅楼上，没有前台的接待，由三名注册建筑师合伙，这和凯达环球设计公司将近三千个员工的规模相比，更像国内的设计工作室。建筑师谢先生在香港做了许多旧建筑的活化项目，蓝屋就是其中一个。（图 1）

蓝屋位于香港湾仔，建于 1920 年，是一栋具有 90 多年历史的唐楼，楼高 4 层，糅合中西建筑风格，而其横梁、楼梯、扶手等不少内部构件，依然保留着原先的木质结构。这里曾是黄飞鸿弟子林世荣在香港设立的武馆，后来由政府买下作为公屋，由于外墙破旧，有一年在修整水警的营房时还剩许多蓝色的油漆，于是被用来涂在唐楼的外立面，这一颜色让房子顿时变得夺人眼球，因此得名"蓝屋"。由于蓝屋里面居住的大多是低收入人群，日益拥挤，生活不便，于是由慈善机构出资对内部进行功能和环境的改善。这得益于"活化历史建筑伙伴计划"，即香港政府与非营利机构合作，通过邀请非营利机构提交申请，以社会企业的模式，活化经选定的历史建筑。对于获选的非营利机构，政府前两年会按需提供经济资助，以支付历史建筑翻新工程的全部或部分费用。政府也会与这些机构签订有法律约束力的租约，有关社会企业必须保证开业两年后能自负盈亏。此外，社会企业两年后所赚取的盈余，必须再投资于该企业的运营上。

在广州，对骑楼的修缮又称为整饰或外立面改造。和香港的蓝屋计划相比，广州的骑楼在修整过程中缺少了对屋内的人的关注，而蓝屋计划是对使用建筑的活化，重点放在建筑室内。瑞士有一些上百年的两层房子，考虑到人口的增加和生活质量的提升需要，政府有计划地对其进行改造，改造的重点也是内部，包括拓宽外墙的围蔽，向外拓展阳台等做法，同样是强调建筑室内功能的活化。（图2）

在蓝屋现场，负责活化蓝屋的建筑师向我们作了详细介绍：“圣雅各福群会提出的申请计划在2010年9月获得批准，这里将改造成民间生活馆，蓝屋、黄屋及橙屋的14户居民继续留住，我们会在室内加建独立洗手间和升降机，改建消防设施。原有的香港故事馆及导赏团将会保留，同时会开设小食店及糖水铺。”

这种活化的思路比单纯的保护更能保留历史文物的原生态。很多时候，对历史建筑的保护被简单地理解为“隔离”“封存”，为了保护里面有特色的装饰或内部结构，而将原有的居民悉数迁出，社区网络被破坏，重建后变为一个古迹空壳。

在交流当中，我们还谈到了香港中环的步行系统。

“那是在香港经济不景气时，由政府投资兴建的项目。”谢先生说，“凯达就参与了这一项目的设计，现在他们在做香港中环新滨海区的设计研究。”

20世纪80年代后期中环首先建成香港第一个天桥步行系统，这种天桥步行系统最早是在60年代美国明尼阿波利斯市使用。20世纪80年代以后，中环已经形成由天桥结合骑楼演变成的3 000多米的空中骑楼网络体系。香港中心商业区出现了地价极高而建设土地资源极少的情况。地面步行空间极少、人车交通流量极大等约束因素反而刺激了城市规划师寻求更多元化的商业发展空间。在多年的使用中，已被证明中环步行系统顺应山势，适应气候变化，并能在最大限度上突破上述制约因素的限制。

香港中环步行系统的成功，得益于对传统骑楼人性化关怀的精神继承和因地制宜、顺应时代变化的形式创新和再创造。它在人性化关怀上有三大建筑空间形态：一是跨街廊桥；二是底层架空；三是呈竖向展开的立体复合交通空间。三者结合商业综合体构建完整连续的主体网络。

跨街廊桥几乎都是有遮盖的，以适应南方多雨和日晒的天气。考虑到炎热天气人的舒适性，连接商业广场的骑楼空间还配备空调设施，与连通的商业楼内部（一般开着空调时室内温度较低）之间不会形成强烈的温差。跨街廊桥朝街面多采用玻璃围合，让内部空间采光更好，视野更通透。

底层架空形成与街道、商店或城市开放公共空间交互的过渡空间。现代主义代表人物柯布西耶〔1〕在其理想城市中提出架空底层的思想，目的是将土地留给城市公众，提供具有可穿越性的城市公共空间，使交通、步行不受城市道路和建筑实体阻隔。在中环步行系

〔1〕 勒·柯布西耶（Le Corbusier，1887—1965），是20世纪最重要的建筑师之一。

统中，香港上海汇丰银行大楼和香港中环广场底层架空并开辟为公众活动场地就是一个具有说服力的例子。香港上海汇丰银行大楼北面为皇后像广场，可一直通至海湾边，南面是山脚的绿化地段。四对钢柱和桁架将楼层抬起两层高，留出一个12米高的公共广场。对行人而言，最为重要的是，架空的底部提供了从山脚穿越到皇后像广场直至海滨的可能。对于高低错落的空间，行人的步行难免会有不便。为了方便行人，中环步行系统通过自动扶梯、垂直电梯联系上下空间的交通，并与地下公共运输网络一起增强了交通的可达性，连无障碍的导盲设施也悉心地设计在相应位置，人性化的关怀体现在细节上。（图3、图4）

在寸土寸金的香港核心商业区，政府、业主、民众和设计师在城市规划、产权归属、市政管理以及建筑形态等方面突破固有思路的制约，为达到商业利益和公共利益的共赢而相互配合，对大众的关怀不仅没有制约商业的发展，反而还促进了商业的发展。这种对人性化的关注正是国内大都市商圈所欠缺的。在气候条件和商业发展与香港有着相似之处的广州、深圳等南方特大城市，由于缺乏完善的总体规划和协调，现代商业建筑如天河城商业区、广州东站商业圈等大多"各自为政"，忽略了商业建筑间的相互联系以及商业区与步行空间的有机结合，城市商业区内部和区域之间的联系系统对本地气候的适应性也较差。虽然广州天河城商业区已建成了初具规模的地下步行系统，结合地下商场和过街隧道，在一定程度上利用了空间，方便了行人，但与香港的空中骑楼步行系统相比，地下步行系统通风采光差、空间环境景观不佳等问题成为硬伤。直到今天，类似香港中环步行系统的多层复合空间才逐渐在广州珠江新城商业核心区尝试。

如何避免私产物权利益与城市空间整体开放性之间的矛盾，在民主性与公开性方面有所作为？1992年建成的香港中环广场底层被辟为公众活动场地，与大楼东侧公园连成一气。二楼大堂与东面的一个三层商场相连，另一边则设三道人行天桥和一处的士站，连通香港会议展览中心、湾仔2号大厦和中国物资大厦，方便公众和用户出入。该项目的主要设计者、香港建筑师商会主席刘荣广先生在开发商与政府间就开放建筑室内空间进行了沟通：建筑首层全部架空开放，二层局部与人行天桥、公共步行道连接开放。开发商从中得到好处，总容积率由原来的15提高到18，形成开发商、政府、公众"三赢"的局面，也创造了民间与政府互相合作的一个范例和模式。[1]

由钢筋混凝土和玻璃组成的建筑，本身是没有感情的。但我们在使用当中，又能深切地体会到它给使用者带来的感受，建筑的情感与人在建筑中的关系是密不可分的。

1983年以前，中国内地的宾馆、酒店是不能随便进去的，对于普通人来说，去宾馆探访是一件相当麻烦的事情，需要单位开具证明，带齐证件到宾馆，还要排队登记。1983年2月7日，广州白天鹅宾馆率先开放，允许群众参观，开业的第二天，对市民全面开放，成千上万的广州市民涌入宾馆，差点把大门都挤倒了。宾馆的工作人员后来回忆，开幕的前一两天，人多到挤得鞋都掉了，每天都能捡一箩筐鞋，宾馆餐厅刚开门灯还未亮，所有

〔1〕 庄少庞．架空底层的主题转换与原义再现——以广州为例．华中建筑，2011（9）．

的椅子就都坐满了人，公共洗手间的厕纸，一天就能消耗400卷。[1]

这是中国改革开放中具有划时代意义的案例，我常在课堂上向学设计的学生讲述。这也足以体现白天鹅宾馆建设者的亲民意识和市民日益强烈的对公共环境的诉求。霍英东要求白天鹅宾馆建成后“四门大开”，曾经遭到酒店上下的一致反对。当时员工阶级斗争的弦绷得很紧，认为“四门大开”后，阶级敌人容易破坏，担心客人安全受影响和设备被损坏。霍英东坚持“什么坏了买什么”，应该让老百姓进来看看什么是改革开放。[2]

设计不仅是空间与空间的关系，也不仅是建筑与人的关系，其本质是人与人的关系。建筑是促进人与人关系的场所和媒介。物的空间形态反作用于人的关系。作为有围蔽的物质空间，建筑与权属是分不开的。在很多时候，给人亲近感的建筑，人们可以从它的开放程度和对公共资源的占有程度感受到与拥有者的关系。在竞争与合作中，理智的思考者在第一步中主动做出友善的姿态，这对社会关系的良性循环起到关键的作用。彼得和霍英东都做出了这一步：彼得建的车库开放给社区使用，白天鹅率先对市民开放，是产权拥有者发出的邀请，即这是我的，但我很愿意也很希望大家来坐坐。

而另一种是有意识地通过建筑的空间形态，创造出公共开放的空间，这类空间不需要邀请或允许，人们可以毫无压力地自由进出，体现出建筑的公共化。香港的步行系统中各商业楼宇内辟出的开放空间和万科总部大楼[3]架空的底层均属于这一类。

彼得建的车库、万科中心、蓝屋、香港的架空层、白天鹅宾馆的开放，这些例子无一例外，把拉近人与人之间的关系作为己任。它们进入了我们的视野，潜移默化地影响着我的思想，也影响了我在万绿湖的实践。

2013年，在招聘公司的前台接待文员时，遇到几位高挑的应聘者都未能让我动心，最后有一位并不高挑的女孩子担任了这个角色。除了专业技能外，主要是由于她和人见面时露出的笑容自然而亲切，而不是像之前几位应聘者那样露出职业化的笑容。

---

〔1〕 翩翩“白天鹅”敢为天下先. http：//www. gd. xinhuanet. com/newscenter/ztbd/2009－09/08/content_17633909. htm.

〔2〕 翩翩“白天鹅”敢为天下先. http：//www. gd. xinhuanet. com/newscenter/ztbd/2009－09/08/content_17633909. htm.

〔3〕 万科总部，2006年由美国建筑师斯蒂芬·霍尔设计，使近六万平方米的建筑基地无条件地成为市民的景观公园。在当代中国城市各自为营的格局中，这一努力使万科中心具有全然不同的意义。

图 1　位于香港湾仔的蓝屋（洪少葵摄）

图 2　在瑞士伯尔尼改造后的房子

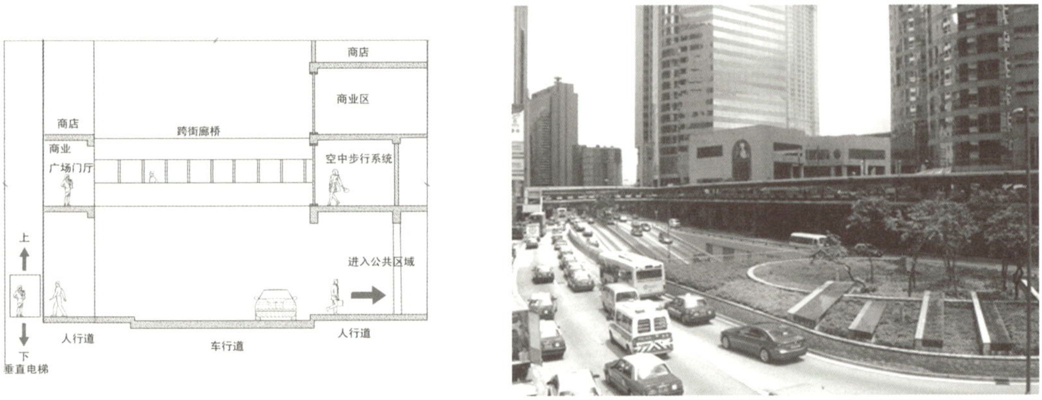

图 3　空中连廊一个最大的特征，就是将传统骑楼二层部分的居住功能拓展为贯穿整个区域的人行交通功能，从而形成架在空中的连续步行系统，结合跨街桥廊和独立连廊结构，将城市各楼宇和各商业圈有机地连接起来。这种以空中骑楼为主体的步行系统，还衍生出立体的复式骑楼形式，将地上项目和地下项目有效地连接起来，形成一个充满活力的多功能复合体

图 4　采用悬吊结构的空中骑楼，连接两幢商业建筑，在一定程度上解决了交通密集情况下的路权分配问题。空中骑楼与 LIPPO 广场二层的入口大厅相接，大厅墙上装饰着浮雕，还设有供行人休憩的座椅

万绿湖的屋顶公园

第一次在万绿湖中游泳，是在河源华达新城项目紧张施工的间隙。一个有雨的晚上，我驱车来到了万绿湖旁的一个小镇，再乘船到达湖中的渔排。当天晚上，我在湖中洗去了一天的疲惫。万绿湖的水深不见底，它孕育着河源这座城市。（图 1、图 2）

在河源华达新城售楼部竣工后，很长的一段时间里，我都在思考这样的一个问题：在一个经济并不发达的四线城市，一个以商业利益最大化为目的的房地产项目，竟然会接受这样一座异形建筑，屋顶覆土，种上植物，成为市民可以随时进入的公园。作为一个实施起来有难度的建筑，毕竟它的问题要比它的优点更容易让人看到。这个建筑本身所具有的社会意义，并不是马上显现的，开发商也不会对此有兴趣。但它为什么能完整地实施出来？

它能够在本土实施，有两个重要的因素：一是项目投资者的远见，二是设计者的策略。伍先生是华达集团的董事长，和他认识是由于我的学生——邓先生牵线，而这是缘于设计。邓先生是 90 年代后期华南农业大学园林专业的学生，毕业后在佛山从事园林设计工作。一天，他打电话给我说要到河源发展，征求我的意见。

我问他："在河源有什么优势？"

邓先生介绍了河源近些年的发展态势后，特别强调说："我在这里碰到一位很好的老板。"

一年后，我与邓先生口中的这位老板见面了。这位老板就是伍先生。伍先生的集团在当地开发一个房地产项目，负责设计的公司是惠州一家甲级的设计院，伍先生希望找一位经验丰富的专业人士给他一些建议。于是邓先生把我推荐给他。

伍先生的集团能在河源有影响力，既得益于改革开放的机会，也与他知恩图报、积累了大量人脉有很大关系。大多数在改革开放早期成长起来的企业家都有相似的优点，如对人宽厚大度，容易接受不同的意见。

项目位于新区的越王大道，传说这里是秦王派大将赵佗进入岭南时经过的地方。2009 年，项目的规划已经完成，在这个小区的蓝图上，规划有十几幢 16 层高的住宅，中间围合的是低密度的别墅，而面向越王大道，则规划有临街商铺，建筑用地是一座小山岗。（图 3）作为这个项目的设计顾问，我的工作是对总体布局、房屋类型提出意见。这让我跟进了项目决策到实施的整个过程。

政策的调控对房地产有直接的影响，但对当地的房地产企业而言，更直接的威胁是近几年外来的房地产大集团的“入侵”——他们有快速运作的机制，可以复制成熟户型，成本控制得相对较好，项目建设周期非常快，因此价格也具有竞争力。2009 年中，周边的房地产项目已经迎头赶上。华达集团的决策层决定加快住宅区的建设进度，原先被搁置的售楼部方案被重新提上了议程。

由惠州设计院设计的方案从一开始就没有得到业主的认可，因此被搁置了起来，原因是缺少生态感，未能体现小区自然生态的家居环境。由于它位于小区的主入口旁，与即将建设的城市广场格格不入，也未能得到政府相关部门的同意。根据上述意见，设计方重新进行了方案的修改，在建筑的外墙上设计了天然的石块，增加了垂直绿化，以达到体现与自然融合的目的。但在第二次评审中也没有通过，我作为设计顾问，正好参加了这次的评审。销售团队要求尽快启用售楼部售楼，但修改方案没有突破性的进展，时间在一天天过去。

“把它做成一个疏林公园吧!”轮到我发表意见时，我讲出酝酿已久的想法，“公园底下是售楼部。”（图4）

图 1　万绿湖

图 2　正在发展中的河源市

图 3　最初的售楼部方案

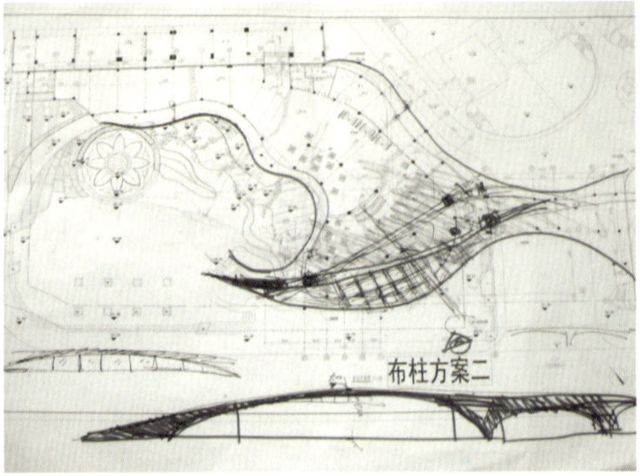

图 4　我的构思草图

在广州的房地产项目中，最早将底层架空作为园林用地的，是建于20世纪90年代后期的广州翠湖山庄。翠湖山庄住宅区位于三面临路的闹市区，其取得成功的最大原因在于彻底解放底层空间，将绿化巧妙地渗透于架空层，形成步移景异的微型园林，创造出新型的小区空间环境，解决了小区公共空间狭窄、首层住宅潮湿和干扰大的问题，这是我对利用园林营造复合空间的最初认识。在当时，许多规划和建筑设计师没有意识到复式架空空间在解决公共用地上的优越性。凭着这种新型的空间形态，2000年初翠湖山庄被评为全国优秀园林住宅小区。

受这一案例的影响，2004年，我在株洲湘江一桥桥西广场的设计中，就利用大桥两侧引桥的环形岛设计了覆土建筑，用作商业区，建筑上盖覆土后建为可供市民休闲的屋顶公园。项目在一年后竣工，与建好的湘江风光带形成一个滨水的市民休闲系统。（图5）这是一个市政工程，也是一个商业项目，本来是一个对土地充分利用和商业共赢的案例，但在实施过程中忽视了投资商的利益，导致了意想不到的结果。

尽管投资商多次反映这一改动会在管道设备安装后导致覆土建筑室内净高不够而难以使用的后果。事情是这样的，为不影响人们从桥上看过去的视线，当地领导要求屋顶高度要比同区段桥的高度低40厘米。

我们也在设计上采用各种可能的方式去避免对桥上景观视线的影响，但领导的意见还是被视为不可触动的原则，最后在施工中降低了致命的40厘米。两年过去了，屋顶公园上的植物长得郁郁葱葱，而下面商场一直都不景气。2011年我又来到这里，建筑室内做成了廉价的卡拉OK场所，回报抵不上投资，开发商在这个项目上亏了不少。作为主要的设计师，在这个项目上我十分内疚，在公共利益与商业利益产生冲突时，我无能为力，最终牺牲了商业的利益。当时领导从公共利益考虑建筑的高度并没有错，但在讨论的过程中，已经脱离了客观认识。有时候，领导的原则是想当然的甚至是随机的决定。如领导在某个旧城改造项目的现场看到旁边的一幢房子是红色的，就说新建的这批房子外墙为红色，而另一位领导到现场看到不远处有一幢白色的房子，就说新建的房子应为白色，他们的说法听起来似乎很科学，事实上是随机和唯心的。因为没有综合考虑各种因素，这样的决论一旦从领导口中说出，就变成没有商量余地的了。这可害苦了现场负责的人员，好在基层人员已经能游刃于这类困境，最后新建的房子被涂成了粉红色——既有红色也有白色成分。这是我亲历的一个案例。

缺失了投资商的利益，桥西公园这个项目没有发挥应有的社会和商业效益，作为城市的景观也没能发挥更大的好处。这个并不成功的实践，让我深刻反思：如果看到问题的出现，不要去附和它，而是想办法让它慢下来，不要朝坏的方面发展。这是我在后来的实践中要努力的方向，包括华达新城的覆土建筑。

在瑞士学习的毕业设计环节中，我再次把立体复合的城市空间作为研究的课题。有了桥西广场的经验教训，加上参观和研究了许多成功的案例，如彼得建的车库、香港的空中骑楼、皮埃诺的山包建筑、万科的深圳总部架空层场所，让我对这种立体复合型空间有了更深的认识。毕业设计的课题是广州信义会教堂建筑群的保护与周边商业规划。课题涉及架空、覆土、文化保护、商业与社区融合等内容。

在广州荔湾区的芳村，有一座建于清光绪年间的德国教堂，与周边的牧师楼、宿舍、学校一起形成信义会教堂建筑群，其中教堂被列入广州市文物保护单位。要进行商业开发的地块面积约3.4万平方米。正在施工的珠江隧道从地块中间的地下贯穿，正好经过教堂的地下。2010年初，教堂被整体向南迁移了30米。规划设计前我们对场地进行现场勘察，对照政府的规划图，发现区域内最突出的问题是绿地分布零散，整个社区缺乏市民休憩场所，而政府规划的机动车道呈南北走向，隔断场地与周边社区的联系。（图6、图7）

受香港中环步行系统的启发，我尝试用立体复式的空间模式来解决上面的问题，并选择了覆土的方式。具体思路如下：

（1）在新建建筑和40米市政道路上采用钢筋混凝土做盖层，覆土种植形成相对大面积的绿化公园，并与沿珠江岸边绿化休闲带、市政道路两侧绿化带、周边地块的零星绿化区组成区域内的市民休憩空间。场地的西边通过台阶式绿化以及架空廊桥与周边地块相接，还可以利用隧道两侧绿化带建造缓坡与场地上盖的公园相接，方便市民的进入。采用连廊、跨街桥和通风采光井使地块与周边社区融合起来，并保证底层的通风与采光。（图8）

（2）在保护现存的历史建筑方面，复原信义教堂建筑群的历史风貌，挖掘现存建筑的历史文化，建成开放式的教堂建筑历史博物馆。结合周边区域已成型的创意文化产业和现代服务业的功能定位，在场地内规划适量的商业建筑。在场地的具体设计中，还对自然通风、遮阳采光、水处理、再生材料等设计策略进行详细的研究。（图9）这个案例，让我们这个小组的毕业成绩获得了优秀。

图5　株洲湘江一桥桥西公园方案平面图

这个从一开始就兼顾政府、开发商、市民三者间利益的构思引起了开发商的兴趣，但在与政府部门的沟通中没有进展。主要原因是城市规划调整并不简单，城市规划条款具有严格的一面，不可能让一个天马行空的方案轻易进入讨论的环节，缺少了实际应对的训练与总结，是该案例的遗憾之处。即使这样，我还是从同学和教授的批评和肯定中得到了鼓励。

河源华达新城的方案不是突发奇想的，之前的积累、系统的学习和信义会的热身，使我在售楼部方案评审会上快速地抓住问题，提出覆土建筑的构思。学习期间与国内外设计师面对面的交流和学习，以及之后若干实例的实践积累，让自己在处理复杂的人际关系上有了很大的自信。我相信，比起多年前的桥西广场，河源华达的覆土建筑会变得得心应手。

在评审会上，伍先生听了我的提议，没有多说话，只是说了句："请你拿个草图出来。"

一个星期后，我把做好的方案包括平面图（图 10）、立体图、剖面图（图 11）和几张草图带到了河源，在华达集团的汇报室向伍总和他的房地产团队进行了汇报。方案立意来源于对项目所在的山包地形的记忆，把售楼部和入口建筑连为一体，上面是长满绿树的山坡公园，是一个开放的市民空间。作为建筑的传统形态的方形被模糊了，但作为私人空间的室内功能却没有被削弱。为了让投资方有一个喜欢听的名字，方案主题叫"山舞银龙"，因之无论从立面和平面来看，它都像一条舞动的龙一样舒展着身躯。

负责销售的劳先生在会上对方案给予肯定的态度，伍先生没有多说话，只是说了句："请做个模型出来。"

从瑞士学习回来，虽然在新会圭峰酒店做了环保节能的设计，但环保节能的措施在漫长的沟通过程中被一一减少；在芳村信义会馆做了社会融合的设计，但芳村信义会馆的规划涉及多方和政策法规，只是作为一种设想而未能实现。在河源华达新城的方案中，项目实施的时间明确，售楼部方案受到集团董事长的支持和肯定，这些良好的条件，让我感受到可持续发展建筑案例即将得以实施的兴奋和喜悦。

我一方面加班加点地进行方案的深化和模型的制作，另一方面整理项目中零碎的可持续发展策略。一个星期后，构思随着方案的深入变得清晰起来。

在项目中，销售团队希望售楼部处在一片树林当中，而不是被城市的钢筋混凝土包围。原来的设计方案也是为了增加绿地面，因而直接在四层建筑的屋顶建花园，墙面还设计了部分的垂直绿化。这样的思路仍然以单栋建筑为设计的关注点，好处是建筑会设计得很出彩。而问题是，即使是披上绿色的外衣，单栋建筑在整个广场中仍然显得突兀，所以一直未能通过评审。

图 6　项目所在的区域及用地范围

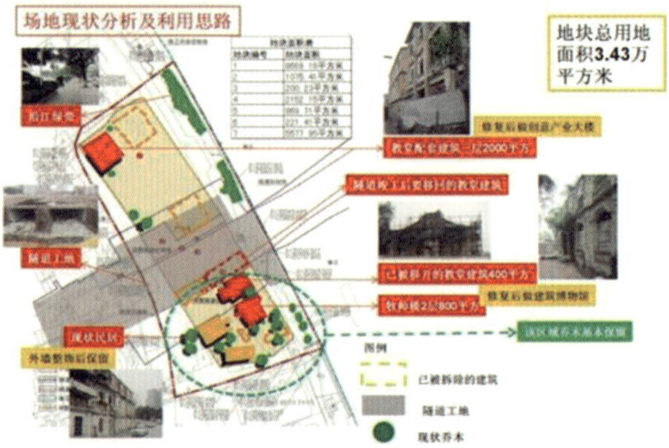

图 7　场地现状分析图。现存文化历史建筑 3 幢均有不同程度破损，民宅 2 幢，其他建筑已在隧道施工过程中被拆除。现存建筑周边保留着部分植被，包括大乔木 10 株（榕树为主）。场地内无大型水体，但场地临珠江是最大的优势

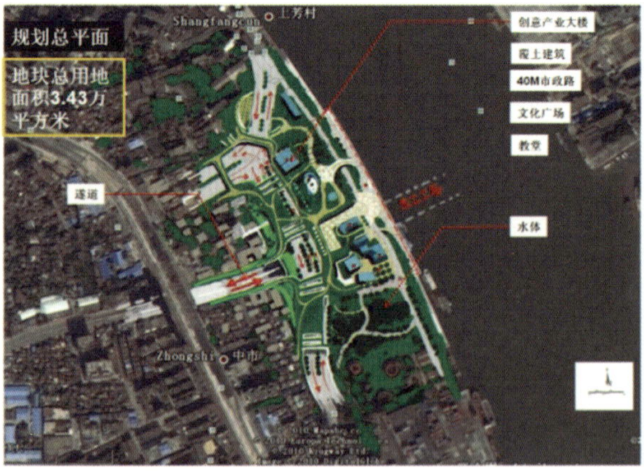

图 8　规划总平面图。在场地北边通过堆土缓坡处理覆土后的场地，与东边其他地块相接，堆土的土方量从地下停车场挖出的土方中平衡

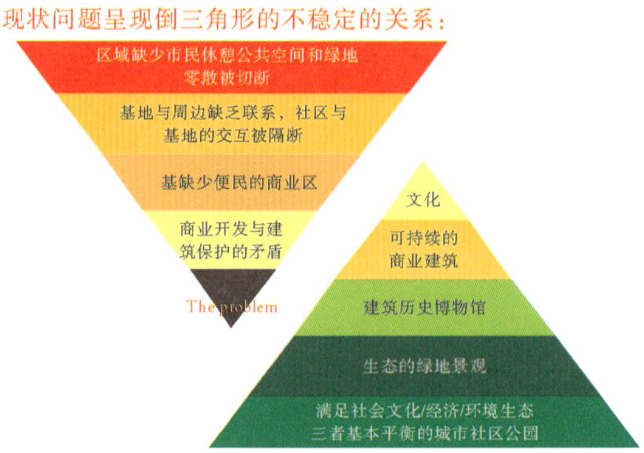

图 9　由于缺乏整体的市民公共休闲空间，现实状况呈现出不稳定的倒三角形。规划针对地域以及场地存在的最尖锐矛盾，通过区域资源整合，在政府、开发商、市民三者间取得最大的利益平衡，规划后的区域内各要素达成稳定的平衡关系

将建筑的高度降低，使建筑造型更接近原来的山坡面貌，将建筑与广场融在一体，利用延伸的边缘增加绿地面积，同时还让屋顶成为大家轻易能够到达的共享花园，这是新方案展示的面貌。前后两个方案的目的看似一致，都是为了增加绿化面积，但不同的思路却有不一样的实施方法和结果。新方案是共享的概念，以此所展开的探讨将是一个全新的空间形态，建筑变得不再突兀，呈现给人们的将是一个包含售楼功能的开放式山地公园。屋顶花园跨过小区的入口建设天桥（这是联系东南的绿桥，也是大门的门拱），这样一来，连大门的入口也一并建在售楼部的山坡造型内。建筑形态有如水珠一般，向东、西、南、北四个方面延展，与城市广场、商场出入口广场联系在一起，并充分利用场地边角和空隙位置种植植物，形成了一个面积达到 1 000 多平方米的疏林公园。（图 12）因为多了一个可供宣传的卖点，我想销售团队一定会喜欢的。

这样的一个覆土建筑，室内会是怎么样的？首先我吸取了在株洲桥西广场项目中为了室外景观而牺牲室内空间的教训，将室内的高度优先作了考虑。室内的高度亦受地形的限制，如果山坡的高度（建筑屋顶最高处覆土后标高）太高的话，屋顶的花园就难以和广场接壤，人们难以到达屋顶花园，景观效果也不好。因此可以利用整个小区山地地形的特点，处理好覆土建筑与各个功能区之间的衔接问题。2014 年我到当年竣工的南宁城市规划馆参观，该展览馆也采用覆土建筑的形式，屋顶绿化后作为城市公园。由于用地平坦，在保证室内空间使用功能的前提下，竖向尺度较高，造成覆土后山体坡形较陡，人们要到达屋顶公园要爬较长的梯级，在一定程度上影响了使用。（图 13）

最终覆土后的建筑高度确定在 9 米（比城市广场标高高 9 米），室内最高处净高为 7 米（不计算梁板尺寸）。主门口朝南，进来就是室内的花园和接待大堂，为了保持宽敞高大的形象，接待大堂高达 6 米。其他区域设计为两层空间，二楼主要是行政办公空间。由于屋顶标高逐渐呈缓坡而降低高度，为了满足一层洽谈区和二层办公区的空间高度要求，设计将洽谈区的地面标高再降低一米（比接待大厅地面低一米），让洽谈区具有 2. 4 米的绝对空间高度，二层办公室有将近 2. 8 米的空间高度。降低后的洽谈区正好与西边用于雨水收集的水池处在一个标高，避免地下空间景观效果差的问题。

为使 500 多平方米的二层和对边角位置能够充分利用，售楼部与商场之间的空间连成一个整体，视野并不理想的空间，可以做成卫生间和设备间等，因而保证建筑总面积达到 2 100 平方米，和原来方案设计的四层建筑面积基本一致。

采光是覆土建筑要重点解决的问题，在寻找良好采光方式时也要考虑遮阳的问题，因此采取了以下措施：①接待大厅的前端有系列采光天窗，以保证大厅宽敞明亮，这一位置正是室内园林的位置，室内与园林景观相映衬，这是异形建筑的优势，可以根据地形灵活变化。（图14 至图 16）此外，在天窗下设计了电动的遮阳幕，以解决夏日中午太阳直照的问题，在项目中没有考虑更有效的室外遮阳系统，是因为短时间内没能找到经济实用的外遮阳设备，而现有的户外遮阳系统造价昂贵。②采用宽敞的侧采光。建筑三个立面通过高大的落地玻璃窗来解决采光问题。洽谈区的西面，设计了全景落地玻璃窗以接收日光，为了防止阳光直射室内，层顶上设计了 2 米左右的飘檐，另一方面又通过旁边的水池将中午的阳光反射到室内以产生漫反射的效果，而到了下午的西晒时刻，种在水池西边的高大乔木，在一定程度上过滤了夕阳对洽谈区的直晒。宽大的窗户也有利于享受户外园林水景。采光、遮阳和景观视线是一个整体的系统，从设计一开始就成为研究的重点。

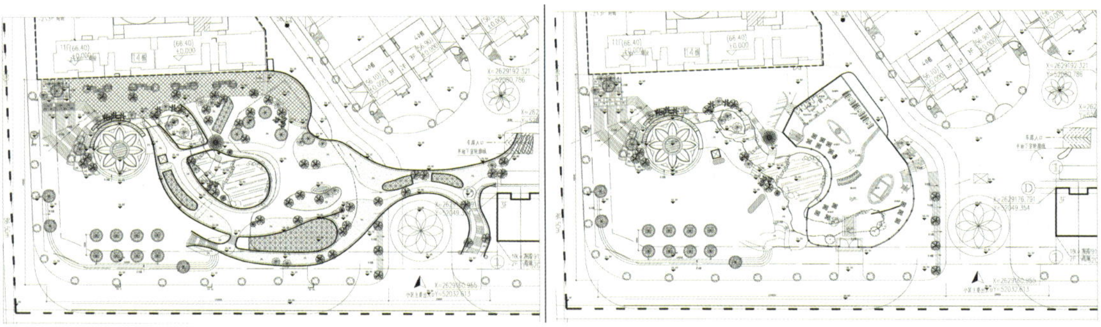

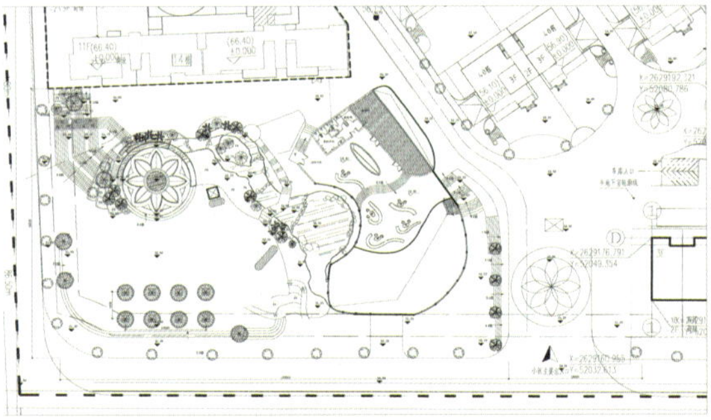

图 10　河源华达新城方案平面图。项目所在地为河源市东北新区，在设计方案中，广场面积 3 720 平方米，售楼部建筑覆土公园面积 3 129平方米，售楼部建筑占地面积 1 600 平方米，售楼部建筑首层面积 1 538 平方米，售楼部建筑夹层面积 564 平方米，该项目于 2010 年 6 月施工，2012 年 1 月竣工

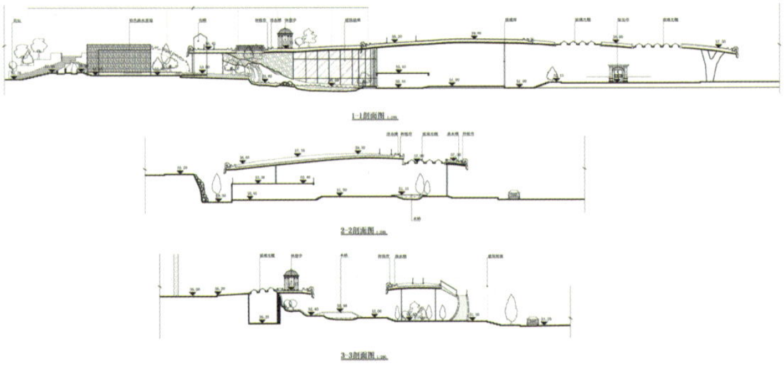

图 11　河源华达新城方案竖向分析图

图 12　方案效果图

图 13　定位大型展厅功能的南宁城市规划馆，建筑室内空间高大，建成后的建筑坡顶需要较长的阶梯才能与平坦的地面相接

图 14　用灯光模拟阳光照射的轨迹

图 15　通过模型来分析覆土建筑的夜晚照明效果

图 16　接待大厅采用天窗达到自然采光的目的

得益于在瑞士的系统学习，我在设计中增加了一些措施，如建筑屋顶覆土后利用缓坡进行雨水收集并将之用于水景和绿化的灌溉，通过屋顶绿化来降低经夏日太阳暴晒后急剧升高的室内温度、减少室内的空调能耗等，这些都可以在可持续发展要求上加分。这些措施在方案中都进行了详细的设计，但我没有刻意向甲方宣传。因为一旦向他们强调这些措施，很有可能引起不必要的误会，大多数客户会认为这样做既增加造价又带来更多的麻烦，会影响大家对覆土建筑的支持。只要有环保节能的意识，一位有经验的设计师是可以巧妙地把这些措施与景观设计结合起来的。

“事前低调，事后高调”，这是来自加拿大的设计师潘朝阳先生在中国实践可持续发展建筑十年来总结的经验。

作为他的学生，在课堂上，我曾带着疑惑问道：“潘老师，我同客户讲做环保节能的设计，他们往往都不感兴趣，即使少数感兴趣，在实施前也是不了了之，怎么办?”

潘朝阳先生说：“如果一开始就碰到抵触，不要尝试再向他们强调这些措施，这会引起不必要的焦虑，利用设计师掌握的资源将它们不动声色地融在项目中，在竣工后，你把客户请到现场，然后告诉他你的项目中有哪几项是对社会有意义的事情。这时，没有哪一个客户是不高兴的。”

我们必须明白自己的愿望是什么，必须有正确的价值观念。当事情处在发展的瓶颈时，它们会让你看到所做事情的长远意义，并有足够的耐心和策略去帮助我们处理复杂的冲突，而不在乎眼前的一些得失。这是潘朝阳先生教给我的策略，我将其用在河源华达售楼部、陈皮村的竹建筑项目中，极为妥帖。

因此，我在设计中隐藏了另一个动机，自始至终都没有向伍先生提到，项目完成一年后，才在《十方》一书的作品介绍中进行了简短的说明。作为可持续发展建筑实践中体现社会性的一环，在这里有必要详细地加以阐述。

2010 年上半年，当我到华达新城现场时，小山岗上正在进行土方工程。项目所在地为河源市东北新区，在城市的快速发展中，当地农民的土地被政府征收，用于房地产开发。包括华达新城房地产项目在内的这一大片区域，原来是林地和农田土地。被征收后，政府为当地的村民划出一块区域，将他们集中安置在这里。失去土地的农民被安置在项目所在地对面的回迁地块，他们被允许自建住房。为了获得最大的建设用地，村民们都尽可能地利用补偿的土地，建造四层或五层的住房。这块土地呈四方形，区内道路按井字形规划。到了 2011 年上半年，这块土地上的房屋已陆续建了 70%，剩下的地块，即使是长满了野草，也还是用于建房子，我称这块土地上的住宅区为原住民社区。

往日的小山丘如今已是高楼林立，周围的环境对这些原住民来说已变得陌生。原住民社区没有规划公共绿地，居民们只能在屋前的水泥路上休闲玩耍，离他们最近的开阔地是华达新城规划区域中的商业广场。另外，作为即将建成的高档居民小区，华达新城规划有优美的小区花园，和大多数高档社区一样，出于安全和管理上的考虑，外面的人是难以享受的。

对于回迁的村民而言，他们是原住民，入住华达新城的人是新住民。用瑞士建筑师彼得的观点来看，应该想办法促进他们之间的相互了解和相互信任，而由华达新城的屋顶公园来担任这个功能是最合适不过的。新住民应先做出姿态，这也是彼得给我的启示。

有人问，为什么不开放小区花园，让周边社区的人们共享？

我想，连问我的人自己都知道时机未到。如果华达新城向客户标榜小区绿地开放共享的理念，一定会遭到不少业主的投诉。不过，在不久的将来，这种共融的情景必将会成为越来越平常的事。在美好的事情到来之前，总可以为之先做些事情吧，哪怕是具有象征意义的一点小事也好。

在被人们认为最讲商业利益的房地产项目里，把原本属于少数人的私地——售楼部的屋顶变为服务周边社区的公共绿地，这一措施让公共的市民休憩用地增加了40%，这块开放的花园成为新住民和原住民相互认识的一个窗口，体现了可持续发展设计中对社会关系的关注。设计应努力促进人与人、人与环境之间的和谐，而河源华达新城售楼部屋顶公园正反映了这样的社会意义。（图17）

20世纪90年代初，广州二沙岛上的农民一一迁出了他们熟悉的土地，这里很快建成了昂贵的高档住宅。迫于压力，岛中央的那块原本用来建房地产的土地后来变成了市民的公共绿地，若非如此，二沙岛可能会成为一座完全富人化的城中城。2011年我到武汉考察，在一个涉及老城区改造的房地产项目中，旁边有一处号称最高档的小区，围墙上整齐地安装了三排铁丝网一样的安防网线。

当穷人和富人没有共同的利益、悲伤，甚至没有任何的交集，不可逾越的鸿沟就会遮蔽双方的眼睛，穷人和富人可能比邻而居几十年，却完全不理解对方[1]，这不仅可以从安防网线得到暗示，还可以从富人送儿女就读贵族学校等事例进行思考，父母希望他们的同学也是门当户对，与富人和权贵子弟为伍，强强联手。然而美国的有钱人父母就有意识地要求他们的小孩深入社区做义工，帮助穷人。

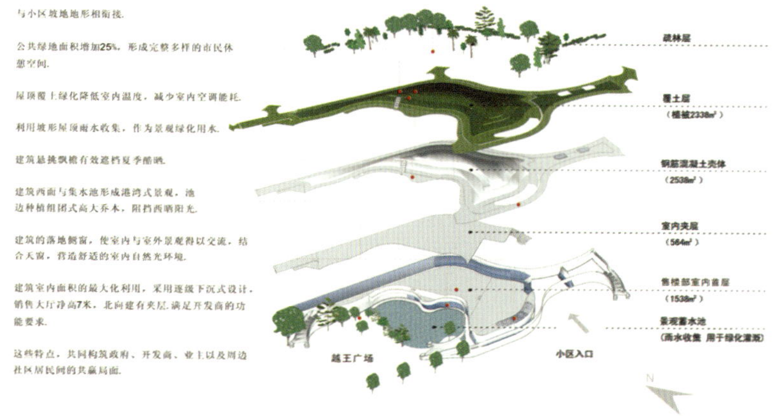

图17 异形建筑是为了将屋顶这一居民的私地，与周边环境更好地融合，最终与广场形成对社区市民开放共享的整体空间，也有了进一步探求环保节能措施的诸多有利条件

〔1〕古斯塔夫·勒庞．乌合之众：大众心理研究．冯克利，译．北京：中央编译出版社，2000：3.

另一可供对比的案例是广州珠江新城绿轴底层和万科总部底层公园。规划设计者提出将广州珠江新城四组高层塔楼底层高架保持绿轴与城市道路空间有机联系的构想。但这一构想在建筑过程中未能得到贯彻，这四组体量庞大的高层建筑遮蔽了绿核，切断了东西两侧城市道路与绿核之间的景观视线及可能的步行联系，私人领域侵占了城市绿色开放空间，使绿轴中段的开放性受到影响。即使标榜面向未来的 CBD 区域，愿意开放底层融入城市空间者几乎为零，由此可见人们社会公共意识之缺乏，以及激发这一意识的强有力机制和措施的缺位。相反，作为私人的物产，深圳万科总部大厦却能做到底层架空并建成开放式公园，供市民休闲。

广州珠江新城猎德村的拆迁中，当地的村民没有像以往一样被安置在远离市区的城郊地带，而是全部原址回迁。他们回迁的附近楼盘均价是六万元每平方米，这就意味着村民一下子全变成了千万富豪。在广州中央商务区，猎德村的村民每天仍习惯在小区的马路两旁打牌，族人有喜事时便在祠堂里摆上餐桌欢聚一堂。这是广州亚运会举办前最成功的一个“三旧”改造项目。在香港，同样可以看到中环核心商业区的附近仍然活跃着许多摊贩，在这里可以看到名牌高档店和街头便宜货、高档商业广场和“老鼠街”、现代商业大楼和唐楼共存的多元局面。（图 19）贫富在这里相互交织，商业的繁华为原住民带来了更多的就业机会，步行系统不仅存在各商业广场之间，也通过电动扶梯延伸到山腰，方便区内市民的出行。高档商业的发展并没有用成片的规划吞噬传统街区，得益于此，当地低收入人群也可以买到价格并不高的地摊货。在城市发展中，贫富交流常常让双方共赢。而很多设计师对加剧的贫富分化现象往往熟视无睹，甚至在规划设计中还有意识地强化贫富分区，将有钱人孤立起来，这从侧面说明了某些设计师在取得成就之后，逐渐丧失了对社会的敏锐洞察力和对弱者应有的尊重。

当国际上许多城市都在检讨区域功能单一、同类功能场地面积过大所带来的问题时，近些年规划建设的广州珠江新城——广州的中央商务区正在形成，这里有广州最漂亮的中轴线建筑景观和绿地公园，但难以在这里找到丰富多样、物美价廉的午餐，一个很大的原因是缺少原生态的街市。（图 20）归根到底是政府作为最大的开发商，为将商业利益最大化，而排挤了多元利益的存在空间。在华达新城售楼部项目中，伍先生作为投资方没有把浅层的商业利润最大化看成是唯一的或不可让步的原则，才让覆土建筑有了实施的可能，从而获得更大的利益。

两个星期后，模型已经做好，考虑的细节都一一反映上去。在汇报会上，我满怀信心地介绍了这个公园式的覆土建筑方案，本以为会获得满场的喝彩，却遭到了大多数人的反对。

反对的意见是具体的，包括：①虽然方案新颖，但实施难度大，目前与华达合作的队伍中难以找到达到施工要求的，在河源也没有；②造价高；③工期紧，施工中可能出现意外的概率较高，没时间去处理；④一旦失控，将是无法挽回的损失，包括不能按时使用和出现奇丑无比的建筑。

不可否认，他们的意见是客观的。除了反对的大多数外，剩下的只有伍总和销售经理两人，而此刻的伍先生没有在会议上表态。我的心情忐忑不安，大多数这类实验性项目都会在现实面前夭折。

当天下午出现了转机，伍先生把方案拿到政府规划部门征求意见，回来后对我说：“请你拿个预算出来。”

在伍先生的支持下，这个项目终于进入实质性的工作。

当有了思路之后，要从技术上解决并不是最难的事，真正困难的是说服投资方实施方案，怎样去说服他们？许多刚涉足设计的年轻人认为有绝妙的口才就可以取得成功。但投资方在关乎其商业命运的事情前面，绝不会含糊。最好的说服方法是让他们切实感受到利益。河源这个项目的落实是我预料之中的事，这种信心来源于以下几点：①之前的售楼部方案在报给规划和建设部门时，因为涉及与广场的关系，一直未能得到批准，但最好的售楼时机就在几个月后，投资方只能决定先以临时建筑的方式进行建设，在完成售楼功能后再拆除；②没有政府规划部门会抗拒在现有规划场地的基础上增加将近40%的绿地公园，且这个公园是由投资商出地、出资建设的，而这本来是政府部门应该做的事，现在开发商做了；③这个公园不仅获得相关部门的快速批准，也让这幢原本只能使用三年左右的临时建筑彻底地成为公园不可分割的一部分，并作为公园及小区的配套设施被永久保留下来，这样一来，华达集团投资在售楼部的资金，在未来会得到回报。

图19　香港上环、中环一带核心商业区和小巷的摊贩、百年唐楼

图20　位于广州珠江新城的中央商务区，有着国际大都市的建筑景观群和绿地公园，但缺少原生态的街市

在各方面的努力下，2011 年 3 月份，售楼部的土建开始了。（图 21 至图 23）4 月份，广场上的樟树已种植起来。一切似乎都在按计划进行，争取在 2011 年底前竣工并投入使用。

一天，负责销售的劳先生来电，向我说了几点“形势”，大意如下：①由于周边同类型楼盘的建设进度已经抢在华达新城的前面，售楼部必须在 10 月 1 日前完工并交付销售团队使用；②售楼部的土建已经快完成，大家看到的是一个“四不像”的丑陋家伙，内部的反对意见开始施加压力。

劳先生最后说：“大家都在等着看你的笑话，我和伍先生当初是强力支持这个方案的，不能让我们出丑啊！希望你能全力以赴做好这件事。”

大家无法预见这栋覆土的效果——它又不同于传统造型的建筑容易让人们看到大量的参照案例。于是在混凝土异形框架完成后，反对的人终于可以找到事实证据来印证当时反对的理由。但丑陋只是一时的，这不是它最终的面貌。我一边给焦虑的支持者信心，一边欣喜自己又获得一次机会。

图 21　2011 年 4 月售楼部土建现场

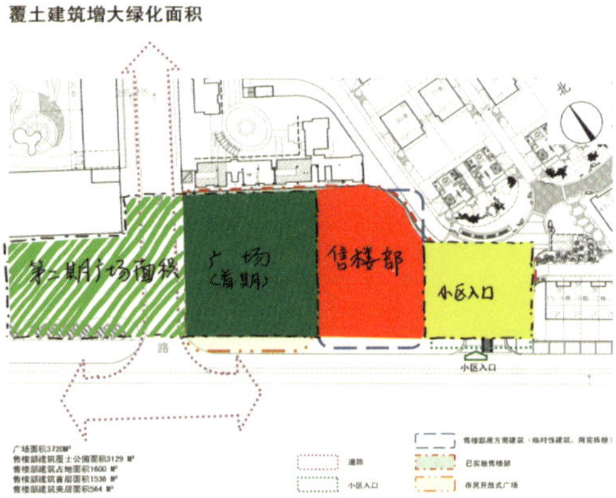

图 22　华达新城售楼部所在位置

图 23　工地南边是当地村民的自建房

因此除了整个项目的顾问费，我还单独收取了售楼部的设计费。但执行这个方案，即施工的业务能否承接，我还有所顾虑。因为在一个已经运营成熟的企业里，一定会有各种利益影响下组成的复杂关系网，一位新来的人要进入这个利益圈，会被视为分割既得的利益，他所受到的阻力会异常巨大。从劳先生的信息中可以看出，现在除了原先的支持者之外，大多数人认为这是一个即将出丑的高风险项目，他们想躲都来不及，更不用说来争利益了。

在后来的施工竞标中果然验证了我的判断，尽管我的报价比另外两家高，但伍先生认为这个项目由设计方进行施工更合适，其他人态度一致，没有人反对，最终我带领山田组的团队获得项目的施工资格。而少了人际关系上的干扰，我从业主手上获得的资源和投入项目中的精力也大大增加了。

在瑞士上设计课时，教授说："要把一个设计做得比别人好，就要关注项目中最糟糕的因素，因为好的因素和条件对大多数人来讲都能利用好，而不利的因素会被忽视或掩盖，把这些不利的因素转为有利因素，往往就成功了。"

我把这种指导思路应用在许多设计上，如怡乐路办公室、雕塑精品汇（把最难看的楼梯改造成流线型而获得大家的喜爱）等，都取得事半功倍的效果。在应付复杂的关系上，这种思路一样奏效，在关键的时候，把事情推向更加复杂的境况，置之死地而后生。这时，别人在勇气和解决问题的方法上往往会相形见绌，因为大多数人会固守原有的思路，没有经过专门的训练，也没有做好充分的准备，而我是有备而来的。

这个异形建筑不是单一的建筑专业人员可以设计好的，它要求必须具有建筑的知识来解决力学、空间和通风采光等一系列问题，又要具有熟练处理室内设计中小尺度细节的能力，还要有艺术的审美眼光，将整个建筑有机地与周边环境融合起来。此外还要有坚毅的执行力，这和健康的身体分不开。在这条漫长的道路上，一旦认定所做的事情具有社会意义，就会从精神上源源不断地获得动力，它由自我认同和乐趣构成，所以我不赞同"苦行僧"的说法。

设计离不开资源的整合，而团队是资源中最宝贵的财富。我的信心同样来自于团队。

首先，有灵活应变的设计团队。团队解决了建筑与覆土山体两者间的矛盾，使之既有山体的造型，又有建筑的特征。设计以西式古典样式装饰主入口外立面和拱窗立面，和小区住宅简欧装饰一致，从正面看不至于像是一个山洞的入口。为了让建筑室内具有山地建筑的特点，在入口前厅建造了一条涧溪，突出室内与自然景观的结合。华丽也是业主对售楼大厅的诉求，因此美观是最基本的要求，这些要素在设计中都作了详细的考虑。这个团队对突发事情有随机应变的能力。在开始构思室内空间时，我提出根据弧形的屋面曲线采用大跨度的预应力结构，让接待大厅不出现混凝土立柱。经过结构师的计算，大跨度的造价非常昂贵，于是同意了在中央大厅的两旁加了两根立柱的建议，中间仍保持有 20 米的跨度。然而，事情的发展总会有意想不到的枝节。在施工过程中，土建方临时在中央大厅加了一根立柱，形成了大厅中央三柱鼎立的局面。经了解，原来是结构设计图纸和土建预算报到集团审批，集团老总为了让造价再减低，采用了结构师提出的另一个建议：在中央大厅增加一根立柱，可以节省近一百万元的土建成本。

这一改变让我无法坚持原先的设计。突如其来的改变，需要有新的方案应对。要想淡化立在大厅中央的三根大柱子是不容易的，既然不能忽视它们的存在，就把它们作为主景来强调。在河源，人们讲究喜庆和好的意头。广东有一句生意上的吉利话叫“盆满钵满”，意思是赚的钱用盆和钵都装不完。根据这个构思，我们在柱子底部设计一个 2.8 米高的大木盆，上面用玻璃钢做成三段竹节状的金元宝，寓意节节高，这个方案解决了大厅中央三根立柱的问题。(图 24、图 25) 同样的方法也用于洽谈区的下水管修饰。下水管从二层的卫生间通向洽谈区，既多又密，设计上采用软膜天花做了三朵花的造型，寓意花开富贵，既美化了环境，又让甲方在心理上赚够了“好意头”。(图 26)

图 24　方案效果图和竣工后效果

图 25　竣工后的招商大堂

图 26　洽谈区的下水管装饰——软膜天花

其次，有经验丰富的施工团队。由于在设计中无法利用昂贵的软件（如犀牛）对大量双曲面复杂造型进行准确的绘图，因此放样和安装难题就落到了现场的施工上。洽谈区西面的全景落地玻璃是典型的例子，其高度是6米，宽是30米，由25块玻璃组成。由于建筑屋顶和建筑平面的两条轮廓线不在一个垂直面上，玻璃的造型自然就产生了不规则的曲面。这样一来玻璃的放样变得复杂了，加工的难度也随之增大。我是第一次接触大面积的双曲面异形玻璃墙。有人提出放弃双曲面异形而改为单向曲面，但这是异形建筑的一个亮点，不能轻易放弃。

在现代技术的支持下，对异形材料的加工不是一件难事，如广州歌剧院的外墙花岗石就是采用先进的犀牛软件对每块不规则的石材进行计算，然后将数据交给材料商进行加工放样。即使聚集顶级的结构师和熟练工人，广州大剧院异形网格结构的第一次安装还是以失败告终。

我们也曾考虑过使用先进的计算机软件进行放样，在咨询了市场后，发现只有大的几家企业才有这样的技术，但他们价格高昂，且不接小型的项目。而且，即使采用计算机软件精确放样，由于现场施工精密程度低、误差大，加工好的玻璃到现场后，也必须再次根据玻璃形状对现场进行调整，这个过程往往要耗费大量的时间。广州歌剧院异形花岗石外墙的安装就出现了部分地方变形的情况，在后来的维修中也未能完美地处理好变形问题。在现实中，许多项目受到先天不足的条件限制，在资金投入上更是一个短板。在这样的情况下，寻求传统的方式常常是有效的。

和新会陈皮村的竹建筑节点采用传统捆扎和打钉这种有效的方式一样，在售楼部的玻璃放样上，同样是采用现场人工轨迹放线的方式。先是根据设计师在现场放线把固定玻璃的上、下金属角铁弯曲成形，调整好之后再与建筑上下梁锚固，然后用细棉线按每块玻璃的规格上、下牵紧进行放样，最后用红外线放线仪进行校正。整个现场放线取样的过程只用了一个星期，在玻璃安装的那一天，我在现场看着工人一幅幅组装上去，拼好后完全达到设计的效果，这个“土办法”解决了大问题。（图27、图28）

再次，有善于思考、执行能力强的园林景观团队。覆土建筑作为地面景观的一部分，要取得成功在很大程度上得依靠园林的处理。邓先生负责园林的深化设计和执行工作，这位只比我年轻几岁的小伙子一直支持我的方案，并给了许多好建议。他的园林专业背景和大型市政园林的丰富施工经验，解决了覆土、储水、防水、微地形塑造和植物的安置等问题，让整个建筑融在园林当中。如何在低成本的条件下达到方案的效果，避免类似广州大剧院、珠江城预算大幅超支的现象？邓先生为此想了许多方法。在售楼部门前，方案中有一株高大浓密的乔木，设计要求树高约12米，冠幅约13米。在施工过程中，业主要求必须种桂花树。

但这么大的一棵桂花树在苗木场里很难找到，即使找到也难以承受昂贵的价格，怎么办？

我常拿这个例子向学设计的学生讲思路的转变。在设计中要擅于解决问题，除了有好的方法外，还要有能力将方法落实。事实上，这棵大桂花树是由三棵单边桂花树合种在一起的。单边桂花树是种植在树丛边缘的树，从小树苗开始，由于受到其他高大乔木的影响而向一边生长。它没有完整的冠幅，因此被认为是树型不好，即使是胸径粗壮也少人问津。但这类单边树并不多见，邓先生走访了多个林木场，分别以很便宜的价格收购了多株单边桂，并把它们合种在一起，形成一株硕大的桂花树，既达到效果又节省了成本，可谓一举两得。(图 29)

同样的思路也可用来指导广场铺装材料的选用与施工。关于广场的铺装，我们建议采用至少 8 厘米厚的当地花岗石，以满足使用的耐久性，同时表面要有肌理以防止雨天打滑。很多公共广场在建设时为了节省成本，地面铺装采用了 3 ~5 厘米厚的花岗石，结果没使用多久就出现铺装松动、断裂甚至粉碎的情况，影响了美观，也留下了隐患。

在广州迎亚运的城市建设中，有市民看到广场铺上厚厚的花岗石，质疑是否浪费。关于这一点我想谈一下。2006 年我在意大利佛罗伦萨看到一个城市广场在进行地面铺装工程，发现他们铺装的石头均采用 20 厘米厚的板材。后来我发现在瑞士、德国、中国香港等地的广场在铺装上的质量要求很高，并不把成本放在第一位来考虑，因为选材不当或规格达不到要求会造成日后的损坏，要更换一块砖的人工成本足以购买 2 ~3 平方米的材料，如果造成人员伤害事故就更是得不偿失。有了这个认识，我在设计广州忠佑广场和广州大元帅府广场的地面铺装上，就分别建议采用 10 厘米和 20 厘米厚的花岗石。这一厚度的差异在日后还是显现出来了，忠佑广场的地面由于机动车在此转弯导致石面断裂，而大元帅府广场上 20 厘米厚的花岗石，即使曾经被上面进行孙中山雕像吊装工程的大型工程车碾压仍然完好无损。(图 30)

在华达新城广场的铺装选用上，要使用 10 厘米厚的花岗石板，就会碰到成本的问题(3 厘米厚的板材市场价约为 80 元/平方米，而 10 厘米厚的约为 450 元/平方米)。为此，邓先生找到广东云浮的石材加工厂，发现他们在对石头方料切割出 2 厘米厚规格板材时会留下一块长方形的边底料（市场上售卖的板材一般为 2 厘米）。边底料长约 150 厘米，宽约 70 厘米，每块都有 2 ~3 厘米的误差，厚度 12 ~15 厘米不等，表面机器切割后会留下凹凸坑线。由于对这些规格不一的边底料再进行加工的难度增加，工厂会按废料进行处理。邓先生建议用在广场铺装上，经过了讨论，我们想出了这样的方法：①采用 8 块石板组成一个格子图案；②每块石板铺贴时留出 5 ~8 厘米的缝，以消除每块石板在长和宽上不标准的问题；③在这条缝上填上泥土，种上草；④将广场泥土夯实，然后按石板的尺寸在广场上用砖砌筑田字墙埂，将石板架空，架起石板的墙埂高度可适当调整，这就处理了每块石板厚度大小不一以及板底不平整的问题，同时也起到渗水的作用；⑤对每块石板的凹凸坑线稍做处理，即可成为防滑线。方案确定后，以 2 厘米厚的石材价格买下了一大批边底料花冈石板，算上运费，为 120 元/平方米，这就省下了将近 3 倍的材料费用。(图 31)

当然，在施工过程中需要大量的人工进行板材的安装，加上将近年底，工人工资增加，人工费用支出加大，未能达到大幅降低造价的目标。尽管是这样，这一方案的实施仍然有积极的意义：第一，充分利用了废料，减少消耗新的资源；第二，减少了材料费的比重，增加了工人工资的收入，这是可持续发展建筑设计中很有吸引力的一个方面。生产需求没有被遏制，而经济活动也不是以大量消耗资源为前提，同时劳动者的收入增加了，新会陈皮村的竹建筑项目同样体现了这种意义。

最后，有技术过硬的结构设计团队。惠州设计院的建筑师，在其售楼部方案被否决之后，不仅对此没有成见，反而表示全力承担覆土建筑的结构设计。这是一家具有综合设计甲级资质的设计院，其严谨专业的工作态度让我对覆土建筑的安全性充满了信心。

2011 年 8 月至 9 月间，是工程最繁重的时期，在整个施工期间，伍先生甚少来到现场，他的充分信任让我的责任感也随之加重。在这段时间里，我几乎每隔几天就会从广州开车到现场指挥，有时到河源现场时已是深夜，也要把施工负责人请来，打着电筒看一遍，回到酒店后洗去一天的疲惫，静下来思考第二天的工作。（图 32）

2011 年 11 月，工程终于竣工。在售楼部正式开幕时，作为总设计师，我被邀请坐在了前排。那一天阳光明媚，室内准备了酒水和点心，客人们踏入售楼部古典的大门，走过柚木栈桥。我跟随着客人的步伐，以主人的角色观察着大家的神情。我希望从他们的脸上看出满意的表情，甚至向我表达喜欢这里的空间、装修或是摆设，哪怕是点点头。

但没有人留意它，我只好这样安慰自己：大家忘记它而全神贯注地投入对产品的关注中，这不是人们对建筑最大的认可吗？

图 27　与施工人员现场讨论双曲面玻璃的放样与安装

图 28　工人在异形建筑的大港湾绿地里小憩

图 29　采用三株单边桂组合成的大桂树

图 30　广州滨江路的大元帅府广场 20 厘米的铺装石

之所以在意别人的态度，是因为我倾注了精力和热情在这个以可持续发展为目标的建筑上，它是我从瑞士学习回来后真正实施的案例。我像个学生一样充满着自信和不安，我需要别人的评价，准确地说是鼓励。

终于，在酒会上，惠州设计院的王院长对我说："方案开始时，还看不出这个建筑有吸引人的可能，甚至还有些担心，现在看来，这是一个优秀的设计。"

这是我听到的第一个明晰的评价，从王院长的话语中，我听出之前人们对这个异类建筑的不解和担心。好在我有能力把它做得漂亮。

伍先生作为项目最大的支持者一直没有给出评价，我也没有主动问过他。2012 年春，在华达集团召开的华达新城项目总结会上，伍先生作总结，他说："客观地说，售楼部这个建筑是不错的。"这是我听到的伍先生最正式的评价。

在被称为"本土"的地方，实践这类小众的项目，有支持的土壤是十分重要的，这也是我看重投资者评价的原因。这个项目能够在房地产商业项目中得以落实，与最大投资人的支持是分不开的，这就是可持续发展建筑成长的土壤。什么样的土壤长什么样的树，但树林形成的生态系统也可以反过来改良本土的土壤，这是一个双向作用的过程，也是漫长而充满坎坷的道路。

从项目的开始到竣工，我都没有向业主展示这个建筑将会呈现的社会和环保上的意义。在中国，几乎所有的项目都是紧迫的，如果在其间提出许多新措施和新想法，一定会让决策人感到风险很大。在工程资金紧、工期短的情况下，要应付的事情太多了，投资者没时间和精力再去办一件吃力不讨好的事，这样一来，新措施势必遭到否定和质疑，解释、争论反而加深他们的误解。来自其他事务的压力，已令他们应接不暇，对可能节外生枝的事自然本能抗拒。

图 31　采用"边角料"铺装的广场

图 32　在现场与施工人员密切交流

观念上的碰撞，不是三言两语可以扭转的。

但是，设计师可以利用其对项目的控制能力，在不产生过多造价的前提下，尽可能地将新措施、新想法实施出来，待完成后再告诉投资者：他的项目除了好用、漂亮之外，还对社会有诸多意义。这时，投资者一定会感到意外和自豪。潘朝阳先生在上课时和我讲的秘诀，我在华达新城用上了。

在实施可持续发展建筑项目时，我始终坚持一条底线，即项目实施后一定是大家感到好用的、美的。

华达新城售楼部就是把美作为基本原则。因此我既要坚持前沿的方向，又不能把当地人的审美诉求甩在脑后。很多时候，还是要做当地人可以接受的建筑。因此当建筑土建完成后，虽然几乎所有人都认为这个异类建筑是一个丑陋的东西，但设计师通过疏林水景、空间围合、建筑装饰、雕塑艺术、空间尺度、选材用料、采光、景观渗透等元素的糅合，使之成为一个舒适美观的场所。

避免把可持续发展建筑做得高高在上，或冰冷丑陋，或者对当地人来讲是陌生的建筑，而应让使用者对其有认同感与亲切感，这是指导设计实践的基本思路。只有这样才不会脱离本土的养分，才不会让土壤在改良的过程中产生过激反应。这也是一个策略。

瑞士伯尔尼应用科学大学的一个评价表和玫瑰图可以说明售楼部项目在可持续发展方面的措施及效果。（图 33）这个评价表包括三大方面，每个方面由具体的内容和指标组成，其所占比重并非绝对值，而是以 10 为最高分值衡量各方面的效果。在现实的案例实践中，可能当某个方面有所突破时，对另一方面却是一种制衡；但是不突破某一方面的问题，玫瑰图上的圆形图案会很小。尽最大努力让它成为一个尽可能大的圆形时发现几乎难以实现，这种达不到而又无限接近的可能，正是一种有意义的挑战。

玫瑰图的智慧在于平衡，而不是某一方面的绝对完美，但为了达到平衡，往往又要集中资源，从最具条件的某个方面寻找切入点，所以实施出来的结果在玫瑰图中就展现为像裂冰般的形状，无法圆满。

这些看似前后矛盾的思考，也许是可持续发展建筑与环保节能建筑在哲学层面上的区别。

在总结会上，伍先生的评价让我吃了一颗定心丸，但我还在等待一个人的回应。作为华达集团房地产开发公司的总经理，他曾经是河源市设计院的院长刘先生，他从一开始就是反对的态度。作为资深的专业人士，又是整个房地产项目的负责人，他在当初评审会上的意见是专业的，也是对当时形势客观的判断。他认同这个方案的创新性，但认为这个覆土建筑在河源实施的难度很大，具有高风险，而造价上的增加和时间上的紧迫也不容许进行在当地没有前例的实验。

这些客观意见，让我在实施覆土建筑过程中没有走向绝对的强势，如为了降低土建的成本，接受了在大厅中央出现的立柱，在实现空间大跨度上做出了妥协。

连身边的总经理都反对的项目，伍先生为什么会同意？

针对这个问题，我们不妨帮伍先生算一下账：这幢售楼部原方案是四层的建筑，但一直未能通过政府的审批，只能按临时建筑的性质进行施工，在使用完之后就要被拆除，一建一拆，要花费近千万的投入，当建筑被拆除的那一刻起，投入的资金就再也无法获得回报。而覆土建筑方案建设资金达到1 300万，正好解决了影响政府审批的问题，因为它从各个方面来看都对市民有利，增加了公共绿地面积，丰富了广场的景观格局，所以轻松地通过了政府的审批。对于投资者来讲，作为永久建筑保留下来，既赚回了1 000多万的投资，又多了个实实在在的物业。除了经济的回报，作为伍先生的集团，也在这个售楼部项目中获得了社会效益带来的附加值。因为将建筑屋顶这一居民的私地，与周边环境更好地融合，最终与广场形成对社区市民开放共享的整体空间，这种回馈社会的行为会受到政府的肯定。

项目完成后，我常回想那一幕：当我向伍先生先生讲我的构思时，他说“你拿一个方案过来”。当他身边的许多人反对这一方案时，他却在关键的时候表明了态度，直到项目最后完成。(图34至图36)

在感谢之余，我常想，只是初中毕业的他，怎么会自始至终地坚持一个许多人看来并不靠谱的新建筑。毕竟，在一个三线城市，新建筑的实施风险是难以估计的。

上面算的账也是伍先生心中的账，他看到商机，又敢承担风险，这样看来，伍先生是一位有大智慧的人。

2012年的夏天，在与华达集团房地产公司总经理刘先生的一次谈话中，说到售楼部的事。

刘先生说：“效果不错！”

我心中的石头终于全部放下了。

屋顶公园开放当天，华达新城对面的原住民过来游玩。他们坐在“圆满”的红色长椅上。我和他们聊起来：“认识华达的老板吗？”

当地人说：“姓伍，人不错。”

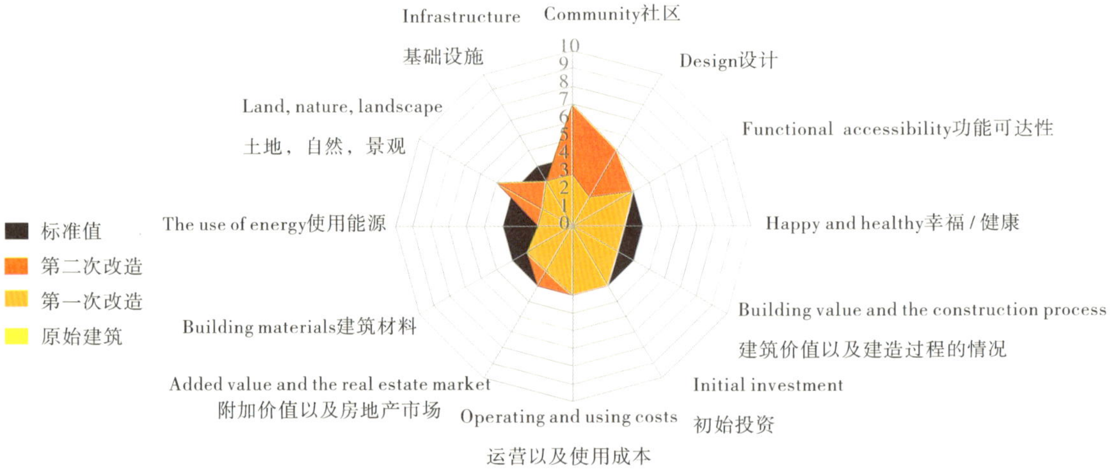

图33　售楼部项目在可持续发展方面的评价

看来，这座带有屋顶公园的异样建筑的建成一定程度上真实反映了伍先生的为人。

对比国内影响较大的项目，新建筑只是一个不起眼的尝试，但对我而言，这是从瑞士回来后第一个目标明确、步骤清晰的本土实践，它的实施无疑为我的成长提供了养分。2013 年，在屋顶公园竣工后的一年半，从陈皮村投资商的需求中，我感受到又一个同样充满冲突与矛盾的机会摆在我的面前。如何在达到商业需要的同时，在社会和环境效益上有所贡献是最大的问题。

这次，我用竹建筑来回答这个问题。

在这一章的开关头，我引用了日本著名设计师黑川雅之在《世纪设计提案：设计的未来考古学》一书中提到的话：

所谓预言当然不是说真正能够预见未来的事物，不过，我们认为在思考今后的趋势和走向时，先从当今人们所追求的事物去着手探讨应该是一个可行的方向。因此，与其说这是预言，不如说它是愿景或者是对未来愿望的描绘来得贴切一点吧。[1]

他回答："我相信，以拉近人与人之间亲近感的设计一定是未来的主流。"

这正是本章的核心。

图 34　华达新城小区南立面和售楼部的屋顶公园

〔1〕黑川雅之．世纪设计提案：设计的未来考古学．王超鹰．译．上海：上海人民美术出版社，2003.

图 35　华达新城售楼部和公园一隅（一）

图 35　华达新城售楼部和公园一隅（二）

5 陈皮玫瑰图

农为本

从摇篮到田间

供给侧与好玩的市场

零起点

对的产业与不错的设计

生态经济效益

社会性考量

陈皮玫瑰图

山寒舍

一个小插曲

要求自然界不要乱扔垃圾的想法是荒谬的。效应系统的非凡之处就在于它追求更多的获得，而不是减少。[1]

农为本

每个人的生活都与农业分不开，但不是每个人的工作都与农业有关。二十年前，我从美术学院毕业，带着艺术家的自由与傲慢，进入被师生们亲切地称为“华农”的华南农业大学工作，看到由树林、实验田、低矮的校舍和无数个池塘组成的校园，校外杂乱无章的城乡环境，还有上课时卷起裤腿的教授，感到这些都与现代都市截然不同。在华农有一栋中式琉璃瓦屋顶、钢筋混凝土结构的老建筑，属于典型的“中国固有式”建筑（右图）[2]。这是20世纪30年代原国立中山大学农学院（位于今天华南农业大学、华南理工大学五山校区所在地）的教学大楼。这栋建筑地基高抬、中轴对称，采用中国传统建筑中级别最高的庑殿屋顶，反映出当时以农为本的国策和农业举足轻重的作用和价值。我的一位本科毕业的学生曾对我说，她不打算考华农的研究生，因为农业大学有一个“农”字。在她身上，我看到二十年前刚刚到华农时自己的无知和自大。改革开放后，随着国民经济中第二、三产业的发展，农业的比重在国民经济中有所下降（近几年下降到9%左右），包括在GDP的比重与人口、就业、贸易和消费者支出的份额。我的学生对“农”的态度，或多或少反映当下部分人对农业的偏见：和电子科技、金融贸易、资讯服务等高大上行业相比，农业显得土气，甚至成为落后的代名词。而我在华农工作愈久，愈能感知到农业的大学问与大作为。今天农业作为对国民经济和社会发展具有承载作用的产业，在国民经济中不可替代的基础地位没有丝毫动摇。

在快速的城市化进程中，广大的乡村是生态敏感与脆弱的区域，在发展中面临的资源环境的压力不容忽视，而农业生产方式落后、供求结构失衡、投入大回收慢，农产品附加值低，农民收入持续增长乏力等问题仍很突出。

我的一个重要实践与农业有关，自然就要面对上述的问题。2013年设计建造的新会陈皮村农产品市场经过三年多的运营与完善，在农村产业融合上已发挥了积极的作用。作为

---

〔1〕威廉·麦克唐纳，迈克尔·布朗嘉特．从摇篮到摇篮：循环经济设计之探索．中国21世纪议程管理中心，中美可持续发展中心，译．上海：同济大学出版社，2005：70.

〔2〕“中国固有式”建筑的正式提法出自国民政府于1929年制订的《首都计划》，是指运用（至少是部分运用）西方建筑技术手段，同时又具有中国古代官式建筑的某些形式特征（如大屋顶、仿木构柱、梁以及斗拱、彩画等）与视觉效果的中国近代建筑。李海清．中国建筑现代转型．南京：东南大学出版社，2003：315－316.

可持续发展理论探索与实践较为全面的一个案例，陈皮村的完成已有近四年时间，有必要从环境绩效、社会责任和经济效率三方面对其设计、建设和发展作一个阶段性的评估与总结。

原国立中山大学农学院“中国固有式”建筑

从摇篮到田间

许多人在赞美陈皮村竹建筑的同时，都会提出这样的疑问：竹子建筑耐久吗？寿命有多长？

陈皮村交易中心的董事长吴先生不止一次地问这些问题。

人类从穴居开始，就一直为建造牢固耐久的房子向自然界获取资源。同时，一直抵御来自大自然的各种灾害。耐久是人们关心的基本话题。

在广西贺州的南乡，当地盛产杉木，因天然温泉而闻名。祖祖辈辈生活在这里的人们用杉木和土砖来建造房子。（图 1）容易获得的木材被用来制作柱梁和檩子，土砖则采用当地的泥土和稻草制成。从上游冲刷下来的河石遍布滩涂，有时会堵住狭窄的河床，于是村民疏通河道，捡拾石头来建造墙基。当房子的使用寿命结束时，土砖被碾碎重新返回土壤中，河石和保存良好的杉木继续被用来建房子，已经损坏的杉木被拿来当柴烧。在岭南的大部分地区，乡土材料被广泛用于建筑。这是当地人从自然界中得到的养分，在这个利用与建造的系统当中，河石、木头被循环再用，土砖则被随意抛弃，不需担心它对环境的负面作用。这是当地人长期与大自然相处的状态。这种材料从自然界中来，像樱桃树〔1〕一样为人类生产提供养分，最后又回归到自然界去的状态，称为“从摇篮到摇篮”。〔2〕

在今天的南乡，当地人为改善生活条件而寻找新的建造方式，上述的材料循环封闭圈已经被打破。村民们利用刚竣工的盘山公路，在重建房子时从外面运进大量红砖、水泥和钢筋，采用现代建造技术建设安全的房子来改善居住条件，因为每年这里发生山洪时，土砖房的倒塌率最高（图2），且以一层居多，少数为两层，而以工业化生产的材料和现代技术建造的房子有三四层，采光好，空间大，安全系数高，不易被洪水冲垮。此外，即使从外面运来材料建造房子，在成本上也比就地取材的传统土砖便宜，其中的一个因素是土砖的生产方式需要大量劳动力，生产这些土砖省下的材料费远远比不上年轻人在城市里工作所得。

2014 年，因为贺州南乡森林温泉项目，设计师来到了这个山峦叠翠的地方，对当地的

〔1〕在《从摇篮到摇篮：循环经济设计之探索》一书中作者描述了樱桃树的生长模式，阐述了他们重新设计的可持续发展模式。樱桃树从它周围的土壤中吸取养分，使得自己花果丰硕，但并不耗竭它周围的环境资源，反而用它撒落在地上的花果滋养周围的事物。威廉·麦克唐纳，迈克尔·布朗嘉特．从摇篮到摇篮：循环经济设计之探索．中国 21 世纪议程管理中心，中美可持续发展中心，译．上海：同济大学出版社，2005：6．

〔2〕对“从摇篮到摇篮”理念的了解，可以阅读《从摇篮到摇篮：循环经济设计之探索》第 24、85 页。

西溪村、大汤村、水楼村的传统土砖建筑群进行考察，提出要保护和利用当地传统村落景观的构想。在近一个月的走访中，发现将近30%的传统土砖房空置，除了老人据说已经习惯土砖房的气息，坚持住在土砖房里，大多数年轻人都在镇上建了钢筋混凝土的住房，许多土砖房已经倒塌或面临倒塌的命运。设计师对一些典型的土砖房进行测量，收集数据，并建议对这些房子进行活化，为即将到来的乡村旅游项目增强当地的人文特色。三个月后，当他们再来到现场时，发现这些土砖房已被拆除，原址建起了一根根钢筋混凝土柱。这类情况正以每月两三例的频率发生着。（图3）2013年在南乡开发的森林温泉度假村中，上万平方米的建筑均采用钢筋混凝土材料建造，当地村民在谈论这些现代建筑时，无一不羡慕这类房子的安全与舒适。这个为游客提供旅游服务的商业建筑已成为村民学习的样板。在南乡发生的一系列故事和变化，说明了在高效的工业化生产模式下生产的商品价廉物美，加上交通条件有所改善，这使几乎每位南乡人都希望在现代生活中获取更多更好的享受，而不是抑制欲望回到祖辈又暗又潮的土砖房里生活。因此，在现代生活逐渐成为主流的乡村环境里，传统的自给自足条件下的“从摇篮到摇篮”式资源循环方式，已经不具有示范作用。

当我们在讨论生态恶化的起因和污染带来的一系列问题时，从南乡不断涌现的新一轮造房热，带动了当地物流、饭店、小商场、加油站和商店的经济繁荣。回到第一章谈到的纺织工业，其产业发展对国民经济的影响，以及产业链中上下游之间的关联和相互影响的程度，均不是传统自给自足乡村经济所能比拟的。国家对严重污染环境的纺织厂进行严格的治理，却发现许多纺织厂受到影响被迫关闭或转移到别的发展中国家。纺织行业在国民经济中的重要性以及这类劳动密集型企业对就业贡献之大，常常让决策部门在执法时左右为难。当雾霾占领我们的空气、纺织厂污染我们的水源、机动车占领我们的空间，人们为了健康生存而痛下决心改善环境时，不得不面对关于生产、就业与温饱的问题。

不断的生产可以带来经济的繁荣，促进就业。“我们不喜欢那种非把旧东西一直用到不能再用才买一件新东西的人。工业要求如此。几百万人因为那种频繁的变换而得到职业。制造那种三年之后就得当柴劈的桌子好了，制造那些四年之后就得熔掉的小五金好了，我们将会越来越富。”[1] 如果生产人们一辈子都不需更换的耐久产品，商场将会堆满

图1　南乡的土砖房（摄于2014年）

〔1〕 阿道夫·路斯（Adolf Loos，1870—1933，奥地利建筑师与建筑理论家，提出著名的“装饰即罪恶”）1908年发表的《装饰与罪恶》一文中谈到奥地利装饰主义者时引用他们说的一段话。

图 2　南乡发生的 50 年一遇的山洪冲垮水楼村多间土砖屋（摄于 2014 年 5 月 22 日）

图 3　富裕起来的村民在传统的土砖房旁建成钢筋混凝土的住宅

货品而无人问津，新的产品将不再有人消费，工厂倒闭，工人失业，经济活动停滞。这种影响在生活中的反馈有时更加直接和快速。举一个与建筑行业相关的例子，2015 年中国的陶瓷年产量为 101.79 亿平方米，相比 2014 年的 102.30 亿平方米出现负增长。当年就直接感受到厂家对各种设计活动的赞助大幅减少。厂家产能过剩，许多终端店铺关闭，企业经营困难。2016 年中国的陶瓷年产量为 102.65 亿平方米，比 2015 年增加了 0.84%，相关的经济活动又活跃起来。

因此我不禁要问：为了达到环保节能的目的，而简单地减少需要，扼制生产，这种做法在现实中有多大意义？

因为南乡不断加速的建设对生态环境产生影响而呼吁当地人回归自然的做法，同样缺乏公平性，在发展中亦不可持续。

为了既使资源不断地支撑经济的发展，又不以破坏环境为代价，一些负责任的企业和设计师在设计之初就考虑跟自然融合，与当地的风俗、需要和喜好联系起来，建造对当地友善的建筑。和南乡的情况类似，在云南迪庆藏族自治州的广大乡村，当地人祖祖辈辈采用夯土技术建造房子。这种房子基础采用石块砌筑，墙面用当地红土加小石块分层夯实。夯土墙一般用于建筑的左、右和后立面，起承重作用，而正立面采用全木做立柱、隔板和门窗，利于通风、采光、交往和使用。建一栋这样的房子耗时两年左右，家里不富裕的，则要四五年时间，造价一般在 60 万到 70 万元人民币。今天，同样受现代建筑技术的影响，当地的人们在建造新房子时也开始采用现代的建造方式。只是和南乡相比，“现代化”的进程要缓慢一些。

2013 年 8 月，由法国轩尼诗集团投资的红酒厂选择在当地一个偏远的山区村落阿东村[1]动工，当地人开始进入跨国投资带来的现代化生活。如果不是酒厂项目，阿东村的村民也许一辈子也不会进入中法合资的企业里工作。我也因为这个项目踏上阿东村的土地。阿东村不产水泥和钢材，但铁红色的泥土和石块是阿东村自然的资源。酒厂建筑选址在山脚和半山腰，依山势而建，包括酿酒厂房和生活区两大部分。（图 4）业主没有选择南乡温泉度假村商业项目的钢筋混凝土建造技术（这在商业体系中是相对成熟和低成本的），而是聘请现代夯土技术专家，对当地村民的夯土技术进行改良，应用在高大现代的商业建筑中。[2]（图 5）建筑的首层（约 2.8 米高）实际为地下室和基础部分，采用混凝土材料，混凝土基础以上部分为夯土墙。潘朝阳先生在课堂上曾对现代夯土墙做过详细的介绍，它是在泥土中加入适量的水泥，配上钢筋再分层夯实的。完成后的墙身厚度为 40 ~ 50 厘米，比当地藏民传统的夯土墙厚度减少将近一半。酒厂建筑设计采用夯土墙，并不是为了降低材料和运输成本，相反，由于一些因素的影响，如夯土墙较重需要加固基础，以及聘用没有集约化生产经历的当地村民，因此成本比混凝土和砖砌墙面还要增加。即使这样，基于以下的因素，轩尼诗集团作为国际知名企业仍然选择以夯土墙为主的建筑形式：①宣传企业在生态环保上的经营理念，树立负责任的品牌形象。运用来自当地的材

〔1〕 阿东村属于迪庆藏族自治州德钦县，海拔 2 800 米，2008 年全村经济总收入 584 万元，农民人均纯收入 2 490 元。
〔2〕 阿东村酒厂的大型夯土墙工程由郑盛荣先生全程指导。

料，减少了运输的能源消耗，减少碳排放量，在建筑生命周期结束后，夯土降解，对生态的影响降到最低；使用村民进行夯土工作，为当地人提供就业机会。（图6）②夯土墙的透气性特点，让建筑有了呼吸的功能，对酒的储藏有重要作用。③建筑的乡土文化认同。

南乡和阿东村的案例都与材料有关，涉及材料的获取、使用及生命周期结束后的去向。南乡土砖屋正在逐渐消失，当地人因为需要更牢固的建筑建造了越来越多的三四层楼房，让房子间变得拥挤而不通风，楼房本身也不透气，建造和拆除时产生大量建筑垃圾，缺乏当地文化特色。不断增加的建筑虽然促进了经济的发展，但加重了当地生态环境的压力，这种建筑无论从乡土景观的审美和环境的影响上都不是好的榜样。阿东村的酒厂属于商业项目，经营者和设计师以经济发展兼顾环境保护为己任，即使要付出更高的造价，也要尽最大努力在生态脆弱的地方建造与当地文化和环境相协调的夯土建筑，并为了适应大型商业建筑对房屋坚固度的要求，对当地的夯土技术进行现代化的改良。当然，这种不以成本优先的生态坚持是要有足够实力的企业才能承担和践行的。

那有没有这样的案例：在商业运营的体系内，材料的来源轻易可得，且每天都被利用在商业运营中以获得利润，使用完之后又被随意扔到田间，而不对环境生态造成负担？

答案就在一个不起眼的城中村落间。

在江门市鹤山区，有一个小村落叫竹树坡，以到处生长着竹子而得名。在城市化进程中，竹树坡成为城市的一部分，但仍然保留着乡村的特色。从城市街道进入村落的两百米村道旁，当地人开了二十多家餐饮店。其中一家的经营者利用当地的竹子装饰餐厅室内，不仅如此，餐厅以蒸的方式烹饪各种食物，其菜品更是采用竹筒作器皿（图7），与食物一起加工烹饪，竹子与食物的味道互相渗透，吸引了很多食客。竹子取材于当地，使用后直接扔到后厨的空地，隔几天还没等竹垃圾降解，就有当地的村民来把它运走，带回家当柴烧。被废弃的竹垃圾，再次为人们的生活提供了燃料。经营者利用竹子在商业运营中实现了三个创新：①增加餐厅的特色，为客人提供不一样的体验；②节省成本，因为一次性的竹碗碟减少了一系列的运营成本；③虽每天随手扔垃圾但不污染土地。

这个令人鼓舞的小例子，为我关于建筑生命周期的思考提供了启示：大量建筑的生命周期被设计为70年或100年，但由于种种原因，许多建筑在建成后20年甚至更短时间内就被拆除，生命周期提前结束，降级循环，产生大量废弃物。许多时候，建筑在商业发展中应该担负的时间使命在一开始就可以预见，但由于各种因素的影响，在建造时仍按某一固定的标准或要求去建造和验收。人们在消费某一样东西时，不管需要与否，总是按照最高的标准或最持久的标准去要求它。比如买电脑时，人们希望拥有一台最高配置的电脑，运算快，使用寿命长，但最高配置的各种功能并不一定被完全利用，两三年后，先进技术的快速更迭让这台电脑开始过时，再过一年后它也许就要被扔掉了。许多资源未被充分使用甚至从未被使用，最终白白浪费了。

所以，我们一方面要努力抑制并不真正需要的消费，让资源不会空置或浪费，另一方面要满足人们不同阶段、不断发展的真正需求，想办法寻求一种既不让生产停下来，又不对生态环境造成负担的途径。

图 4　阿东村酒厂方案效果图，右图为酿酒厂房部分

图 5　阿东村的酒厂为采用当地红土，加上钢筋和水泥建成的现代夯土建筑

图 6　阿东村村民参与到酒厂的建设当中

图 7　竹树坡餐厅用竹筒作烹饪器皿（摄于 2016 年）

我们要建造的建筑，从建造时就是环保的，并根据使用者的动态需要进行规划设计，将使用期限设计成 10、20、30……100 年，建筑生命周期和它的使命同步，即使时间较短也不应该被定义为临时建筑（临时建筑往往与粗糙挂钩），它们在使用期限内都是安全舒适的，建造材料的生命周期也与建筑生命周期同步，或与每个阶段的不同功能要求同步。可以想象，在这种理念下建设的商业繁华地带，每天都有新的建筑产生，又有已经完成使命的建筑被拆除。支撑结构的材料因为牢固而被继续保留或循环再用（不是降级使用），而营造装饰风格、分隔使用空间等的材料寿命即将结束时不用刻意延长它们的寿命（因为新的商业需要新的表现和新的使用功能），用完后随便扔也不破坏环境。这样一来，建筑不断根据商业的发展需要而改变，既促进建造业的欣欣向荣，又不对生态环境造成负担。

在上述的思考下，我开始回答陈皮村吴先生关于竹建筑寿命的问题。

“如果每年进行基本的维护，大概在 10 年至 15 年。”我这样回答。

他显然没能在我的回答中得到满意的答案。

竹材自身的防腐性随竹株年龄增长而增强，在竹材使用前，可以采用有机防腐剂有效抑制或杀死霉菌。有机防腐剂无毒且不会对竹材材色造成影响，在很多竹材中得到应用。但随着时间的增加，防腐剂对竹材的防霉效果逐渐减弱，所以要定期进行维护。[1] 用竹搭建的农家乐餐厅为了降低成本，建造时只对竹子做简单的技术处理，在日常的使用中也少有经常性的维护，它们的使用寿命往往是五六年的时间，这是大多数农家乐餐厅的土地租赁时间。即使租期更长的，在经营 6 年以后，餐厅都要重新调整或拆除重新装修，以适应顾客新的需求。冯纪忠教授设计的何陋轩草盖竹构建筑于 1983 年建成，2008 年在使用了 25 年后才更换了屋顶部分腐烂的毛竹，至今已使用了超过 30 年。这是特殊案例。除了用作研究或因为某种价值需要长久保留之外，在商业运营下，想方设法去延长竹子的生命周期显然不是目的所在。

在变化着的商业项目中，不需要长生不老的建筑。诚然，我们需要生命周期足够长的建筑，但大量只存在一段时间的建筑也是我们必须的选择。因为在一个动态的经营环境下，投资者要根据自身的财力、发展历程、土地使用年限，应市场变化、转变用途等因素去规划项目。陈皮村项目利用占地 10 万平方米的厂房建筑进行改造，尽管今天的陈皮村处在阡陌之间，但在城市发展的 10 年后，陈皮村所在的地方一定会成为新的城市商业区域，价值最大的就是陈皮村厂房建筑所占据的土地。巨大的土地价值促使投资商重新审度土地的利用形式，高密度开发将成为必然，所以陈皮村竹建筑 10 ~ 15 年的生命周期正好符合这一商业利用的规律。在 10 年或 15 年后，投资者要更新换代拆除这些建筑时，竹子也到了寿终正寝的时候。拆除的工人把原来的钢材拆卸下来回收，而竹子就随手扔在田间，这样废墟上就减少了许多令人头痛的建筑垃圾。

这样想来，你还在乎竹子不能天长地久这一所谓的“缺点”吗？我把道理向吴先生讲

---

〔1〕 李美群，等．竹材霉变及防霉研究现状．农产品加工，2015（9）．

了一次，他再也没有问我这个问题了。

2015 年，陈皮村所在的区域用途在新的城市规划中被调整为城市商业发展，这意味着陈皮村原来的工业用地可以通过合法途径转为商业用地。2017 年 4 月，一条早已规划的城市主干线进入施工阶段，主干线贯穿新会城区东西方向，与陈皮村 1 号馆擦肩而过。因为属于道路控制范围，在使用 3 年后，1 号馆的拆除如期到来。陈皮村也因为 1 号馆竹建筑独具的艺术特色而获得相应的拆迁回报，资金将投入陈皮村新的发展中。1 号馆所用的材料几乎都为自然和工业提供可循环利用的原料，从而实现从根本上杜绝废物产生的设计初衷。在 1 号馆拆除现场，近万平方米的竹建筑和竹装饰最先被拆除，拆除过程简单、快捷，拆下的竹材被随手扔在场地上，但并未因撒落在现场而显得狼狈。事实上，过了不到两天的时间，工人和周边的村民已经把竹子分类整理，完整的被拉回去搭建临时农舍，残缺的和竹树坡餐厅的竹垃圾一样被拿回去当柴烧，不能再使用的竹屑将会慢慢地成为泥土的一部分。原厂房的钢结构被一一拆解，为其他机构所利用。（图 8 至图 11）竹子的价值并不在它具有耐久度，而是为了促进商业繁荣展现昙花般精彩的一面。在拆除之后，陈皮村的微信公众号推出文章《初见难忘，谢谢你带给我的惊艳》表达对 1 号馆竹建筑的不舍。对我而言，欣慰多于不舍，因为它被赋予的使命就是在生命周期结束后体现“从摇篮到田间”的生态价值，它的生长、建造、使用和废弃的全过程无一不体现可持续发展观念的底线：公平、经济、生态。

图 8　在 1 号馆被拆除前，未经维护的竹建筑已经开始出现自然的腐烂（摄于 2017 年 3 月）

关于陈皮村竹建筑，人们常问我的第二个问题是：如何防火？

在中国，由于忽视消防安全而发生的火灾夺走许多无辜的生命，消防条例因此也变得异常严厉，在建筑、室内设计和装修上都要多加注意，每次发生的火灾事故——尽管有些事故是监管环节的疏忽导致的——又加强了消防条例牢不可破的地位。在瑞士的 Biel 镇，有一幢全欧洲最大的现代木构建筑（图 12），吸引大量来自欧美、日本的设计师到这里参观学习。瑞士的木材资源丰富，林业利用与再生受到有序的规划与管理，选择木材建造是体现可持续发展的行为。理论上讲，瑞士林木只要生长 1 个小时，就够建造 25 座木质节

图 9　2017 年 1 号馆拆除外观，铁皮厂房上还有入口竹建筑的身影，右图为昔日的 1 号馆入口竹建筑

图 10　正在拆除的 1 号馆室内，右图为昔日的 1 号馆室内竹拱券连廊

图 11　正在拆除的 1 号馆南立面，工人最先拆除竹子，很快竹子就被人们快速处理完

能屋子。这栋全木建筑所用木材全部取自附近的森林，避免了大规模的运输。让我好奇和吃惊的并不是这幢全木构的房子，而是瑞士的消防部门为了让这幢全木建筑可以合法存在，对其进行相关检测，并修改了26项消防的法规。相比之下，在中国，少有为当今出现的新情况和技术的进步而主动进行研究和调整。

2013年秋，我与广州南洋理工职业学院建筑工程系的老师们进行了一次交流，全竹建筑的防火问题是大家的焦点。我想通过一个案例来阐述竹建筑的防火措施时，一位来自云南西双版纳的老师已抢先回答："在我的家乡，大多数房子是全竹的，当地人祖辈居住在内，他们对竹房子的防火有特别的经验。例如，人们每天都在屋子里做饭，生火前会在竹地板上铺上厚厚一层炉灰，即使有火掉下来，炉灰也起到阻燃作用。竹子也没作防火涂料的处理，但从未见过竹房子被烧起来。"从云南传统的人居方式来看，竹子和木材一样不是阻燃的材料，但防火因素并不妨碍他们以当地的竹子来建造房子，正因为竹子建筑在防火上存在脆弱的一面，当地人反而时刻警惕并采取措施去做好预防工作，事实上预防与监管到位是有效的防火措施。

2000年，全球著名的"零排放研究与倡议"组织（ZERI）在德国世博会上设计建造了一个竹结构建筑，成为可持续发展建筑的标志。该建筑由哥伦比亚建筑师西蒙·维列用了4 500根普通的竹子（狭叶瓜肚竹）设计建造，在数家学术机构（包括德国布伦瑞克大学、斯图加特大学和不来梅科学大学）共同进行九个月的科学研究与测试后，获得了德国的临时许可。根据德DIN4102建筑规范第四部分规定，这种未经处理的竹竿达到B2级防火标准（近似国际标准中的A2等级），换个通俗的说法，这几乎等同于密度超过400kg/m^3的木头的防火等级。竹子的外表有一层天然的硅盐防护层，这使竹子天生比木头更耐燃。如果进行防火涂层处理，其防火等级可进一步达到B1级防火标准（近似国际标准A1等级）。

但是，陈皮村的竹建筑项目作为一个公共建筑，还是要满足相关的消防要求。为了达到消防要求，我们被告知，竹子在室内装修的用量不能超过装修材料的20%，最后在我们采用双层喷淋方案后，这个限制数值有所松动。顾名思义，双层喷淋就是利用室内的竹子天花与原厂房之间两三米的空间，多设置一个上喷淋，与竹子天花下的喷淋一起，形成两层喷淋系统，在火警时同时起作用。负责消防设计的工程师形象地说："我们就把竹子当成是堆放在这里的物品，万一起火了用水去淋灭它。"这是一个极有效的办法。

图 12　瑞士全木建筑

供给侧与好玩的市场

传统的农产品市场——又称农贸市场——总是功能单一，场内堆放着琳琅满目的货品，到市场的人目标明确，买完东西就走。

和农贸市场供需导向给人的直截了当印象不一样，“供给侧”一词的含义让很多不关心经济政策的人揣摸不透，尽管“供给”一词很熟悉，但加上“侧”之后就偏“学术范”了。2016 年 12 月，“供给侧”（英文 supply side）一词入选《咬文嚼字》杂志发布的当年“十大流行语”。“供给侧”简单理解就是供给方面，和“需求侧”是对应的词。

供给侧和农贸市场有什么关系？让我们看一下某个传统农贸市场的状况：靠近城市的道路两旁是二三层的钢筋混凝土建筑群，立面铺贴着马赛克砖或白色的条形砖，建筑之间的通道采用简易的钢结构盖顶，每家商户拥有 30 ~ 60 平方米的空间，称为“铺面”。一般会利用商铺的层高搭建一个简单的夹层，上面放置货品，有些铺面还设置简陋的厨房，解决午饭的问题。铺面内农产品种类较多，但每户的销售方式基本一样，农产品价值不高，深加工种类不多，精深加工程度也不够。农贸市场的场地简陋，在琳琅满目的货品后面堆着坏掉的农产品垃圾，大多时候气味不佳，卫生条件堪忧。（图 1）近年来新规划建设的农贸市场在环境上有了很大的提升，但上面描述的农贸市场仍然是全国各地大多数市场的缩影，反映了农产品附加值低、加工水平和转化增值率不高、产品供求失衡、抗风险能力差、区域独特优势不能充分发挥、产业融合不足等问题。专家认为，这些问题的背后是农业结构性的问题。

2007 年以来，中国经济增速逐年下滑，但需求刺激效果甚微，需求不足仅是表象，供需错配才是实质。

为了形象地理解“供需错配”，举餐饮的例子来说明一下。有一家做高档粤菜的海鲜餐厅，环境装修豪华，食材和出品都属上乘，曾经生意火爆，但近年来由于高档商务宴请减少，生意不景气。经营者于是推出一些中低端价格的海鲜菜式。开始两个月生意不错，但很快生意更加黯淡，最后倒闭。对这位餐厅老板而言，来吃饭的人少了（需求减少），生意越来越难做，即使减价（刺激消费的措施）也不能让消费增加。另一家高档海鲜餐厅由客人自助，采用在餐桌上蒸海鲜的方式。餐厅基本上没有装修，大部分地方保持原建筑的素混凝土材质，注重灯光气氛和海洋主题的艺术陈设。餐厅每天从市场上购买品种繁多的海产品摆在入口处让顾客挑选，并即时进行清洗等粗加工后端上桌面，再由客人在服务员的指导下烹饪海鲜。虽经营不久，但业务额持续增加，节假日要排队等候。同样是经营高档海鲜，都面临同样的状况，为什么第一家面临倒闭，而第二家生意很火？

先分析第一家。高档粤菜的出品质量与厨师的水平有很大的关系，因此厨师地位很重要。厨师的薪酬待遇处在较高的水平线上，经营者常常要承担预防厨师跳槽的潜在成本，不断增加薪酬待遇以留住厨师。从前大量高档宴请带来的高利润足以承担高成本的开支。近年来，高档宴请骤然减少，普通老百姓因为价高也不会来消费。餐厅为了吸引普通老百姓来消费，推出低价特色海鲜菜来增加消费量，提升了业务额，但餐厅没赚到钱。原因是低价菜的附加值低，毛利率也低，减去餐厅的高成本费用甚至出现亏本。还有一个致命的原因是推出低价菜来吸引大众，让厨师的潜在收入减少（低利润菜自然提成就少，或没有高利润菜的灰色收入），厨师积极性不高，菜品质量下降，服务也不到位，导致消费者尝过一次后不再来了。

第二家海鲜餐厅从传统高档海鲜餐厅价格贵、成本高入手，解决供给方面的问题：第一步是减少餐厅后台高成本的厨师人员，增加前台低成本的服务人员，这一点转变从采用自助式蒸海鲜的烹饪方式得以实现；第二步是从装修上改变传统餐厅的高档装修方式，采用轻装修，重色彩搭配、灯光配置和可移动艺术软配饰的方式，突出海洋主题，避免高投入、高折旧、高维护的“三高”问题；第三步是降低海鲜的价格，以吸引更多大众消费者，因为有了第一、二步，降价得以成立。由于采用蒸的方式，海鲜只是做了粗加工后就端到客人面前，客人可以知道海鲜的新鲜程度，这对餐厅是一个监督，避免了海鲜餐厅常出现的“以死换鲜”的潜规则。客人吃的海鲜品种多，质量上乘，吃得放心，价格还没有传统海鲜餐厅的高，来消费的老客户因此增多，新客户也慕名而来，消费增加，带动海鲜每天快速流转，减低存货量，从而降低海鲜死亡率，成本又进一步下降，而且保证货品新鲜度，保障了菜品和服务质量，客人就不断增加。这是人们常说的良性循环，往学术上靠就是经营上的可持续发展了。

由此可见，第二家餐厅创新了菜品和餐厅装修的方式，降低了成本，提升了服务，带动了消费的增加。这种通过创新调整运营中资本、人力和环境的结构，提高供给方面的质量，从而提升需求方面的方式明显比第一家降价的单一方式要有效得多。有资料显示，2015 年中国经济下行压力持续增大，全年国内生产总值同比增长 6.9%，是自 2009 年第一季度以来最低水平，但餐饮业在宏观环境下反而增长迅猛，2015 年全国餐饮收入达到 32 310 亿元，同比增长 11.7%。截至 2015 年 12 月 31 日，全国共有 5 074.85 万家餐厅，其中广州及深圳等一线城市年平均增加超过 5 万家餐厅，增幅超 50%。[1] 这主要是特色餐饮不断推陈出新，推动大众消费的增加。

从 2015 年开始，供给侧改革成为全国官方和专业人士宣传政策、讨论经济活动的一个热词。劳动力、土地、资本是供给侧的三大生产资源性要素。有人在里面加上创新要素，对此有专家持不同意见。暂且把这个争论放在一边，让我们继续以农贸市场为例，看

〔1〕 资料来源：2016 年 5 月 18 日中国饭店协会发布的《2016 年中国餐饮业年度报告》。

看成功的案例如何通过创新提高供给方面的质量。

2014 年 10 月，由 Winy Maas 设计的荷兰鹿特丹 Markthal 缤纷菜市场正式竣工开业。（图 2）该菜市场将农贸市场和购物中心联系起来，通过“独特建筑设计 + 艺术壁画市场 + 公寓 + 停车场”将社会刚需、创意建筑和人性化细节三者结合，为顾客提供全新的服务。菜市场以食品和餐饮为主要业态，农产品种类丰富全面，原料、佐料、副食品、厨具应有尽有，人们还可以在这里的餐厅吃上日本寿司、中国美食。菜市场配备 228 间公寓，每一间公寓都有朝外和朝菜市场的景观面，让住客有不同寻常的体验。菜市场还设计了 1 200个 24 小时开放的停车位，解决客户出行问题。充满创意的建筑让菜市场成为城市的地标，其中庭近 120 米长、70 米宽、40 米高，给菜市场带来独特的空间体验感，墙面与天花板画满了巨型的鲜花、水果、蔬菜，这是荷兰艺术家 Arno Coenen 创作的以“丰收之角”（Horn of Plenty）为主题的大型壁画，面积为 11 000 平方米，采用 4 000 种不同颜色拼贴而成。（图 3）为了创造良好的购物环境，菜市场内部的天花板和墙面布置了吸音板以有效降低噪音，公寓的窗户亦采用三层玻璃隔音隔味。为了方便时间不充裕的上班族来此购物，菜市场将开放的时间设为周一到周六的 9：00—21：00。

这个不同于传统荷兰菜市场的新型市场在开业第一周就吸引了 100 万人来参观。在大多数人印象中脏乱差臭的菜市场，经过创新设计之后，可以融合当地农产品销售、餐饮服务、住宿、休闲旅游，形成复合功能的综合市场。不仅有因为购物而来的顾客，还有冲着建筑特色来观光的游客，他们坐在餐厅里喝着咖啡细心体会，由此带动了消费。

从这个成功的案例看出，创新与劳动力、土地、资本共同构成供给侧的四大要素，和资源性要素相比，创新是方法要素。通过创新提升土地要素的供给品质，进而提高资金的使用效益和劳动生产效率，这是提高农业生产质量的重要途径之一。

缤纷菜市场把传统菜市场以产品为导向的简单经营模式转变为以农产品为主题向多元复合化功能延伸的方式，并因此取得成功。我们可以用简单的方式去概括当下农业供给侧结构性改革的目标和途径：目标为提高农业生产质量和效益，基本途径之一是“促进一二三产业融合互动”。〔1〕

图 1　农产品市场的各种现状

〔1〕 2015 年中央一号文件提出深入推进农业结构调整的战略性任务。

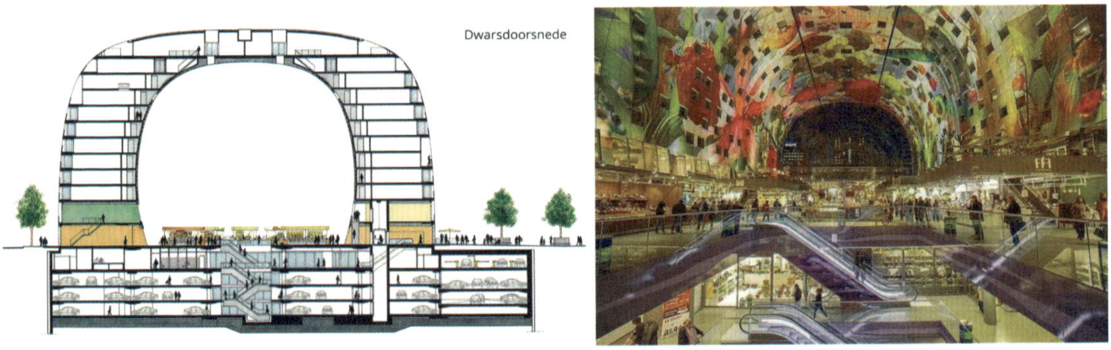

图 2　荷兰鹿特丹 Markthal 缤纷菜市场（图片来自于 MVRDV 官网）

图 3　“丰收之角”大型壁画（图片来自于 MVRDV 官网）

在人类早期的经济活动中，人们主要从事农业生产活动，产业经济学把这种经济活动称为第一产业；进入工业社会以后，对第一产业的产品进行加工的工业生产活动和制造业活动，成为社会再生产的主要经济活动，产业经济学把这种经济活动称为第二产业；到了最近几十年，随着社会生产的迅速提高，为第一产业和第二产业服务的商业、运输业、金融业以及信息、科研等新兴产业出现，并正在逐步发展成为社会再生产的重要经济活动部门，产业经济学把它们称为第三产业。[1] 目前农村“三产”融合发展方式灵活多变，形式不拘一格，主要有四种融合模式：①组成合作社在同一区域内推进第一产业向第二、三产业自然延伸；②农产品加工流通企业向前延伸建设基地带动农户，向后延伸发展物流和营销体系；③休闲农业和乡村旅游将第一、二、三产业在自身内部融为一体，打造农业与文化生态休闲旅游融合发展新业态；④新技术、新业态、新模式向农业各个环节渗透融合，将产业边界逐步模糊化。

产业融合型农产品市场作为一种新型农贸市场，已经具备了涵盖以上四种模式的特征。产业融合型农产品市场以特色农产品加工销售为核心，通过产业联动、技术渗透、设计创新和资源要素跨界配置等方式，将农产品加工、销售和特色文化旅游三大功能融合，形成复合型产业结构，是紧密连接农业种植与加工、销售服务和休闲旅游的新型产业形态和消费业态。

土地是供给侧的基本要素，土地上的建筑物、构筑物、园林、广场和道路构成场地要

〔1〕 资料来源：农业部。

素，是农业生产销售、休闲旅游等各种复合功能的重要载体，直接影响项目运营、劳动力的配置以及顾客的切实体验，在资金投入上占较大比重。和传统的农贸市场相比，产业融合型农产品市场多业态、复合功能的特点对场地要素有各自的要求，但这些相应要求之间往往又相互掣肘，甚至形成矛盾，表现如下："三产"中的乡村或文化旅游功能要求场地上有可供旅游开发的资源，因此应选址在人文风情现存典型、具有历史文化遗址或较好田园风貌等的地方，例如保存完整的古村落。能融合"三产"的农产品市场要求场地空间大，能容纳第二、三产业的功能业态，有些甚至要容纳第一产业的功能，如新会陈皮村市场占地 25 万平方米，其中 15 万平方米的面积是新会柑标准化种植示范区。不仅如此，还要求功能业态集约化和场内外交通系统便捷，因此不适合分散分布，也不适合在乡野村落当中。所以，产业融合型农产品市场要融合休闲农业或乡村旅游，其自身又与纯粹的休闲农业或乡村旅游有很大的差别。

在岭南地区，大多数农产品市场选址既不在农产品耕种区，也不是名村名镇所在地，场地设施简陋。在优质土地资源竞争越来越激烈的情况下，转型升级和新开发的农产品市场要实现"三产"融合，普遍缺乏可供旅游开发的先天资源。能满足加工、销售、仓储运输等功能的场地，其自身并不具备旅游文化的资源条件。因此，对产业融合型农产品市场来讲，要实现"三产"融合，提升产业经营价值，首先要突破场地要素的屏障。

我对广东五邑、粤西与粤北地区当地的农产品市场进行考察之后，得到以下发现：①大多数农产品市场仍然运用以产品为导向的价值创造机制，市场功能单一，场所简陋；②一小部分具有打造"三产"融合平台的意识，在规划建设中引入产业规划，也注重场地的环境设计，但普遍忽视产业发展与特色文化旅游的融合，忽视游客在心理、观念和文化上的需求；③部分以建筑功能和结构设计代替了场地的系统设计，难以把多元复杂的功能模块进行融合；④在建设中按城市商场模式对农产品市场进行建设，脱离了农产品应该具有的乡土文化气息，成本高且无特色（图 4）。由于农产品投入的周期长、回报慢，因此在场所建设上投入过多的资金亦造成资金与场所资源配置的错位。

新会陈皮村是在经济下滑、结构性调整、农业"三产"融合的大背景下催生的，设计师从环境设计入手，突破了产业融合型农产品市场的场地屏障，让陈皮村项目进一步获得社会、环境和经济上的效益。

在新会，有两个著名景点，它们都能引出保护与利用的话题。一个是被称为"小鸟天堂"的生态旅游景点。1933 年作家巴金在新会天马河乘船经过一个被当地人称为"鸟墩"的河中沙洲，岛上有一株 500 年的特大榕树，婆娑的榕叶笼罩 20 多亩的河面，形成独木成林的景观，林中栖息着成千上万只鸟雀，巴金先生游览后叹为观止，写下著名散文《鸟的天堂》，该景点因此得名。五年前朋友带我去看了一次，希望探访巴金笔下那些鸟树相依的神奇精灵，可惜没看到多少鹭鸟，高兴而来，败兴而归。近十年来，小鸟天堂景区不断开发，人为景观增多，游客纷至沓来，加上不合理的建筑布局和周边环境的污染等，导致小鸟天堂出现榕树枯萎现象，鸟类数量锐减。而另一个景点——梁启超故居属于全国文物保护单位。

陈皮村市场的地址就在上述两个著名景点的附近，这并不是经营者在选址上有独特的眼光，而是由于在城市发展当中，小鸟天堂和梁启超故居所在的茶坑村周边已经开始大规模建设工业厂房和公路。2012 年前，陈皮村的经营者亦在此建设了 10 万平方米的厂房建筑用于塑料的生产，由于经济的影响，计划用于生产的厂房一直空置着。在建造这批厂房的时候，投资者怎么也不会想到，2013 年在政府的产业引导和政策支持下，这批本该承载工业制造功能的铁皮厂房穿上了乡土的“外衣”，装进了“土气”的农产品，变成与时代接轨的“三产”融合农产品市场，成为可种、可玩、可赏、可读、可购、可投资、有得住、有得吃的旅游休闲地。它的产生面临着新会陈皮产业诸多问题——种植零散、深加工不足、陈皮文化在全国的认知度不够、市场较窄、被次品假冒与冲击、受季节性影响较大等。和传统制造业在珠江三角洲走下坡的命运不同，现代农业开始走上时代的舞台，为陈皮村的发展提供了广阔的空间。

作为一个不一样的农产品市场，陈皮村的发展模式受到国家农业部的肯定。2017 年初，受国家农业部委托，广东省农业厅专门来新会陈皮村调研，将陈皮村的发展要素作为制定省级及国家级现代农业园指标的重要参考。

陈皮村的“不一样”在于比传统农贸市场“好玩”，进入国家层面的视野，说明陈皮村成为农村供给侧结构性改革中可供借鉴的一个案例。

图 4　新会区双水镇按城市商场模式进行建设的某香业城市场（摄于 2016 年）

零起点

新会陈皮村的“零起点”有两个含义，一是铁皮厂房和周边环境在旅游资源上一穷二白，要实现“零起点”模式；二是经营者在农业经营上的“零经验”。

零起点模式指场地本身不具备可开发的旅游资源，但是通过规划创新，突出产业和文化主题，创造出可供游乐的景点。零起点模式在主题公园中应用较多，如正在建设的清远长隆主题公园[1]，但在农产品市场上应用较少，主要原因是农产品价值低，投入周期长、回报慢，花巨资创造出平地而起的旅游景点显然是不可取的。如何低成本实现零起点模式，对于突破产业融合型农产品市场的建设桎梏具有现实的意义。

陈皮村在资金有限的条件下避开了优质土地带来的高成本风险，规划选址在新会城郊的工业用地。该处厂房已闲置一年，租金便宜。较大的场地面积可以满足生产、加工、仓储和多元业态发展的需求，便捷的交通还可以联动城市与农业种植区。项目建立采用从顶层设计开始、从环境设计入手的多方联控机制，从一开始就确定利用现状优势，以创意优化场地的设计原则，在实施中保留近 10 万平方米的钢结构厂房，避免拆除成本和高额的再建投资。同时，通过空间规划，以三大功能融合、建筑创意设计、多媒体场景营造等途径将工业

图 1　陈皮村总体规划平面图

〔1〕 清远长隆主题公园项目于 2015 年动工建设，其将近 300 亿元的巨大投资可以产生集聚效应。

面貌与特色的乡土风情和产业文化相结合，把原本并不具备旅游资源的厂房建筑群建成国家特色景观旅游名村，实现低成本零起点的陈皮村模式。（图 1）

一、融合三大功能

陈皮村建有 9 间钢结构厂房，每间面积为 6 000 ~ 9 000 平方米，由于保温隔热标准较低，厂房内冬冷夏热。（图 2）设计者洞察到厂房建筑布局紧凑、室内高大、交通完善等特点，从规划入手，融合加工、销售和旅游服务三大功能。三大功能下有各自的业态，每个业态内有若干个单元，例如，加工功能内的原材料仓库、加工车间，旅游服务功能内的餐厅等。其中销售功能下的实体交易市场有将近 200 家店铺。由此可见三大功能下就有近 500 家功能子单元。采用系统分类可将之归纳为两类不同层面的模块：一是功能模块，二是功能模块下的业态模块。如陈皮村的旅游服务功能包含销售模块、旅游模块和会展模块，而旅游模块下有餐饮业态和住宿业态模块。每个模块内有鲜明的特征与要求，同时各模块之间在产业融合下又表现出渗透性，即某些业态特征边界与功能归属模糊化。（图 3）

1. 前店后厂，整理与融合业态模块

“前店后厂”是岭南传统商业布局方式，特点是利用同一场地的窗口区域及时收集和反馈市场信息，利用后台场地资源和劳动力优势进行产品的加工和仓储，缩短从加工、仓储到销售终端的距离。农产品市场要实现产业融合，就要在规划布局上处理好三大功能模块内若干子单元的整合与动线设计。规划设计以 4、6 号厂房为中心，再利用靠西北主干道的 1、3 号厂房，形成以展销与体验为核心的前店区，重点投入资金对厂房进行装饰改造，在开阔地建设生态景观。利用东南方的 5、7、8、9 号厂房规划成“L”形布局的后厂区，保证物流、加工、仓储三者工作流程在空间上的顺畅关系。同时在前店区中心设置标准仓储样板间和加工示范点，与其他展示功能一起形成紧凑的参观体验动线。后厂区保留原厂房建筑的工业化特点不作任何装饰，既节省装修投资成本，又与前店区具有乡土特色的竹建筑形成鲜明的对比。（图 4）

整理是对相同或相似业态单元进行归纳并使之形成业态聚集带，融合则要求在同业态集群内渗入不同业态单元。在广州的珠江新城核心商务区可见渗入不同业态单元的例子：每天中午，现代化的大厦门前就会聚集一群开电动车或三轮车的人，他们当中有送餐人员，也有专做私房菜的夫妻档，一会儿，大厦的白领们就纷纷出来领取快餐。其实，大厦的商业裙楼内设置了很多餐厅，但大厦的租金昂贵，餐厅的菜式自然不能成为白领们每天的午餐。在珠江新城的规划建设中，几乎是把这里的原生态社区完全拆迁，只剩下重新规划的商业配套，它们多是商场店，难以满足不同人群多元的消费需求。而在香港中环和上环一带的核心商业区，除了一栋栋售卖全球奢侈品的高端商厦，还有装修简陋的茶餐厅，再走几步就是当地原生态社区，各种高端、低端物品，都藏在小街市的店铺里，中午可以看到不少白领在牛腩店铺里轻松愉快地享受着午餐。这种功能综合（Integration）有利于满足不同类别的消费需求，也有利于人群多样化（Diversity）的社会需求。

陈皮村单栋厂房建筑面积广阔，满足同业态单元数量上的聚集，为功能模块内同一业态提供相对独立的空间。例如，餐饮功能的单元就集中在名为“美食987”的3号馆（图5），有利于油污的统一处理和排放。该区为每家餐饮门店统一提供中央制冷和新鲜风设备系统，避免了子单元重复建设造成的不便与浪费。在美食987餐饮区的东区临街铺面，又规划有少量的零售店，它们以零售陈皮产品为主，同时扮演便利店的功能，为游人提供饮料、零食和一些生活小用品，休闲性的轻餐与饮品店（一般不需要厨房）则在1号馆（运营中心）的南边和陈皮零售店混在一起。在陈皮村的美食街用完餐，大多数人会到市场里逛一下，轻松散步之余随手捎上一袋陈皮，或专门带朋友来买陈皮时顺便在这里吃上一顿陈皮宴或古井烧鹅。多元和混合的业态可以做到你中有我，我中有你，相互促进消费。业态的相对集中又利于资源的共享，让节能和环保的措施发挥更大的作用。反观同在新会的另一个销售陈皮的大型市场，由于功能单一和场所平庸，它在激烈的市场竞争中逐渐失去竞争力。

厂房之间约10米宽的道路被改造成具有古邑侨乡风情的骑楼街，形成户外休闲与购物特色景观区，每到节假日还会举办土特产小集市，为游人提供多元的购物体验。户外街道上空建设跨街风雨廊，方便游人在雨天或日晒时从一个功能业态区（一栋厂房）走到另一个。（图6）

2. 拔点抽疏，增强文化凝聚

特色文化旅游的核心在于挖掘、展现乡土特色与产业文化，因此要在两大分区基础上加强文化功能的凝聚作用。规整的厂房布局无论从空间序列上和文化主导上都缺少了一个中心，这就需要优化场地的不利因素。设计采取“拔点抽疏”方式在厂房群中拆除4、6号厂房的一部分钢结构，腾出空地，营造天井空间，并用廊盖将两幢厂房间的道路改为半室内空间，形成南北纵向布局的中央组团区。（图7）厂房结构中原本轻巧的组件方式让拆除与重组变得轻松快捷。在天井中央建设大型全竹演艺舞台，为重要节日举办大型主题活动和平时进行民俗文化表演提供场地，组成特色文化旅游的重要内容。围绕舞台广场从北向南依次布置陈皮交易中心、陈皮文化体验馆、农业O2O平台、品牌加盟示范店、农合商城和仓储样板间，它们直接或间接地向游人传播了陈皮文化的起源与形成、商贸、现代柑果的种植、陈皮标准化加工以及创新商业模式等与产业有关的知识，并在参观游览时提供多种与产业有关的体验，将文化体验与销售展示功能紧密融合。

图2　陈皮村原状图

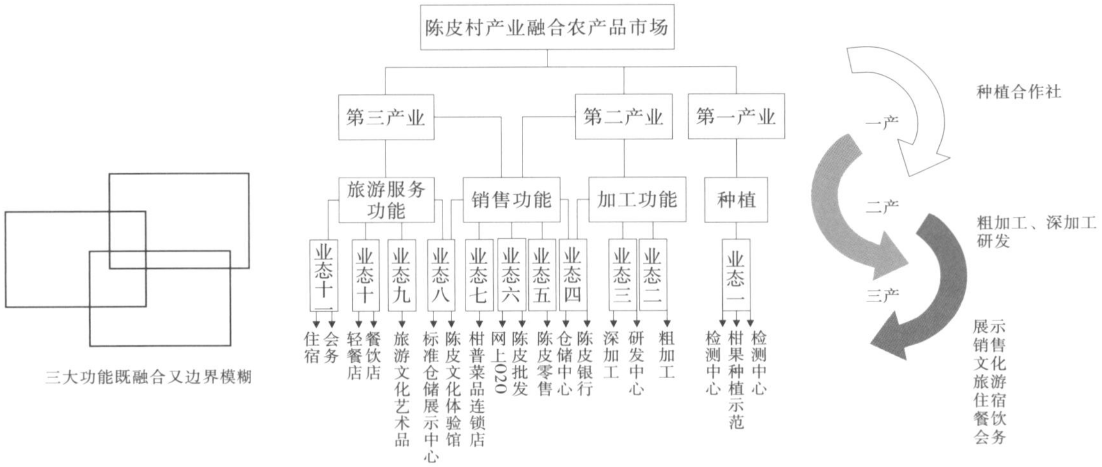

图 3　三产融合型市场功能模块系统

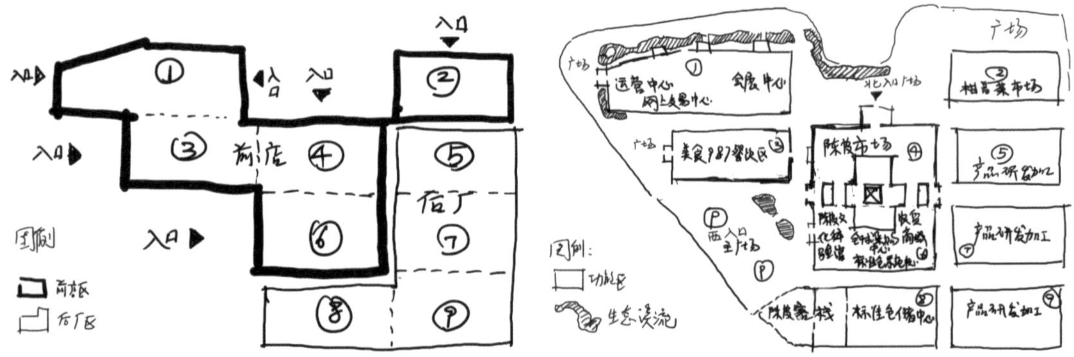

图 4　左图为前店后厂分区图，右图为功能分区图

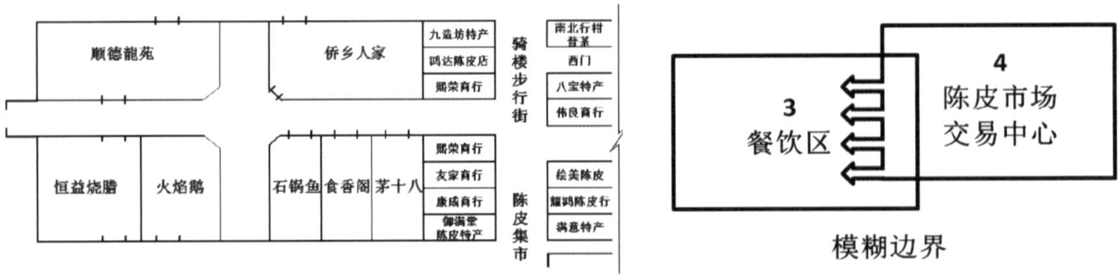

图 5　陈皮村 3 号馆商铺布局图

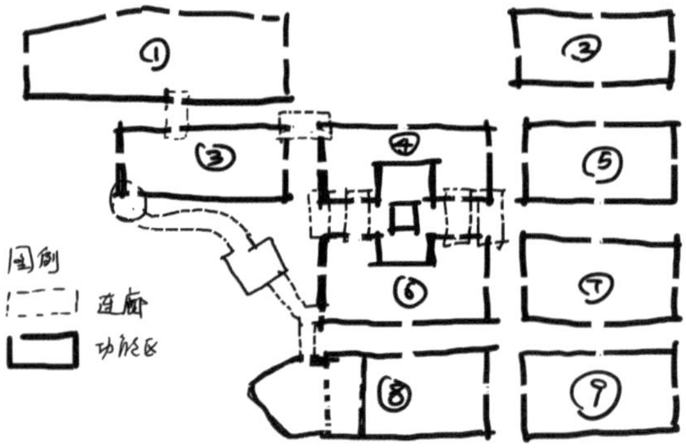

图 6　连接功能区的竹连廊

图 7　天井空间方案图，右图为在天井建造的中央演艺舞台

二、超大体量的特色竹建筑群

零起点模式最大的特点就是将平白无奇的场地特色化以达到吸引旅游的目的。而陈皮村从深层面挖掘场地特征，采用当地乡土材料建造特色竹建筑和内建筑景观，寻求文化认同与创新应用衍生的附加值。可以讲，陈皮村零起点模式的优点就是以低成本实现高体验的附加值。

在岭南地区用竹材做商业建筑有着悠久的历史，但常见的是简陋或仿亭台楼阁的造型，一般体量较小，空间低矮。陈皮村以工业建筑为背景，充分利用以下条件实现对传统造型的突破，以超大体量应用在商业建筑中，摆脱了传统竹建筑狭窄低矮的空间感受，也让近 4 万平方米的竹建筑和装饰得以实现：①利用厂房高大空间和钢结构系统，建造大体量的竹建筑，竣工后的竹穹顶平面跨度为 14.8 米，高为 8.9 米。（图 8、图 9）②利用当地有丰富经验的竹匠以传统的手法低成本地解决竹建筑的节点问题。③利用竹材的柔韧特点加工高难度的建筑造型，如拱肋结构、穹顶结构。④使用竹材作为结构、围合与装饰材料，降低成本，缩短施工周期，减轻厂房结构上的二次装修荷载。竹子重量轻，能够将附加在原有厂房结构上的材料重量降到最低。同时利用完整竹竿、半边竹和竹篾的结合做成建筑的围合，使竹材独特的肌理和氧化后形成的金黄色成为建筑表层的装饰，将结构、空间、装饰三者用竹子合而为一，再次减轻重量。⑤利用竹材可一次性成型的特点缩短施工时间。⑥与当地消防专业人员进行研究与试验，采用上下双喷淋的方式有效地解决了大体量公共竹建筑的防火问题。

在第三章谈到陈皮村的竹建筑时，有人提出：能否完成一个纯竹建筑，以体现其纯粹性？我当时的回答是：也许永远也不会出现。

陈皮村零起点模式的最大特点就是基于现有条件低成本解决现实问题。正是因为借助原厂房钢结构才让超大体量的竹建筑低成本实现。浙江安吉县是竹子之乡，当地竹材的产业链非常完善，生产加工技术先进。在2017年5月13日安吉县竹产业发展局与华南理工大学建筑学院举办的竹建构交流会上，安吉县竹材应用行业协会陈会长提到“以竹代钢”的研究，争取在未来用竹材代钢材应用在建筑结构上。另一位与会嘉宾——来自广东工业大学建筑学院的朱教授针对这一问题提出不同看法，她说中国钢铁产业发展成熟，产量大，应用广泛，“以竹代钢”生产的“钢竹”生产或应用的成本不一定会比钢材低，而施工难度反而增大。我赞同朱教授的观点。正如在高层建筑当中，根据材料的特性优势，建筑不同部位所采用的材料是多样的，如果一定要弄个单一材料的纯粹建筑，不但成本高，还会出现使用上的不合理。陈皮村大体量的竹建筑正是借助钢结构才能在安全、经济的前提下实现奇特的造型，从这点来看，混合材料的应用是具有绝对优势的。

另外，许多人关心陈皮村的竹节点，认为竹与竹之间的连接一定采用了特别巧妙的方式，要么是地道的竹钉或木构的榫卯结构，要么是“何陋轩”的钢螺栓，要么是类似“德中同行之家”竹构架中漂亮的钢节点。讨论这个问题前不妨借用一个艺术品文物修复的例子。在广州一所美术学院的美术馆中收藏着一批清代的传统潮州木雕，由于年代久远藏品出现了不同程度的损坏。2017年美术馆组织一批海内外专家对潮州木雕进行评估和制订修复方案。在对文物进行观察时，专家们发现有一件约30厘米高、雕花精巧的木制炉罩器盒多处接口露出铁锈，明显是采用铁钉连接的。有专家认为这是后人为了加固炉罩而粗暴地使用铁钉，建议将铁钉去除，恢复传统的榫卯方式。但在场的一位潮州木雕老师父对炉罩进行观察后说，在潮州木雕的传统做法中，一些较大规格的木雕采用榫卯方式，而小木作或细工作则多采用铁钉，容易固定和制作。在木雕老师父的指引下，大家在炉罩器盒上找到50多处铁钉的痕迹。对木雕榫卯结构应用的错误判断，同样存在于对中国古代传统建造方式的认识中，“‘不使用一颗钉子’是中国传统木构建筑的特征与优势”这种观念在民间还很流行。事实上，中国现存的木构建筑使用大量铁钉，主要用于门窗等内檐装修及屋面椽板等，“不使用一颗钉子”这一特征必须严格限定在大木结构即梁柱等主体承重结构上。19世纪工业时期的美国生产了许多轻木结构房屋，其建造同样依赖大量廉价的钉子，以节约制作木制节点的昂贵人工。在美国和日本20世纪初的建筑资料中，有大量铁钉的日本房屋的描述也屡见不鲜。[1]

陈皮村竹建筑的节点，同样是采用铁钉以扎捆等简单实用的方式将几十万根竹子连接固定起来。在竹建筑刚搭建时，我看到竹匠先用铁线将几根竹子扎稳，然后从背在身后的工具筒里拿出一根约12厘米长的镀锌钢钉，用自制的铁刀背将钢钉锤入两根竹子之间进行固定。我感到很诧异，问：“为什么不是用竹钉或更先进的连接方式?”竹匠回答：“放心，我们用钢钉建造了无数的竹屋，到今天也没有倒塌!”

面对我的疑问，竹匠们总能充满自信地一言带过。在廉价的钉子还未出现前，或处在边远山区难以获取铁钉的时候，使用竹钉是基于现状条件下的一种方式。而在今天，采用竹钉更多是为了达到“追求纯粹”的目的。相比之下，人工制作加工的竹钉要比工业化生

〔1〕 刘妍．建筑榫卯．新知，2016（4）．

产的铁钉成本昂贵得多。

陈皮村竹建筑为什么不用“德中同行之家”使用的钢制竹节点？2013 年 12 月 13 日“德中同行之家”竹构的设计师 Vika 和 Markus 到广州来，我和他们就陈皮村竹建筑进行了交流，也讨论了我在广州设计周设计的山寒舍竹建构钢节点和“德中同行之家”竹建构的钢节点。

我对 Markus 说：“你的不锈钢节点非常漂亮，但山寒舍的费用只有一万元人民币，所以我们选择了陈皮村废弃的竹竿，同时用了更加低廉的节点。”

Markus 说：“‘德中同行之家’竹构用的是非常昂贵的节点，你的节点经济实用，解决了大问题。”

Markus 临走前，还向我要了陈皮村竹建筑的图片，他说回到德国后要向大家介绍中国一个低成本实现的大型竹建筑。

在创新案例上，一直存在两个方向：一是创新实验型案例，一是创新应用型案例。前者以扎哈·哈迪德的广州大剧院为代表，追求实现奇特造型的技术突破，仅广州大剧院的三向斜交折板式网壳，就有 64 个面，47 个转角，没有一个节点是相同的，每一个钢件都是分段铸造再运到现场安装，目前国内对如此复杂的钢结构还没有规范可循，要把设计师“圆润双砾”的设计构思从图纸变成现实就要克服前所未有的施工难题。这种钻研与突破有时不计成本，甚至以失败告终。扎哈的建筑就以难建而著称，其 1983 年的香港山顶俱乐部、1986 年的柏林库达姆大街以及 1994 年的威尔士卡迪夫湾歌剧院设计方案，都在竞

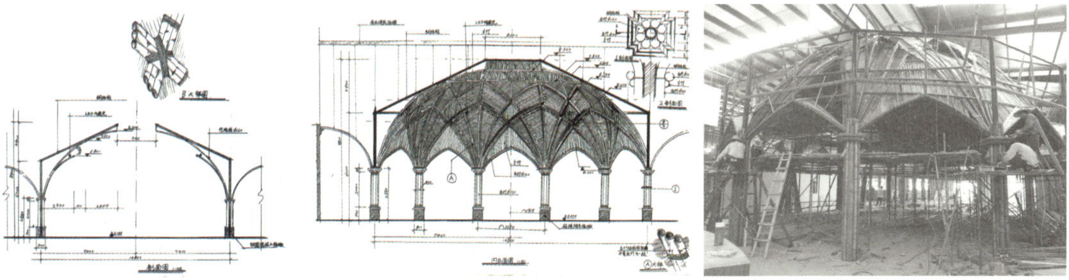

图 8　大跨度的竹穹顶

图 9　竣工后的竹穹顶

标中拔得头筹，可是因为施工困难，这些图纸最终都没有成型。但成功实施的案例，无一不对人类的想象力成为现实起促进作用，它们向当代的人们昭示什么是未来。仅这一意义就让我接受了广州大剧院建筑的所有瑕疵，并承认这个建筑的深远意义。创新应用型的建筑从创新实验型建筑中获取灵感和技术的“养分”，注重现状条件，解决实际问题。在竹建构的交流会上，我介绍了陈皮村的竹建筑，并把它归为创新应用型的案例，它借鉴了多个创新实验型竹案例的做法，与当地的技术相结合，低成本、低风险地解决实际问题。从上面的例子看，节省资源、劳力去维持长久发展的“低成本”建筑方式是人类发展中永恒追求的现实话题。创新应用型建筑数量占大多数，在社会应用中同样具有重要意义。当然，从竹材产业长远发展的角度以及生态环保上的建树来看，研究符合建筑逻辑、耐久、使用上经济和具有广泛适用性的竹节点，能够让竹建筑有更宽广的应用市场。

在低成本的前提下，陈皮村竹建筑怎样寻求对传统造型的突破？

在商业项目中，一个流行的趋势是追求商业与文化的结合，期望获得体验者对客体的文化认同和精神追求，目的是在同类项目中脱颖而出，以更好地提升商业竞争力，新会陈皮村也不例外。由某建筑设计公司设计的第一次方案，就采用钢结构、混凝土、仿古门窗、青砖灰瓦等材料在厂房的外围仿造了一圈明清建筑群。（图 10）这样的明清建筑在全国许多风情街、仿古街中屡见不鲜，反映了设计者尝试用文化提升建筑认知上的惰性思维。新会属于五邑侨乡，在近代，该地区的华侨将西方建筑文化的样式传回家乡，促使东西方建筑文化的民间交融，大量带有西方建筑样式的碉楼和骑楼与传统的中式建筑相互影响，形成带有强烈地域特色的乡土建筑，这种风格多元的建筑组合比明清仿古建筑更能突出五邑地区的地域特色。然而，值得注意的是，地域性文化对该地区的人来讲既有文化上的认同，也存在审美的疲劳，而非本地人因为旅游业和媒体的发达，对这类地域性文化也不足为奇。因此，完全模仿已有的建筑样式，难免会陷入陈旧、枯燥的一面。提供给顾客一种新奇感，始终是一个以体验消费为特色的商业项目追求的焦点。如果完全营造一种与当地文化没有联系的新奇事物，既造价昂贵还不被大众接受。如何在认同和独特之间找到平衡点，成为项目成功与否的关键。设计师敏锐地意识到，竹材的应用为寻找这种平衡找到了切入点。

相对于工业化生产的建造材料，竹材本身的天然观感和触感更能反映自然的本色，也更容易引起人们对历史文化和场所的认同感。由集美山田组设计的新方案选用粤北青皮竹[1]作为建造和装饰的主材。在竹材被普遍认同的文化姿态基础上，打破材料与建筑形态间传统的固定搭配，在中西方传统造型基础上融入个性化元素，并对其进行异变、改良和提升，突破传统竹建筑造型，形成新的组合。在陈皮村竹建筑的设计与建造中，飞跃式坡屋顶与“大辫子”造型的立柱一起成为最具视觉冲击力的建筑符号。（图 11）创新的造型和丰富的装饰细节改变了人们对竹建筑的固有观念。多元的建筑风格——既有西方的也有东方的，包括古典的和现代的元素——本来难免会出现杂乱的视觉感受，但使用了竹材

---

〔1〕 青皮竹生长迅速，轮伐期短，产量高，2～5 年可成材，比木材平均成材年限短，具有强度高、弹性好、性能稳定等特点。

进行建造和装饰，使差异和突变形成独特的视觉冲击力，最后又统一在亲和力的情感之下。室内采用哥特式建筑[1]的尖形拱肋方式建造穹顶竹天花，又与新会的“葵”文化相融合，并在穹顶中编织成葵扇的装饰图案，提升场景的文化归属感。用竹材建造的建筑和装饰脱胎于传统乡土建筑的形态，反映自然的乡土气息，造型具有独特性和时代特征，也容易引起人们对乡土文化和场所的认同感。（图 12）把握住大众心理上既要认同又要新奇的两面性，巧妙地利用竹材在普遍认知上的缺点来引起人们强烈的好奇感，这种大胆的应用，也是创新的一种形式。（图 13）竹材成为独特情境与文化认同两者间的桥梁，而设计师又进一步利用竹材天然的优势，将之应用在新的建筑形态和风格上，并辅以钢结构，采用防火、防虫、防腐等技术突破了竹材自身的不足，使其在应用中表现出色。设计师借鉴了许多乡土材料应用的成功案例，它们为创新提供了信心和鼓励。

全新姿态的竹建筑让项目具有强烈的文化吸引力和识别性（Recognition），无形中增加了项目的宣传效益，使之在同类项目中具有较强的竞争力。

陈皮村零起点模式中的竹建筑设计关注生态效益以达到生态审美功能，围绕社会公平性以达到更高层面的精神追求，从社会责任、伦理道德和情感上寻求人们的理解。正是利用可持续发展设计理念的系统规划，使项目成为符合当今先进思想的践行者。在对外影响力上，陈皮村项目从生态社会责任的角度获得 10 个环境、建筑类奖项。在被人们广泛认知之后，项目的价值和影响力被加倍放大，从而进一步获得政府和社会的支持。2015 年 4 月，陈皮村由文化部评定为“2015 年特色文化产业重点项目”，2015 年 8 月，由住建部和国家旅游局评定为“第三批全国特色景观旅游名村”。入选的项目在资金、项目规划创意、对接推介、投资融资、人才培养、专家咨询等方面得到扶持和服务。这些都在陈皮村品牌打造和资金扶持上起到很大的作用。

我接触了一些在经营上并不那么成功的商业项目，发现经营者只关注投资—建造—运营—获利这样一种“点到点”式的商业经济模式，一般情况下，他们并不关心（大多也并不具备）与赚钱无关的生态责任、社会公平等价值观念。新会陈皮村和河源售楼屋顶公园（增加公共绿地和促进社区关系）两个项目分别获得政府的支持与回报，这类案例说明了，在注重商业盈利的同时顾及社会共同利益，社会资源的天秤才会向你倾斜。

三、具有乡土气息的内建筑景观

采用内建筑的方式营造高体验的场景是陈皮村低成本实现零起点模式的其中一个途径，也是竹建筑之外另一个创意设计。内建筑并不是一个建筑专业术语，其意思是在建筑里面造房子，特点是里面的房子不需要考虑防雨防晒等气候条件，对结构围护的要求相对较低，可以借鉴舞台布景的手法低成本实施主题鲜明、艺术性高、体验感强的建筑群落和

---

〔1〕 哥特式建筑（Gothic Architecture），或译作哥德式建筑，是一种兴盛于中世纪高峰与末期的建筑风格。它由罗曼式建筑发展而来，为文艺复兴建筑所继承。发源于 12 世纪的法国，持续至 16 世纪，哥特式建筑在当代普遍被称作“法国式”（Opus Francigenum），“哥特式”一词则于文艺复兴后期出现，带有贬义。哥特式建筑的特色包括尖形拱门、肋状拱顶与飞拱。资料来源：百度百科。

仿户外景观。博物馆里的场景复原就是内建筑景观的一种。

高大的室内空间为内建筑景观提供了很好的载体，大量产业升级转移后留下的厂房建筑可以很好地利用。内建筑景观常应用在有以下要求的商业模式中：①建筑主体功能不变；②室内空间要适应不断变化的商业需要；③经常变换装修风格。近些年，随着大众餐饮的迅速兴起，高体验、主题性强的就餐环境对经营有促进作用。（图 14）加上餐厅生命周期多为 4 ~6 年，高峰期约为 4 年，之后就要对环境的主题风格进行更新改造，因此，容易建造的内建筑景观在餐饮空间中大量应用，如广州的外婆家、广东道、广州鹅城等餐厅就是借鉴舞台布景的思路来营造不同地域、风貌各异的内建筑景观。内建筑景观不需考虑天气变化的因素，可以为游人提供一个空间层次丰富、全天候、相对安全舒适的模拟户外场景。

陈皮村的设计利用钢结构厂房的空间特点，从游人游览的视线角度出发考虑布置哥特式拱廊内建筑和村落内建筑场景。用竹建造的哥特式内建筑除了增强游人的空间体验外，还为建筑利用双壳形式、采用烟囱效应达到环保节能的效益提供了可能。在美食 987 餐饮区，以恒益烧腊和侨乡人家为代表的餐厅在室内营造了乡野田畔、农家院落等内建筑景观。它们注重场景照明的应用以及艺术配饰的陈设，并在体验动线上采用葵叶、稻草泥墙、废旧砖瓦材料来建造农舍、村间舞台、夯土墙篱等，同时摆设农业生产与生活用具，加强经营环境的乡土气息，把老物件重新组合，赋予其新功能供游人使用，营造出具有很强体验感和互动性的场景。（图 15）游客在乡村场景的烘托下，体验到五邑地区的烹饪文化和陈皮宴席。据观察，这两家餐厅常常吸引众多的游客进来就餐，大多数人还会拿起手机拍照并分享到朋友圈。

图 10　陈皮村第一次方案

图 11　饱满的立柱赋予竹建筑有力的一面

图 12　竹材建成的建筑

四、多媒体场景营造

陈皮村零起点模式中，陈皮文化体验馆是重要的一环。从千禧年开始，各地政府先后投资重建城市规划、旅游、科技等方面的体验馆，新建的场馆大多规模大、档次高，采用先进的声光电技术展现规划者对城市未来的憧憬。而相比之下，大多数农展馆还停留在实物展示、场景复原的传统陈列方式上。

乡土特色并不是落后、老土的同义词，但是有限的资金投入注定不能走城市展馆那种高大全之路。陈皮文化体验馆作为国家地理标志农产品的特色展馆，将高科技与传统技术结合，向游人展现一个全新的现代农业展馆，同时又让游人真实感受到陈皮的醇香，这一方法让体验馆取得预期的效果。陈皮村吴先生敏锐的商业嗅觉给了体验馆的创作很大启发。陈皮的价值在于年久，其挥发油含量随着年限的增长大为减少，黄酮类化合含量相对增加，香气越醇，品质也越佳。但陈皮的存放不当常引起霉变或虫蛀。吴先生首创陈皮银行，采用标准化仓储方式，为投资者提供线上线下交易平台、可抵押金融服务以及陈皮贮藏服务。陈皮银行的标准化仓储中心近 5 000 平方米，仓库内恒温恒湿，里面存放大量陈皮。在建设陈皮文化体验馆前的某一天，吴先生对我说："陈皮仓库每天散发浓郁的陈皮香，我观察到在此工作的员工从未患感冒，能否把仓储中心每天'浪费'的陈皮香味送到体验馆来给游人直接体验?"正是吴先生直观感性的观察，启发了将"陈皮飘香"作为文化体验馆的主题，用管道将仓储中心陈皮散发的醇香输送到体验馆专门的闻香区——在参

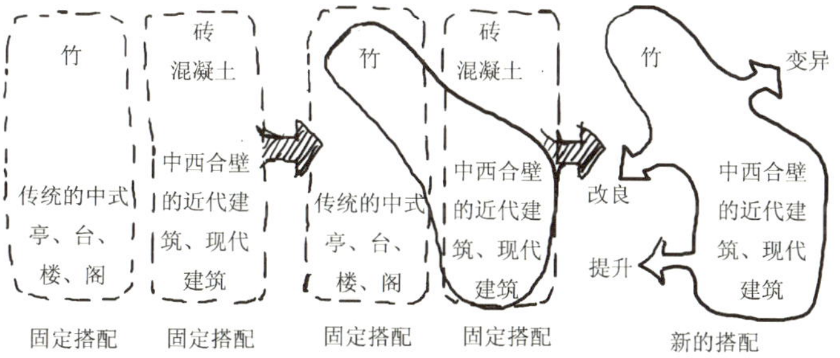

图 13　在构思过程中的方案解析

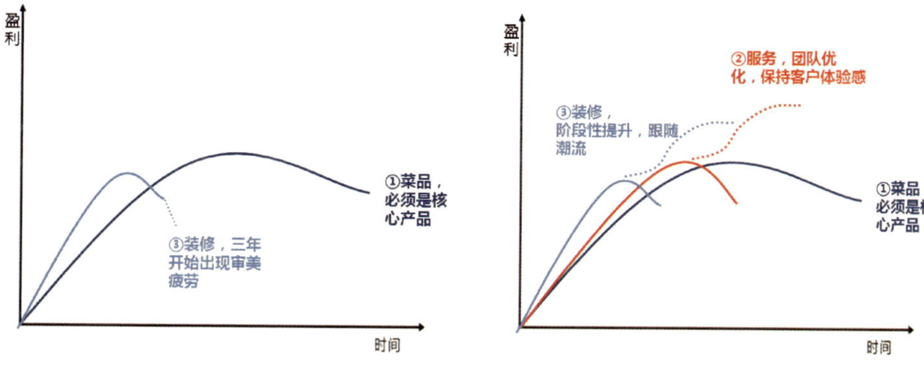

图 14　餐厅盈利模式

观体验的动线上是游人必经之路——为游人提供嗅觉上的体验。（图 16）这用低成本方式为陈皮村增添了一个鲜明的特色体验。

与传统技术的低成本相比，多媒体展示厅中应用高科技，让不到 200 平方米空间的资金投入金额最高。仅 20 分钟的影片制作费就将近 80 万元人民币。多媒体展示厅是陈皮村文化体验中最引人注目的区域。多媒体演示方式已经在各地的农展馆中广泛应用，然而大多由于内容表现平铺直叙，展示方式相对落后，加之环境氛围单调，使观众没有耐心观看，宣传效果普遍不佳。要制作多媒体的展示，影片的创作费往往占了多媒体展示投资的 40%，许多人可以把资本大量投在设备、装修上，一旦涉及创意类等难以用物质衡量的脑力劳动，就接受不了它的价值。这是创意产业难以在三、四线城市发展的原因之一，在农业项目中更是如此。陈皮村多媒体展示厅从故事的脚本、展示技术以及场景氛围三方面相互配合进行创意设计。陈皮村经营者与设计师清晰知道创意的重要性，将体验馆总投资的 20% 用于多媒体创作。

影片以数码技术创作虚拟场景，以神话传说开始娓娓道出陈皮文化的起源与发展。在展示中注重情景的视觉表现力与感染力，将数字多媒体展示技术与乡土文化场景结合，在约 200 平方米的演示厅内设计了 38 米宽、4 米高的绕墙超大型电控液晶玻璃主屏幕，结合互动天幕背投、互动地幕系统使天空、墙面以及地面形成全方位立体的陈皮文化演示区。为了增加演示的 3D 场景效果，设计创新地在主屏背后 6 米处设置 24 米宽的第二屏幕，与主屏一起形成前后屏。（图 17）主屏作为前屏采用电控液晶变色玻璃，通电后液晶膜变成不透明的乳白色，此时电脑控制的投影仪同步将影像投射到不透明的玻璃上，主屏不通电时液晶膜变透明，电脑控制后屏投影仪同步投射影像到后屏上，人们可以透过玻璃看后面的影像。这种多设备同步协调的控制技术与影片中忽远忽近的动态画面配合，产生类似 3D 影像的效果，但成本要比 3D 影片的制作费用和设备造价低很多。为了进一步营造逼真的立体场景，在两屏之间 6 米进深的空间里设置多层面的植物景观，影像在影片播放时，不断在立体真实场景间变换。整个多媒体演示厅注重场景氛围的打造，从序厅到演示厅之间设置 20 米长的竹光隧道加深神秘感。（图 18）演示厅内原建筑的钢结构立柱被塑成仿生榕树群，营造岭南丛林景观，并设置粗犷的条形圆木座椅，让观众仿佛置身星空下的村野郊外，观赏着陈皮仙子的故事。

与场地的“零起点”相比，经营者的“零经验”常常和“铤而走险”画上等号。

由于陈皮村项目的影响，清远农业生态产业园的投资者邀我到清远参观鸡产业项目。从事鸡产业项目的经营者之前也未涉足过农业养殖。他经营电子产品起家，由于采用科技养鸡、储藏和建立全国的经销网络，被当地的朋友亲切地称为“鸡博士”。在参观养鸡工厂时，谈到创新，他说：“能开创一个新局面的构思举措，常常不是由深谙行业内运作的人提出。他们墨守成规，思考也局限在本行业已有的模式，所谓创新更多是针对某一个技术或某个流程进行改革，因此很难有突破性的成果。而跨界的人由于对行业没有很深的认识，反而能够颠覆行业内传统思路，寻找新的模式。”

图 15　美食 987 餐饮区施工中的内建筑场景以及竣工后的内建筑乡土场景

图 16　陈皮体验馆内的陈皮飘香区

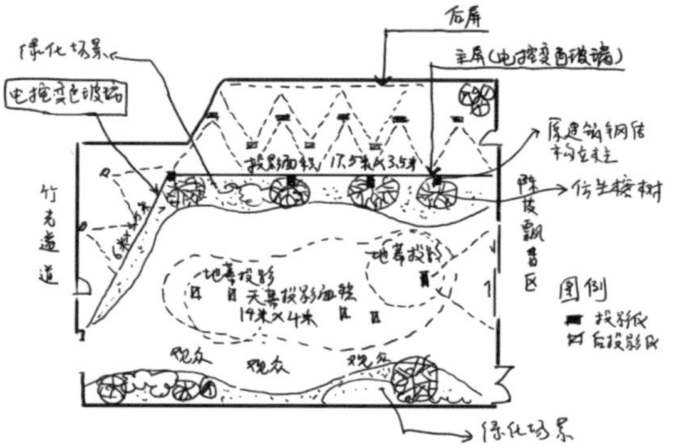

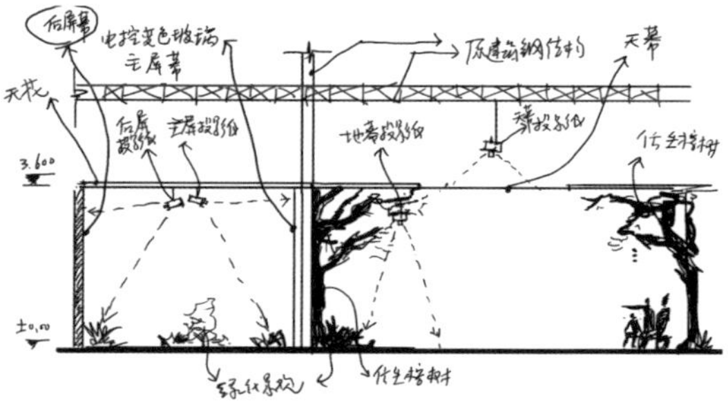

图 17　多媒体演示厅平面示意图与剖面图

这是“鸡博士”的个人观点。这个农业养殖的门外汉，经过几年的经营，确实取得一些成绩：他的养鸡企业并不是当地最大的，但能够在大企业大规模养殖与小型散户养殖之间寻找差异化路线。大规模养殖能降低成本，但鸡肉的口感亦有所下降；散户养殖鸡肉的口感较佳，但养殖量少，成本较高，还由于缺少质量控制体系无法保证质量的稳定性，抗风险（如瘟疫）能力也很差。“鸡博士”主打生态健康的高端品牌，又通过鸡苗生态放养、成鸡标准化养殖、质量控制保障、液态氮急冻“休眠鸡”、网络订购、全国物流配送以及商场专柜等一系列现代化生产方式与营销手段支撑其品优价美的市场定位，很快找到了市场上的“蓝海”[1]。

陈皮村的吴先生一直以来从事塑料生产与贸易，在陈皮村之前也从未涉足农产品的生产与经营。在吴先生准备投资陈皮村时，当地从事陈皮贸易的许多行尊并不看好这位门外汉，不少行家断言：这个投资上亿的项目，一定会让他惨淡收场。在陈皮村的经营逐渐好转后，吴先生常常感慨地向我提起这段辛酸史。

2013 年 11 月顺利承办第二届中国陈皮文化节后，激动和喜悦逐渐淡去，不断的资金投入和陈皮村产业落地的前途未卜，让经营者开始承受前所未有的压力。千禧年的第一个十年过后，全国经济增长下滑的大趋势已经显现，在这样的背景下，投资建设近十万平方米的场地，靠什么去支撑不断的消耗和持久的发展？

陈皮村建设前，新会已经存在一个上万平方米的陈皮市场，主要是以产品销售为导向，同时为旅游提供购物的场所。当地也有企业整合陈皮种植、加工和销售三个产业链环节，但是规模不大，还没有具备“三产”融合的条件。成立农户合作社、向第二与第三产业延伸、首创标准化仓储和陈皮银行等一系列举措，对当地有丰富经验的陈皮商贸大户来讲都是新鲜的事物，对吴先生而言更是从未做过。这一系列措施都要在陈皮村落地，它们都和环境、资金、劳动力、创新有密切关系，在供给侧的四大要素中，很难说到底是谁先起作用，又是谁在促进谁。

我希望从陈皮村中的一个小例子说起，来探讨这个有趣的问题。

在第二届中国陈皮文化节在陈皮村召开期间，餐饮区还未建设好，大量的人流在村中找不到午餐，因此五一期间陈皮村组织了四家餐饮企业，临时在村中设档口为游人提供快餐。一家以顺德均安蒸猪[2]出名的餐厅就受到邀请。在开业前的晚上，这家餐厅准备了一只半猪，他们看到平时的陈皮村人流稀疏，对卖完一只没有信心。结果开业当天，不到一个小时就卖完了，他们赶紧从其他店调货过来。第二天准备了八只蒸猪也全部售罄。

在陈皮文化节期间这家餐厅小赚了一笔，但之后美食 987 餐饮区开始招租时，他们仍然犹豫不决是否进驻，因为陈皮村远离城市中心，周边没有成型的商业业态，只有工厂、正在城镇化的村落以及散落的农田，即使重大节日生意兴隆，但平时人流不足怎么办？他们不知道自己将面对机遇还是成为失败的牺牲品，最后选择了观望。这样的一种状态正好反映了当时大多数想来投资、加盟的企业商家对陈皮村的态度。陈皮销售区将近 200 家店同样出现下了定金，但不进驻装修的情况。即使陈皮村的竹建筑和环境的特色可以吸引游人到来，但在里面找不到餐厅和游乐设施，卖陈皮的店也不多，没有可以留住游人消费的项目，对陈皮村的好奇感就会逐渐衰减，这又会造成商业气氛冷清，商家更不敢进驻的恶性循环。

---

〔1〕相对市场上竞争激烈的红海状态，蓝海是一片有待开发的领域。

〔2〕据《顺德均安志》史料载：顺德各地春秋二祭“多有烧猪作牺牲分胙肉，而江尾（今均安镇）则用蒸猪”。在传统的风俗里，每年的清明节和重阳节（所谓春秋二祭）要于祠堂举行祭祖仪式，仪式后由村内德高望重之人将猪肉分给各户人家，以求全村人获得庇佑，共享殷实饱餐。资料来源：百度百科。

在合作社的推进上，由于柑户还不能感受到合作社带来的好处，积极性不高，成立农户合作社来整合第一产业的资源、提高种植质量和防风险能力的目的也没达到。参加的农户寥寥无几。陈皮村项目启动后，当地种植户知道柑果的需求会增加，开始提高出货的价格。还有一部分与陈皮村初步谈好收购价的种植户在有其他收购商在柑果成熟后出高价时，便将柑果转卖他人。

2014 年，陈皮村内的加工厂开工场面并不喜人，收购的柑果不够生产，投资的半自动化柑果挑拣与清洗生产线也派不上用场。标准化陈皮仓储由于具有标准化贮藏、货品可溯源、食品安全有保障、可仓单交易和可抵押等特点被吴先生称为“陈皮银行”，可让客人按年份进行投资，陈皮在仓储中心恒温恒湿条件下保存，客人随时在线上查询陈皮交易价，可在低位买入也可在高位卖出，还可由陈皮村作担保将陈皮仓单在银行中抵押贷款。吴先生把塑料生产和国际贸易上的经验做法借鉴到农产品的加工与贸易上，对于当地陈皮企业来讲，陈皮银行确实是“首创”。但当年柑果收购量不足，仓储里的陈皮存量也没上规模。

图 18　竹光隧道与多媒体演示厅

到了2014年中，美食987餐饮区的招租一家也未签定，陈皮交易市场的店铺前常见到“转让”布告，开铺率仍低于50%。此外，陈皮文化体验馆、陈皮标准仓展示中心、陈皮O2O全球采购中心等的场地建设，柑普茶的生产与研发都需要大量资金投入。吴先生在塑料生产贸易上的收入源源不断地向陈皮村流入。

困难接踵而至。对吴先生来说，团队建设的缓慢一直困扰着他。陈皮村的管理人员多从塑料企业中转来，同样对“三产”融合的农产品市场缺乏预判和管理经验，“三产”融合的农产品市场对大多数人来讲本来就是新生的事物，因此也很难找到同类的成功案例进行借鉴和模仿。由于新会属于三线城市，陈皮村在城郊，缺少人才聚集与信息优势，上下班也不如市区方便，许多人看不到陈皮村发展的前景，聘人难，留人也很难。团队建设的困难严重牵制陈皮村的进一步发展。

在这样的情况下，陈皮村怎样走出泥潭？

我始终认为在方向正确、要素具备的情况下，时间是一个关键的要素。正如美酒的酝酿需要时间的发酵，在时间的作用下土地、劳动力、资金各要素之间充分融合，以创新为诱发剂，最终整体发生了作用。诱发剂就是以竹建筑为代表的环境创新设计，持续发力的是产业模式。

2014年下半年，天气进入深秋，新会古井镇一家经营百年的烧腊企业恒益烧腊与陈皮村签订了租赁合同，成为首家进驻的餐饮企业，并邀请集美山田组设计餐厅。和生产顺德蒸猪的那家企业相比，恒益烧腊经营的餐厅规模要小一些，五代人都经营鹅的制品，其中烧鹅是该企业的一大特色。恒益烧腊的掌门人姓吕，当地人都称他“鹅头”。“鹅头”告诉我，他们因为看中了陈皮村环境的特色，才选择进驻这里。

“鹅头”邀我参观古井镇简陋陈旧的总店，又品尝荔枝木烧出的烧鹅。严格来讲，他的企业是乡镇经济发展中由家庭作坊发展成家族式企业的典型例子，五个兄弟共同决策企业重大事项。这是他们第一次花钱请设计师来设计餐厅，也是企业有史以来投资最大的一个餐厅。我需要一定的权威来保证方案的完整性，避免企业里多人决策造成的方案反复和片段化，便和他说：“一定要做出特色。怎么做，你要听我的。”“听你的没问题，你怎么保证赚钱?”还未等“鹅头”回话，兄弟中的二哥抢先问我。我微笑着没有回答。我的信心来源于在不断地实践积累的过程中形成的直觉，它反过来指导着判断。直觉如下：①吃了恒益烧腊的烧鹅后，我有想继续吃的欲望；②能够持续经营百年的企业必定将对品质的要求作为企业的核心；③古井烧鹅这一品牌已有五百年历史；④作为陈皮村里第一家餐厅，必然享受到陈皮村刚性需求带来的效应。恒益烧腊在陈皮村中的分店在2014年底正式开业，大堂有16张餐台，并有8间房间，开业第一个月的营业额就超出经营者的预料。

据陈皮村官方统计，2015年陈皮村游客达120万人次。许多持观望态度的餐饮商家，包括那家顺德蒸猪企业，看到恒益烧腊喜人的成绩后，终于意识到这里餐饮业的刚需，开始陆续进驻。到2016年底，规划中的八家餐厅全部到位。当然，后来的餐饮企业的租金均比恒益烧腊的高。餐饮业态的完善，很大程度上解决了陈皮村特色文化旅游的配套功能问题，游客一般会在靠近吃饭的时间段来到这里游览和购买陈皮。美食987内的餐厅菜品以五邑地区乡土特色菜为主，但每家店的品类不一样，加上停车方便，吸引大量的人过来消费。节假日高峰时段，车辆把村内外的道路两侧都停满了，每周的周五、周六、周日三天餐厅里几乎是挤满了人，周一至周四略显冷清，这是假日旅游经济的表现。而恒益烧腊陈皮村分店（图 19）几乎从周一至周日每天的中、晚两市都坐满人，周六、日更要排队候位。它面积不到 500 平方米，只有 230 个餐位，日均营业额却达到四五万元，成为恒益烧腊现有的六家餐厅中面积最小却营利最高的餐厅。

这个时候，陈皮市场内的商铺也全部装修进驻。旅游带动起来的人气让陈皮村的形象逐渐向外传播。2015 年，第三届中国陈皮文化节的发布会在北京举行，确定在新会陈皮村举办，并把陈皮村作为永久举办场地。同年，当地的柑果丰收，许多农户没有一点喜意，因为增收带来供大于求的局面让柑果的收购价大跌，这是传统农业种植面临的风险之一。而加入陈皮村合作社的农户却是另一派喜悦景象，因为陈皮村对其柑果的收购仍然维持去年的合理价。另外，柑橘种植合作社也为从源头实现安全、标准化种植作出了示范效应。这样一来，许多人意识到合作社的好处。2016 年合作社社员达 128 人，种植规模达 15 000 亩，产值约 3 亿元，实现了“三产”融合的第一种模式。由于柑果收购充足，陈皮村的加工厂开足马力，半自动化柑果挑拣与清洗生产线也派上了用场。长期被废弃作肥料的果肉，也因解决了果汁带酸问题，被用于饮料的生产。一条专门榨汁的自动化生产线把果肉榨出汁供应给饮料厂，果渣则用来做肥料，这让柑果得到充分的利用。随着商业推广的深入开展，陈皮的价格开始上升。除了专业批发商和投资商外，普通大众也开始买入一两箱（标准箱）（图 20）的陈皮来保值或投资，仓储中心的陈皮储藏量越来越大，陈皮银行的运作也逐渐好转起来。

最令吴先生激动的是，经过近两年的经营，“陈皮村”三个字的品牌效应开始初显。2015 年 11 月，第三届中国陈皮文化节在陈皮村 1 号馆开幕，中央电视台作了全场直播，再次把陈皮村的品牌向全国传播。在国家政策的大力支持下，农业产业的优势体现出来。2015 年陈皮村连续获得“2015 年特色文化产业重点项目”“第三批全国特色景观旅游名村”两个国家级的奖项，还在文化旅游、农业“三产”以及生态设计上分别获得各种荣誉，令陈皮村的品牌宣传有了社会高度。吴先生还在陈皮村品牌基础上开发了柑普茶的产品线，在北京开了第一家连锁店，把陈皮的深加工产品推向全国。线上的销售也取得突破。2015 年底与京东网上商城的合作正式落地陈皮村。2016 年整个陈皮村的第一期建设已全部完成，规划中的业态趋于完善，陈皮村的经营开始进入良性发展阶段。第二期约 260 亩的农业生态种植园开始进入设计阶段，以“陈皮飘香”为主题的客栈也在其中。陈皮村内还设有标准检测站和研发中心，以保证农产品的卫生安全。吴先生曾说：“由于合作社的成功和陈皮村产业带动，今年收购的柑果经抽检无一例有农药残留，而（农药残留）在往年是很普遍的事。”

陈皮村店铺的商业价值同样在提升，2017 年初的最新交易中，美食 987 餐饮区内面积约 50 平方米的店铺转让费达到 20 万元。餐饮聚集产生的效应开始向休闲购物区辐射。在陈皮村周边，出现多家陈皮小商店和新投资的餐厅，说明以陈皮村为中心的经济生态圈正在逐渐形成。从2014年8月正式开业以来，陈皮村先后建立了鲜柑交易平台、标准化加工平台、仓储平台和陈皮仓单交易平台，成为中国首个大型特色农产品商业文化综合体，实现了产业融合的第二种模式：农产品加工流通企业向前延伸建设基地带动农户，向后延伸发展物流和营销体系。目前行业产值已达12亿元。

2014—2016年，新会陈皮村形成了融合农产品交易、特色餐饮、特色文化旅游等多方面业态，初步实现产业融合的第三种模式：将一二三产业在自身内部融为一体，打造农业与文化生态旅游融合发展的新业态。今天的陈皮村通过采取“标准化＋产业化＋金融＋互联网＋”的经营管理创新模式，使新技术、新业态、新模式向农业各个环节渗透融合，将农业产业边界逐步模糊化。

一天，吴先生一边泡着柑普茶一边和我聊起三年前的事：“当我决定投资这个农业项目时，商业地产界的朋友极力阻止我。在投资建设陈皮村之后，我也曾怀疑自己是不是疯了。到了今天，我朋友的商业地产项目正在走下坡，而陈皮村让我越来越有信心。”

这句肺腑之言，比任何的描述更能反映陈皮村在经济效益上给予经营者的良性回报。

图19　恒益烧腊陈皮村分店

图20　陈皮标准仓储中心和陈皮标准箱（净重24.5公斤/箱）

对的产业与不错的设计

岭南地区特色农产品种类繁多、分布广阔，大部分具有“三产”融合的资源条件和潜力。因为受邀进行咨询或设计，我与开平马岗鹅养殖基地、开平马岗鹅城餐厅、新会双水镇香业市场、阳江海水产市场、清远鸡产业融合市场、从化龟养殖场等都进行过接触。在考察中发现，大多数农产品市场以建筑功能和结构等规范设计代替了场地的系统设计，忽视游客在心理、观念、文化上的需求；或急于摆脱农产品本身具有的乡土气息，把农产品市场按城市商场模式进行建设，成本高，无特色。在深入调研后，我发现存在以下关键问题：①有产业规划，但忽视环境创新设计，陷入平淡化；②注重环境设计，忽视产业的选择与规划，陷入空洞化。

在陈皮村“三产”融合的创新模式中，可以总结一些方法供借鉴：

（1）建立从顶层设计开始、从环境设计入手的多方联控机制。顶层设计要以贴近市场、符合发展趋势和易于形成规模化结构的农产品为核心进行产业选择。产业是陈皮村持续发展的内核。2016 年新会区新会柑种植面积为 6.5 万亩，果品产量达 7 万吨，年加工陈皮量约 3 500 吨，比 2011 年增长 6 倍。初级产品年产值 9 亿元，比 2011 年增长 8 倍。陈皮主业年产值达 25 亿元，比 2011 年增长 9 倍，新会陈皮产业年产值超 50 亿元。[1] 这些数据直接反映新会陈皮产业已形成规模优势。以产业为依托，围绕“陈皮”核心产品的“产销”和“服务”始终是陈皮村“三产”融合农产品市场的核心功能。

与此同时，陈皮村的环境设计从三个方面为核心功能服务，创立特定的环境与文化资源，以旅游消费为引擎，实现了消费聚集。这三个方面为：①以人为中心，考虑场地对项目消费聚集的持续促进作用；②考虑人的行为多样性与审美趣味的多元性，将特色的风情、风格与风貌三方面一体化，突出环境的识别性和认同感；③进行生态、文化的专题设计。

在陈皮村的品牌认知中，最先带动陈皮村影响力的是通过环境创新设计让场地要素发挥积极作用。基于环境创新设计带动起来的影响力，很大程度上又给予陈皮村经营者进一步投资的信心。2013 年 11 月，陈皮村开业的第一天即迎来第二届中国陈皮文化节，新奇的竹建筑受到人们的瞩目。2015 年初美食 987 餐饮区已经成型，店内独特的乡土场景配合

〔1〕资料来源：江门市农业局。

特色菜品吸引众多顾客光临。同年五一假期，首个国家地理标志农产品多媒体展馆完成并对公众开放，接待游客上万人次。在经营初期，最吸引人气的不是陈皮农产品，而是独特环境和多样的体验服务。在近三年的运营当中，在网络上传播最多的是竹建筑，让企业获得基于文化认同与创新应用衍生出来的商业附加值。

（2）整合多方力量。顶层设计少不了政府把控整体方向、创造制度环境、建设基础设施、提供公共服务；企业（开发运营商）通过资源整合以及市场化的运作管理方式，成为建设中的主角；而与产业息息相关的当地乡民，则承担社会监督的责任。为了保证定位的准确性和实施的可控性，降低风险，项目应由市场研究及产业规划、旅游规划设计和环境设计多方联控。

（3）进行基于场地再利用条件下的环境创新设计。产业融合型农产品市场首先碰到的是选址与场地建设问题。随着土地供应减少，优质土地资源竞争也越来越激烈。在这样的情况下，应尊重本地发展现状和市场需求，利用区域地理优势和本土资源，加强创新驱动，借鉴零起点模式建设具有区域特色的农业综合景区，以因地制宜理念指导创新设计，形成区域性、差异性的建筑设计方案。位于开平市的马岗鹅城餐厅就是一个成功的例子，其选址城乡接合部产业转移后腾空的大量工业厂房，让企业避开优质土地要素带来的高成本风险，以当地鹅城[1]的风貌建设一个集马岗鹅养殖展示、销售、餐饮为一体的景点，现在成为开平一个休闲旅游点。

（4）围绕可持续发展目标进行环境创新设计。环境建设和使用几乎涉及项目从建设到经营的全过程，在实现可持续发展目标上有很大的作为。可持续发展要求环境设计关注生态效益以达到生态审美功能，围绕最佳经济效益以实现持续经营的核心内涵，围绕社会公平性以达到更高层面的精神追求。同时，可持续发展关乎国家的战略层面和广大人民群众的切身利益，将生态的理念、技术和产业文化融到绿色农村的建设中，可以从社会责任、伦理道德和情感上得到人们的认同，为企业赢得更多的社会资源。从陈皮村竹建筑取得的成功来看，各地可将有地方特色的乡土材料应用在环境构建中，并把在当地有较成熟工艺的建造方式与现代建造技术相结合。

（5）进行基于互联网传播的创意设计。微信、自媒体是近几年快速发展起来的互联网传播方式，也是品牌被大众认知的重要渠道。要利用互联网移动端即时传播的特点，规划一系列可供游人互动拍照的创意场景，通过多个创意点引起游人通过网络即时分享的冲动。陈皮村大型竹建筑具有强烈的文化吸引力和辨识度，为项目在网络上的宣传提供了素材，借助互联网快速传播，在同类项目中脱颖而出。

对陈皮村模式继续观察和研究，可以为不同地域农业新业态的发展提供参考和借鉴。以通俗的话总结陈皮村模式，可以说是选对的产业，有一个足够吸引人的场景，还有，投资者要有足够的战略定力。

---

〔1〕电影《让子弹飞》的拍摄地。

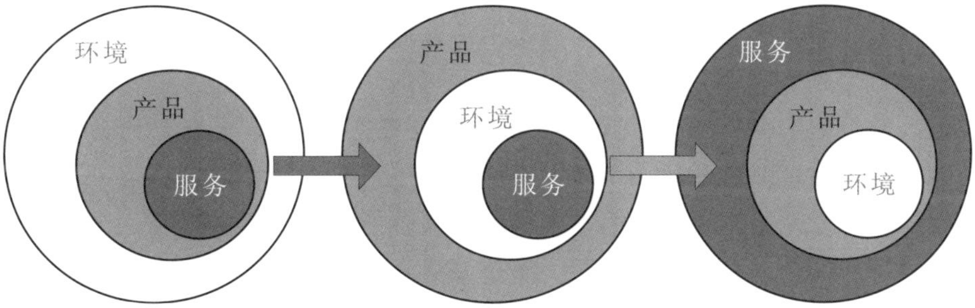

1. 项目初始期，特色的场地环境对顾客起直接的影响力
2. 项目发展期，产品的好坏对顾客起直接的影响力
3. 项目成熟期，服务的好坏对顾客起直接的影响力

在复合业态的农产品市场中，场地环境、产品、服务三大要素在动态发展中的影响力：初始期，体验感高的场地环境能吸引更多的人气；在发展期，产品的质量、多元的开发让项目具有持续增长力；在成熟期，完善的服务平台可以让项目整合更大的资源，进而推动产业向纵深发展

环境、产品、服务三要素在农产品市场动态发展中的影响力

生态经济效益

生态效益是从生态平衡角度衡量对人类生产生活和环境条件产生的有益影响和有利效果。生态效益与经济效益综合形成生态经济效益。不产生经济效益的经济活动不仅会造成社会再生产过程的中断，还会危及人类的生存和发展。人类的社会再生产活动要以生态环境为载体才能达到预期目的。在农业供给侧结构性改革中，农业生产环境的改善和效益的提高，必须以生态效益和经济效益互为前提和互为结果才能达到全面、持久的发展。陈皮村竹建筑的生态经济效益是建筑生命周期全过程对环境、节水、节能产生积极的一面，生态节能措施包括竹材应用、生态溪流和室内烟囱效应相结合的自然通风系统等。

陈皮村竹建筑规模宏大，大量的毛竹来源哪里？

中国是竹资源最丰富的国家，大面积的竹林分布在我国 20 多个省。据资料统计，2005 年福建竹资源为 1 366 万亩，广东为 267 万亩，四川为 39 万亩，由此可见广东是竹资源丰富的地区。而广东的广宁县竹林面积 108 万亩，以青皮竹为主，是全国第二大竹子之乡。由于其竹竿通直，干后不易开裂，纤维坚韧，一直被应用在建筑搭棚、围篱、支柱、家具上。瑞士伯尔尼应用科学大学的可持续评估表中有一项关于材料来源范围的评价。一个地方的本土材料对于另一个地方来说显然是非本土的。因此，每个材料的清单里应包含其产地，产地越近越好。选用本土材料，缓解了能源消耗和减少了废弃物，也同时促进了当地经济和社会的可持续性发展。满足该标准需达到的条件为：大于 50% 的原材料必须选购自离生产基地 800 公里以内的地方。300 公里范围内对材料获得成本、运输能耗则是一个较佳的距离。陈皮村竹材来自广东肇庆的广宁县，距离新会不到 200 公里，竹材应用率达到 60% 以上。（图 1）

陈皮村应用的竹材有生态上的优势：其源自天然，本身无毒无害，属可再生性强的资源；生产加工过程以物理加工为主，不排放有毒有害物质，耗电量少，不对环境和生态产生任何损坏；生命周期结束后也不对环境和生态产生任何损坏。这些生态效益上的优点在网络上可以轻易了解到，材料成本低也是人所皆知。但如果只是简单地从环保和成本低来考虑，吴先生肯定不会同意采用竹材来建造他的陈皮村。在评价陈皮村竹建筑的生态经济效益时，还应结合竹材的生态效益、多种因素下达到的低成本、解决当时矛盾突出点以及竹建筑的商业附加值等方面一起进行考量。

采用竹材有助于利用原厂房钢结构，将建筑结构、围护和装饰三者合一，一次成型，减少多材料、多工艺、多工种的交叉作业，降低管理配合的工作难度，大大缩短施工时间。因此陈皮村的工程在不可能完工的时间内完成了，准时提交场地迎接第二届中国陈皮文化节的到来。从某种意义上可以讲，这个“准时”挽救了陈皮村项目的命运（当时摆在所有人面前最大的一个矛盾），“避免直接和后续的损失”成为最大的一个经济效益。

然而，如果采用竹材准时完成的陈皮村竹建筑也像农家乐餐厅那样传统简陋，不仅吴先生不会喜欢，还不能产生持久的经济效益。“低廉粗糙”这种印象不利于竹建筑向更多类型的商业空间推广应用。没有在整体环境和美学影响下产生的建筑，以及基于文化认同与创新应用衍生的附加值（在上一节中已详细说明），去谈论或宣传竹子的生态质量、节能性以及经济性，只会变得毫无说服力。竹材本身不具有这种附加值，只有当它被创新应用，作为满足人们精神追求的载体时，这种作用才会被加倍放大。正是这种无形的附加值带来的商业效益，成为投资者乐意接受竹建筑的重要理由，也为项目追求更大社会效益和生态效益的良性循环创造了条件。

前面谈到，陈皮村竹建筑是在短时间和低成本两个因素要求下产生的。第一家建筑设计公司看到铁皮厂房保温隔热措施相当差，于是从保温隔热入手将铁皮厂房裹得严密，目的是减少室内的空调耗能。新的竹建筑方案是全部取消室内公共区域空调设备，采用自然通风并辅以风扇，这样一来人们在冬冷夏热的铁皮房内的舒适度就成为衡量方案是否可行的重要指标。

图1　从广宁县运到新会陈皮村的竹材

序号	日期	上午（9:00）				下午（14:00）				傍晚（17:00）				天气情况	备注
		室内		室外		室内		室外		室内		室外			
		温度	湿度	温度	湿度	温度	湿度	温度	湿度	温度	湿度	温度	湿度		
1	1日	30		35		31		40		32		38		晴朗	
2	2日	30.5		36		32		39		33		37		晴朗	
3	3日	30		35		32		38		31		37		晴朗	
4	4日	30.5		34										晴朗	
5	5日	31		33										晴朗	
6	6日	31		31										晴朗	
7	7日	30		32										晴朗	
8	8日	31		32										阴天	
9	9日	33		30										阴雨天	
10	10日	32		33					缺					台风雨天	
11	11日	30		35										晴朗	
12	12日														
13	13日														
14	14日														
15	15日	31		36		31.5		36		35		36		晴朗	
16	16日	31		34										阵雨	
17	17日														

图2　2015年7月陈皮村1号馆室内外部分温度记录（记录人：何焕源）

让我们看一下现场采集的一组数据。（图2）观察的时间是2015年7月，地点是1号馆（营运中心）。从表中数据可看到在有竹穹顶的室内，从上午9：00至下午5：00，温度保持在30℃~33℃，而室外温度在30℃~40℃，而对当时仍未装修使用的2号馆铁皮厂房进行测量，室内温度在35℃~37℃。在辅以风扇的情况下，夏日的1号馆室内温度是怡人的，这全靠1号馆北边生态溪流与室内双壳结构形成的隔热和自然通风系统。这是陈皮村环保节能中重要的一个策略与措施。它由生态溪流、灌木层、乔木层、室内竹拱券（竹穹顶）层、铁皮厂房原有隔热层、屋顶透气高窗以及室内东南两端两台工业排气扇组成，形成“三壳结构”。在技术层面上利用厂房高空间的特点在室内建设竹拱券建筑，既达到保温隔热作用，又巧妙利用顶棚夏日酷热的特点形成烟囱效应，达到自然通风的效果。3号馆（美食987餐饮区）和4号馆（陈皮市场）同样采用这一措施解决公共区域自然通风的问题。此外，拔点抽疏营造的“天井”与“冷巷”空间也一起构成环保节能的结构。

生态溪流位于1号馆的北面，长约200米，在陈皮节开幕前一个月开始施工。一般情况下，为了防止景观水池中的水渗漏，常考虑做混凝土溪底。在天鹅湖公园项目中，也曾有关于硬底和软底的讨论。在修建陈皮村景观溪流时，我希望把自己对生态溪流的理解应用在设计中。而因为时间紧迫，采用混凝土做溪底的方案已难以实现，这给了生态溪流一个实施的契机。

关于生态水景，我们可以先进行一个关于生态性和美观性的小讨论。2014年我到美国西雅图的微软总部参观考察，其道路两侧的绿地做法让我眼前一亮。这里的绿地比道路低一些形成洼地，作用是在下雨时积聚雨水。（图3）而国内大多数的绿化带用花基砌起来，比路面高出10~20厘米，以防止路面的雨水流到绿化带里。（图4）这是对待生态与审美的两种不同思路，国内突出来的绿化带首先考虑的是审美，不让水浸泡植物，保持植物造景的美观性；美国低洼下去的绿化带首先考虑的是通过洼地收集雨水，形成小范围的湿地，在一定程度上既减少地表径流对河流的压力，避免洪水或城市内涝的发生，也让雨水在湿地的作用下缓慢回到地下。国内的建设思路基于人工景观（当然具有仿自然性）的完整性和美观性，可称为情趣审美；美国的建设思路基于人类安全、生态环保考虑，借鉴自然系统形成，可称为生态审美。两者出发点的不同决定了两者考虑的审美层面不一样。

基于上述的思考，我决定借鉴当地柑果种植园田埂的构造和采用田埂边的本土植物，按照美国的建设思路修建陈皮村的生态溪流。第一步取消混凝土池底，用机械挖出溪流初形，分层将土夯实形成池底；第二步将凸起来的路侧石降到与路面齐平，新铺设的道路向溪流微微倾斜，下雨时疏导和收集道路雨水；第三步在溪流两侧和池底分别种上喜阳、喜阴、半水生、水生等特性的本土植物。本土植物选用果园田埂上的野生植物种类，这些植物生长快速，耐水耐旱性强。下雨时道路上的雨水聚集到溪流中，形成湿地景观；干枯时形成旱景，可以观赏原生态的植物。这一做法节省施工时间，快速成型，同时减少一半以上的成本，得到吴先生的肯定。最终成型的生态溪流就像一条马路的排水渠，所不同的是经过植物的点缀显得更美观，同时还对生态有益。（图5）

生态溪流、乔灌木丛和穿插在植物之间的景墙构成自然通风系统的第一层（可称为软外壳）。高大的乔木结合高大的户外宣传牌，在夏日起遮阳的作用，同时柔化铁皮厂房的外观。这样的处理避免对铁皮厂房外墙进行全方位的装饰改造，和室内竹穹顶的处理一起颠覆了原先的改造思路，也因此减少了一系列的投资。

铁皮厂房是系统当中的主体构造，属于硬层，起安全、围护作用。墙面离地 2.4 米高的铁皮被拆除，装上全景玻璃以增加景观效果，在玻璃的底下装上可透气的铝合金格栅，就成了自然通风系统中重要的部分，在室内烟囱效应的气压作用下，室外空气经过生态溪流和灌木层过滤，从透气格栅补充到室内来。室内竹穹顶属于系统当中的半软层，它和铁皮厂房顶棚（设有通风槽）之间有两米左右的空间，即烟囱效应中的空气廊道。顶棚上的金属瓦顶传热系数大，空气受热后从顶棚的通风槽散发。室外的空气从入口门廊和铝合金格栅进入室内，并向上补充。因为竹穹窿顶部的竹与竹之间有许多空隙，空气也从这些空隙间向上升，进入铁皮屋顶与竹穹顶之间的空隙（空气廊道），形成室内空气的流动。（图 6）

整个自然通风系统与使用竹材建造的出发点是一致的，均优先考虑效率和成本，使 70% 的室内区域在夏日不依赖空调设备，在运行当中又处处体现生态环保节能的要求。在炎热的夏天开启风扇，人们可以在大堂安坐，没有不适感。这得益于室外和室内的温度差，更主要的是从珠江城双层幕墙得到灵感，设置了双壳之间的空气流通层，让室内产生流动的空气。原理相似，但陈皮村是低科技版的双层墙，珠江城则是高科技的典范。

图 3　西雅图微软公司总部内的道路与绿化带（摄于 2014 年）

图 4　广州某科技园内的道路与绿化带（摄于 2011 年）

图 5　生态溪流成长图。a 为 2013 年 10 月，b、c 为 2014 年，d 为 2016 年 8 月

生态经济效益评估表

措施		生命周期阶段					
		建造		使用		结束	
		经济效益	生态效益	经济效益	生态效益	经济效益	生态效益
竹建筑	竹装饰、竹连廊、竹门楼	高 材料成本低	高 环保、无垃圾	高	无明显表现	高 易拆除，少垃圾搬运	极高 没有废弃物，对自然友善
	有烟囱效应的大堂、市场	高 不用保温隔热维护	高 竹材的使用	高 运营成本低	高 节能	无明显表现	
生态溪流		高	高	高 不需循环水，节省运营成本	极高	不错 容易拆除	高

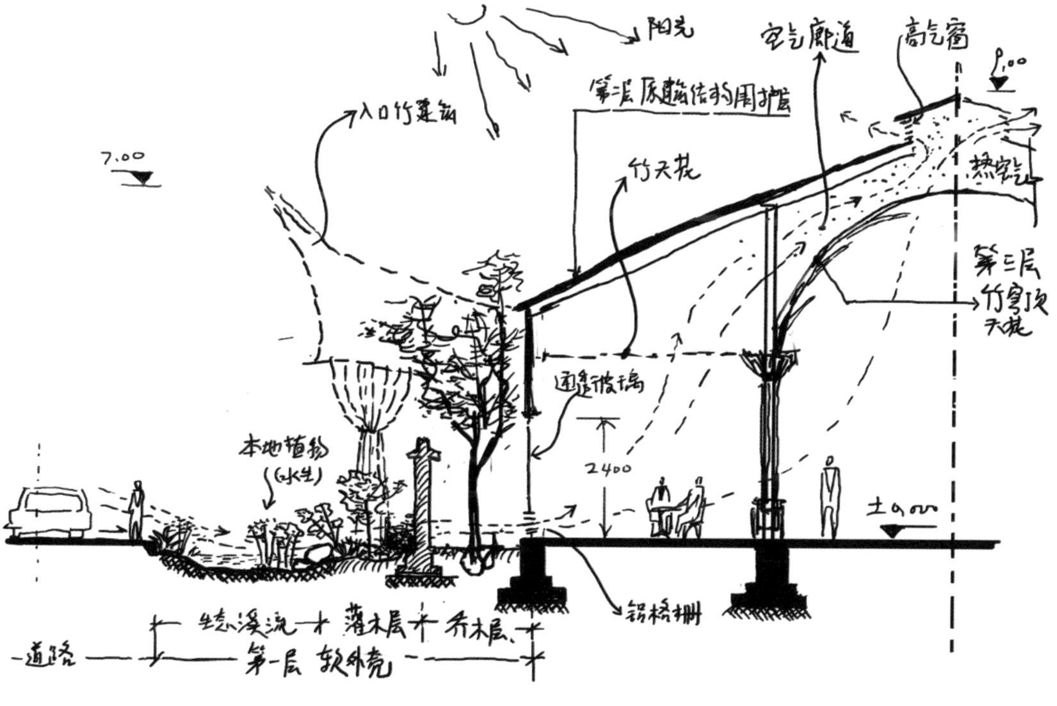

图6　陈皮村自然通风系统示意图

社会性考量

在陈皮村竹建筑施工的高峰期，每天约有150名竹匠在现场工作。他们多来自有竹构和竹艺生产传统的乡镇，分为两支队伍，由两位“老板”——一般是具有商业头脑和管理能力的竹匠——管理。在两支队伍中除了有固定的骨干外，大多数竹匠是临时组合，有时还会发生竹匠从一支队伍跳槽到另一支队伍的事情。陈皮村项目完成后，他们也常联系我，问是否还有做竹的活。在与竹匠的接触当中，我看到中国乡村传统工匠在现代化冲击下的一些现状，他们一直以某种乡土材料为应用素材进行技术的改良、传承，并因此而受到当地人的尊重，获得相应的报酬，所以材料的使用或影响他们的生计。

在实践当中，一部分设计师或者环保主义者在乡村应用夯土、竹、木等材料进行自建房，或者是一些不营利的公益项目，由于不受市场条件的限制，往往可以对建造者的理解进行彻底的体现，因此在可持续方面的探讨就相对完整和得心应手。但在人们赞许它们时，我关注到它们另一面的问题：①难以用市场的渠道去运作，推广价值比较小；②在较单一的限制条件下探索，缺乏在纷繁复杂的现实社会环境下试错的机会，不利于进行针对普遍适应的创新；③在媒体的报道下，容易造成越“公益”就越“可持续”的误导。运用乡土材料进行可持续建筑的实践，应摆脱理论研究和案例在认识上的某些局限性，敢于在商业项目、较大型项目的建造上进行尝试，寻求突破，谋求更大的社会效益。

同样，在乡土材料应用的可持续研究中，会因为材料在环保节能和经济上的突出优势，忽视人们对舒适、美观的诉求，加深乡土建筑不好用的偏见，导致人们对乡土材料建造的建筑丧失审美自信心。如果不把实践研究放在更广泛的社会环境中去评价它的作用和前景，就容易局限在小圈子里，陷于孤芳自赏、画地为牢的状态，追求更大的生态、经济和社会效益就成了空谈。

下面以陈皮村竹建筑为例，从文化生态突变下的技艺传承、底层的社会增益和地域性的创新与竞争等方面谈谈乡土材料应用的社会性考量。

1. 关注文化生态突变下的技艺传承

在内地许多城市，建筑脚手架逐渐由传统的竹架更换成铁架，政府甚至明文规定不得使用竹架，但在香港这个经济高度发达、法规完善的现代化大都市，90%以上的楼宇修葺依旧采用竹脚手架（图1），这是为什么？除了从规范监管和使用便捷等方面思考这个问题，还要从文化生态的角度进行考量。

文化生态是各地区、各民族原生性的、祖先传下来的文化生活，这个文化生活就体现在日常生活中。在技术落后的条件下，当地人寻找最容易获得的材料和最适应当地气候条件的建造技术来建造房子。这种技艺通过师授徒承的方式代代相传，掌握技艺的人被称为工匠。工匠及其传统技艺不但对历史上的科学技术发展有着推动力，还包含着独特而又丰富的人性内容，它们都是文化生态的组成部分。

社会物质生产发展的连续性，决定了文化的发展也具有连续性和历史继承性。乡土材料在长期应用中的缓慢变化，让与之相适应的手工技艺得以传承。但是，在工业化生产和快速城市化的双重冲击下，区域内文化生态本该缓慢发展、自我修复的过程被瞬间打破。传统的乡土建造技术在农耕时代是一个相对稳定与平衡的系统，正是这种相对封闭和以人为核心的活态流变的特点，在面临现代社会发展时带有明显的不适应性和脆弱性。由于使用现代材料，建造方式也随之改变，这些工匠为了生活，只能转行或学习新的方式，技艺也逐渐失传。独特的技艺是工匠在乡土环境中沟通感情的纽带，也是彼此认同的标志，更是他们倾注情感追求自由的精神寄托。随着技艺的消亡，这种“技以载道”的功能也随之丧失。采用他们熟悉的建造材料，是对工匠、工艺与经验的尊重、保护和传承。“在这一层面上，当代有必要尊重、重温和适度恢复传统工匠及其乡土建造技术。”[1]

在新会陈皮村项目中，竹匠对竹的施工表现得非常自信，特别在项目最开始时，即使有图纸，他们仍然会按自己的想象搭建出不同的造型，当设计师否定他们的某些做法，指导他们尝试另一种造型时，他们对设计师表现出不信任，这应该是竹匠对自己熟悉的领域被冒犯时表现出的一种自尊。但一旦设计师帮助竹匠们取得尝试上的突破，他们就会举一反三，帮助设计师拓展思路。这时，竹匠们对设计师表露出极度的崇拜和高度的配合性，并在实施过程中解决多个难点。这种突破往往是令人欣喜的，因为设计师在设计时不知道竹材运用上的许多窍门。在施工当中，尽管有设计师的图纸和现场指导，许多制作的细节仍然由工匠们来完善，所以完成后的建筑比图纸多了许多细节和新意。

图 1　港岛上环一幢楼宇的竹脚手架

〔1〕 王冬．关于乡土建筑建造技术研究的若干问题．华中建筑，2003（4）．

竹建筑的完成，除了运用技巧之外，特制的工具也起到关键的作用。从“匠”字的构成可以看到匠人、技艺与工具有着密切的关系。[1] 值得研究的是一种自制的多用途砍刀，它既可砍、削竹，又可以用宽厚的刀背锤钉子，而刀把还有起钉子的功能。（图2）在针对乡土材料的使用上，这些自制工具毫不逊色于工业化生产的标准工具，从中可以看到工匠们在长期工作中利用智慧解决实际问题的能力。许多经验和规则靠工匠才能总结和流传下来，工匠的作用是非常巨大的。设计师处于项目的关键位置，有责任通过自身的影响帮助这种技能传承下去，当中也包括精神的传承。

2. 顾及底层的社会增益

近年来，产业从劳动密集型向技术密集型转变的步伐加快，这是经济发展的必然规律。如果结合中国目前的人口现状来看，农村剩余劳动力多，且素质较低者占较大比例，这就决定了劳动密集型产业在相当长的一段时间里对增加就业有很大的作用。

可持续发展建筑设计关注项目的建造和使用对当地社区就业的促进，并努力探讨通过建造方式改善当地就业环境的可能性。工业化生产的材料和与之相适应的建造技术，往往让传统的手工技艺失去竞争力，当然也影响靠这种手工技艺养家糊口的工匠的生存状况。相对于年轻的劳动力，这些掌握传统技艺的人常处在就业的“夹心”状态下。分析陈皮村项目工匠的年龄层和文化层次可以发现，他们年龄在38岁至55岁，几乎都来自项目的周边乡镇（最远不超过400公里外的汕尾地区），受教育水平均不超过初中程度（含初中）。这些特点决定了这一群体在新环境下处在尴尬的状态：①所从事的传统行业逐渐式微；②上有年迈父母下有儿女，既是家庭经济收入的主要创造者，也是照顾家庭的重要承担人，长期在外远途工作不利于家庭稳定；③学习新技术的能力较慢，在新环境里生活的适应力较差；④选择新工作的限制大，收入常处于不稳定状态。他们面临的生存压力，是中国广大乡村地区手工业者的真实写照。陈皮村项目的设计师（决策者之一）一开始是为了解决项目具体问题而选用竹材，但在确定竹材的同时，已自觉地把上述问题作为选择建造方式的考量因素：结合当地的材料和技术，主动地在商业项目中使用乡土材料及其特有的建造方式，为劳动密集型产业与传统特色技术有机结合创造机会，既鼓励满足个性化和多样化的市场需求，又可改善这一底层群体的就业状况。陈皮村项目采用竹材施工的面积

图2　人手一套自制的工具，这几样工具插在工匠自制的工具套上

〔1〕“匠”由“匚”和“斤”组成，“匚”是口朝右可以装工具的方口箱子，其中的“斤”就是木工用的斧头。

将近3万平方米，在4个月的施工期间，每天投入的竹匠约为80人，高峰期间更达到150人，竹匠平均日工资为250～300元，这在很大程度上增加了这一群体的经济收入。由于工作量大，竹匠们分成若干小组，从选竹、粗加工、精加工到上架，形成流水线的施工方式，大大提升了效率。(图3)

这种劳动密集型产业与传统特色技术有机结合的方式，可以称为劳动技艺密集型，一旦形成规模效应，将是中国劳动密集型产业发展的有效补充。陈皮村项目的成功向人们展示了这种模式的前景：充分利用当地资源，由投资商提供资金运作，工匠提供技艺，设计师主导创新，使这种模式取到了很好的增值作用。这种增益可以通过表1的对比进一步显示出来。同一规模的项目采用工业化生产材料和竹材，可以看出前者的建造材料繁多，对电动机械使用依赖度大，能耗也较高；而后者的建造材料单一，人工费比重较大，劳动者的工资收入有较大的提升（或就业率增加），对拉动农村的消费有促进的作用。相对通过大量消耗物质促进经济的方式，后者在可持续发展上是有优势的。

3．鼓励地域性的创新与竞争

陈皮村竹建筑的可持续发展探索与实践，借鉴了国内外类似的案例，这些案例属于创新实验或创新应用型，它们的成功在很大程度上给了投资商信心，也鼓励着设计师坚持不懈地进行探讨。在它们的指引和启示下，陈皮村的设计师完成了借鉴—创新—总结—加强的过程，在总结后再应用于新项目上，从而进一步为更多的设计师进行本土化模式的探索提供新的、成熟的经验。尽管包括陈皮村项目在内的这类的案例还不是主流，但当中每一个案例的成功实践，都会对以下层面有所提升：①项目阶段性的成果得到业主和社会的认可，鼓励更多的投资商投资这类探索性的设计，为创新提供有利的市场条件；②鼓励本土设计师利用现状条件进行因地制宜式的创新，提升本土设计师参与国际交流与竞争的自信心；③成为本土文化生态的组成部分，使传统手工艺者受到启发从而加速技艺的创新，扩大运用乡土材料的工匠在现代化过程中的生存空间，增强他们的竞争力；④促使政府相关部门积极应对，用创新的眼光看待新事物，对一些僵化的规定作出相应的检讨和调整；⑤鼓励地域性的弱势文化与普遍性认知中的强势文化竞争，打破现代建筑一统天下的局面，促使公众认同差异、认同本土、热爱本土。

新会陈皮村大型竹建筑明显不是狭义上的乡土建筑，因为它规模较大，有投资方建设，由设计师进行规划与设计，实施后用于商业的运作。正因为这些特点，在它成功实施后，相对可以观察和评估乡土材料应用上所涉及的社会增值的量，也有利于解决乡土材料在现代大型建筑应用上遇到的新问题。从人类可持续发展探讨的层面上看，我们面对的是一个不太确定的将来，每一个以可持续发展为目标的案例，在成功地实施之后，都会成为我们摸索着过河中的一块石头。

在可持续发展设计的实践和探索中，始终存在一种重技术设备，轻社会伦理的现象，忽视了作为主体的人在整个关系中的主导地位。材料影响建造技术，建造技术影响人，进而影响社会中人与人的关系。各因素间的影响不是单线的，而是相互联系和错综复杂的。当我们充分意识到这一点时，就能以具体的物为切入点，以更宽的视野，从更深层次中考虑和评估可持续发展建筑设计产生的社会效益，并在实践当中加入人文的关怀。新会陈皮村可持续发展建筑设计的实践正是基于这一点，选用乡土材料进行建筑的构造和装饰，而对它的分析和总结始终没有离开社会影响这条主线。社会性考量既有实施前所考虑的，也包括实施后分析要侧重的，以此实现项目的社会可持续性，这种实践的出发点不仅具有新的视角，还具有关注当下的现实意义。

从社会性角度思考和总结一个环境设计项目，本该是由社会学家去做的事，但研究社会关系的人绝大多数是不从事设计的。而可持续发展设计不仅仅是美学的事，还涉及社会学的方方面面，只有把各种复杂因素联系在一起，进行整合研究，才能说明建筑设计的类型和模式怎样受制于所处的社会环境，又怎样对社会各阶层产生影响。作为一名设计师，尝试从社会学角度去分析设计中的问题，难免会流于肤浅，但在跨专业甚至跨学科的研究中可以发现一些新问题，找到一些新启示，这无疑是笔者所期望的。

两类建筑材料在应用上的对比表

建造材料	造价（万元）	人工费占造价比例	构造与装饰	流通环节	环保节能	对当地就业的促进
工业化生产材料	1 500	施工人员较少，工人平均日工资为200元，约占20%	构造与装饰往往用两种或多种材料，现场材料种类繁多	需要经过工业加工的多个环节，流通环节多	工业生产过程和运输环节耗能，施工现场电动工具加工耗能，建造过程和生命周期结束后产生大量不可降解的垃圾	依靠电动工具的劳动技术密集型产业，人员投入相对较少，工人来自各地
来源于当地的乡土材料：竹	1 300	投入工匠较多，工匠平均日工资为250～300元，约占40%	构造与装饰往往可以合二为一，现场施工材料以竹为主	从产地集市直接到现场使用，流通环节少	生产及运输过程能耗少，手工制作建造过程几乎不产生能耗，材料可降解，建造过程及生命周期结束后对环境污染少	依靠自制工具的劳动技艺密集型产业，人员投入较多，且多为当地手工技艺者

说明：①本表根据两种方案的概算进行比较，其中运用竹材的为实施方案。②概算均不含结构、混凝土基础、照明和园林绿化部分。

图 3　参加施工的竹匠

陈皮玫瑰图

第三章谈到陈皮节开幕前一晚在展厅拿起一只新会大红柑，由于把柑皮剥烂而被当地人笑责。当地人开柑有两刀法和三刀法，两种方法开出的柑皮均为三片式（图 1），这就像可持续发展的三个方面形成的关系。为什么不用两片式或四片式？两片式虽然片的面积大，但在开皮时容易损坏，四片式由于切口多而容易脱落。如果我们尝试着把柑皮竖立起来，想象成一个支撑起来的房子，会发现两片式的柑皮难以相互支撑起来，而四片式和三片式都能稳定竖立（图 2），但三片式明显要比四片式成本更低。可见三片式构筑的结构相互制衡又相互支撑，丰富而又稳定。有趣的是，可持续发展建筑的实践也遵循了以环境绩效、社会责任和经济效率为基础的“三重底线”的理论，并希望达到以下目标：①有重大变革和可移植性；②能反映道德标准和社会平等；③注重生态质量和节约能源；④兼具经济效能和适应性；⑤协调整体环境和美学影响。[1]

本章前几节分别涉及陈皮村在环境设计、产业融合、生态经济效益和社会增益方面的创新，下面尝试从陈皮玫瑰图的社会、经济和环境三大底线来总结一下陈皮村设计在符合可持续发展目标上的综合评价。

瑞士伯尔尼应用科学大学有一个评价表和玫瑰图，在学习期间每完成一个案例，教授们都会要求用这个评价工具对案例进行自我总结。这次让我回到课堂，再次像学生一样看看自己的分值。如表 1 所示，评价从社会性（Society）、经济性（Economy）、环境性（Environment）三个模块展开，每个模块下有 4 个子模块，子模块下分别有具体的标准评价要素。子模块满分为 10 分，达到标准为 4 分。

由于是自我评定，要避免客观性受到影响。与原始建筑和第一次改造方案对比，第二次改造明显在设计，建筑材料，土地、自然、景观三个子模块中有较好表现。在初始投资子模块中第一次改造得分比第二次改造要低，第二次改造由于采用竹材因此人工投入较高。

从玫瑰图（图 3）看，陈皮村竹建筑取得较好的成绩。

忽然想起在瑞士学习时在课堂上与 Pius 教授的一次争论。那节课的内容是每位同学对已做项目进行自我评价，我把四川文君酒厂改造后的成果与之前的设计对比，因此有了较

---

〔1〕 总部位于瑞士的豪瑞可持续建筑基金会（Holcim Foundation for Sustainable Construction）定义的可持续建筑的五个既定目标。

好的评价成绩。Pius 对我的评估结果提出了质疑。他说要与更高的标准作对比，这样才会有所进步。

“和原方案对比，现在的方案确定有了很大进步。”我说。

“只有和心中的标准进行对比才能找到现在方案的不足。”Pius 认为。

心中的标准？在课堂上我无法理解他所讲的“心中的标准”是什么，如果没有之前的存在，又怎么能发现后面结果的差异？况且“心中的标准”存在很大的主观性。争论最后没有一个结果。学习结束之后，做了几个与可持续发展相关的案例，看的多了，想的也多了，才逐渐理解 Pius 讲的“心中的标准”。在课堂上，Pius 发现同学们做的改造方案与原方案（或别人做的方案）对比时都有很大的改善，同学们满足于这种比别人进步的状态，在自评中将分数打得很高。由于是改造对比，所以你做的改造方案一般会比原来的要好，但并不代表你的改造方案在可持续发展设计要求上有了更高的进展。进步的动力在于你的标准和你的实践有了距离。你的标准是在主观能动基础上建立起来的，你越主动，标准就越高，越促使进步，而每次进步又会提升你心中的标准。这个动态的螺旋上升过程要比已经制定的固定标准更能让你进步。在上面的陈皮村改造项目的自我评价中，我一直以原设计方案的不足进行对比，发现自己在若干方面取得了成绩而沾沾自喜。事实上，对一位经过思想启蒙，受过专业训练，以及致力于可持续发展设计探索的设计师而言，在陈皮村项目中的各种改善措施，只是应该做的入门级策略。在项目中，已实施的措施还有许多遗憾，还有很多可以实施的措施却没有进一步去做，而在当时，只要往前再迈进一小步，完全可以实施出来。这样的思考没有让我陷入自责，反而在接下来的实践中有了更明确的方向和自信。

虽然没有机会向 Pius 核实，我想，他说的“心中的标准”一定是指：只有人们的理想永远跑在现实的前面，才会有进步的可能。

即使是这么浅显的道理，在当年的学习中还是无法深刻理解。

于是我又以心中的标准进行一次评估。很明显“以心中标准评价的玫瑰图”的基本形状和“与别人对比的玫瑰图”趋于一致，但比“与别人对比的玫瑰图”要小很多。(图 4)

从瑞士学习回来，经过近八年的实践和思考，我似乎明白了 Pius 教授当时没有讲出来的话：取得成绩并不是难事，自我反思才促进持续的进步。

在我的实践中，与别人对比的玫瑰图常常在沮丧时给我信心，而以心中标准评价的玫瑰图恰好相反，让自己完善“心中的标准”。

图 1　通过两刀法开出的柑皮

图 2　柑皮竖立结构

表 1　陈皮村竹建筑可持续发展评价表

模块	原始建筑	第一次改造	第二次改造	主题	标准	原始建筑	第一次改造	第二次改造
社会性	1.3	4.0	7.8	社区	功能综合程度 人群多样化 社会联系 社区团结 平等公正 居民参与	1	4	9
				设计	空间特性 可识别性 设计风格/个性	1	4	9
				功能可达性	满足基本需求 综合使用功能 公共交通运输 可达性 实用性	2	5	5
				幸福/健康	安全性 照明 新风、通风以及湿度控制 辐射以及有毒物质含量 热量获得以及温度控制 噪音 震动	1	3	8
经济性	1.3	3.3	8.5	建筑价值以及建造过程的情况	地理位置 建筑结构 建筑附加构件 建筑物质的灵活程度	2	3	7
				初始投资	产品生命周期 投资成本 资金筹措 额外成本 建筑修复	1	3	9
				运营以及使用成本	运营使用 维护修复 市场营销 投资成本的再利用	1	3	8
				附加价值以及房地产市场	建筑的增值 邻居以及居住区域 收益 津贴申请	1	4	10

（续上表）

模块	原始建筑	第一次改造	第二次改造	主题	标准	原始建筑	第一次改造	第二次改造
环境性	1.0	3.8	7.8	建筑材料	原材料及其可获得性 材料制造以及运输 污染 材料修复以及再利用	1	3	10
				使用能源	室内气候人工调节 能源消耗 电能消耗 能源需求以及来源	1	4	8
				土地，自然，景观	建筑在场地中的位置及影响 环境生态框架及联系方式 室外空间品质及功能使用	1	4	9
				基础设施	出行交通 运营使用过程中的废弃物 水供应	1	4	4

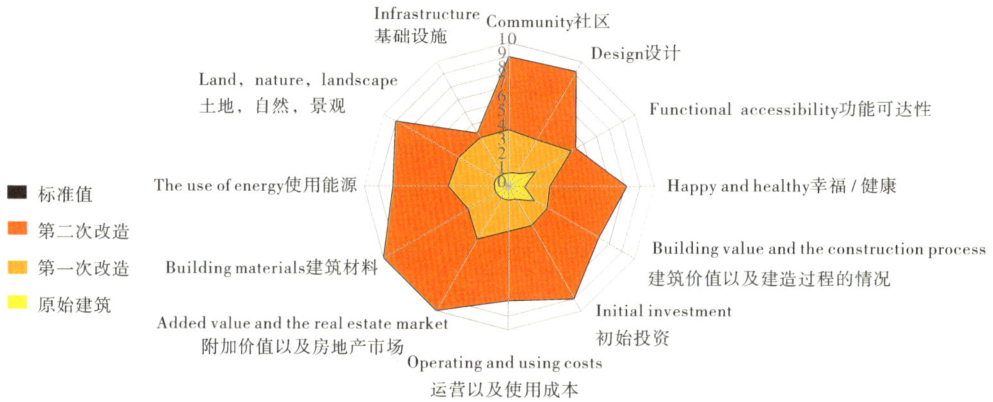

图 3　陈皮村竹建筑玫瑰图

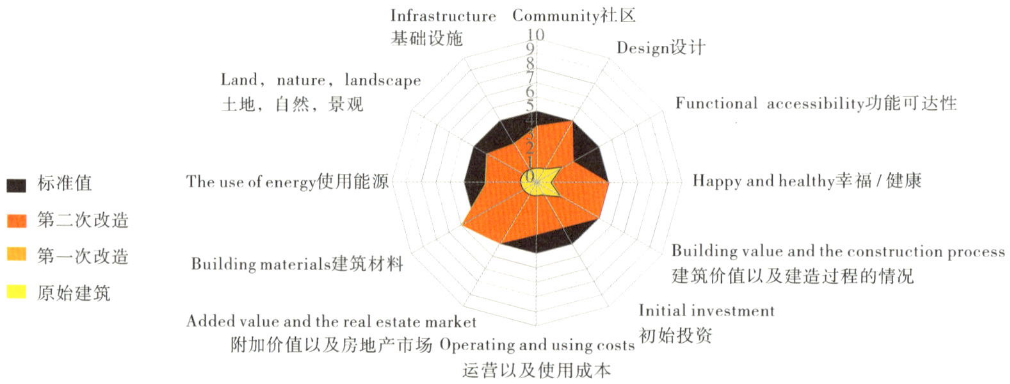

图 4　以心中标准对陈皮村竹建筑进行可持续发展评价的玫瑰图

表 2　以心中标准评价的陈皮村竹建筑评价表

模块	原始建筑	第一次改造	第二次改造	主题	标准	原始建筑	第二次改造
社会性	1.3		4.0	社区	功能综合程度 人群多样化 社会联系 社区团结 平等公正 居民参与	1	4
				设计	空间特性 可识别性 设计风格/个性	1	5
				功能可达性	满足基本需求 综合使用功能 公共交通运输 可达性 实用性	2	3

（续上表）

模块	原始建筑	第一次改建	第二次改建	主题	标准	原始建筑	第二次改建
社会性	1.3		4.0	幸福/健康	安全性 照明 新风、通风以及湿度控制 辐射以及有毒物质含量 热量获得以及温度控制 噪音 震动	1	4
经济性	1.3		3.5	建筑价值以及建造过程的情况	地理位置 建筑结构 建筑附加构件 建筑物质的灵活程度	2	4
				初始投资	产品生命周期 投资成本 资金筹措 额外成本 建筑修复	1	3
				运营以及使用成本	运营使用 维护修复 市场营销 投资成本的再利用	1	3
				附加价值以及房地产市场	建筑的增值 邻居以及居住区域 收益 津贴申请	1	4
环境性	1.0		3.8	建筑材料	原材料及其可获得性 材料制造以及运输 污染 材料修复以及再利用	1	5
				使用能源	室内气候人工调节 能源消耗 电能消耗 能源需求以及来源	1	3
				土地，自然，景观	建筑在场地中的位置及影响 环境生态框架及联系方式 室外空间品质及功能使用	1	4
				基础设施	出行交通 运营使用过程中的废弃物 水供应	1	3

山寒舍

“山寒舍”是山田组设计团队利用陈皮村竹建筑修建后废弃的竹材（可称之为建筑垃圾）在 2013 年广州国际设计周上搭建的竹建构。其名取义寒霜屋旁的翠竹，微凉而明爽，希望展现“从摇篮到田间”的理念。（图 1）

广州国际设计周是设计界的一件盛事，有影响的设计公司都希望在展览上展示自己的设计理念和创造力。陈皮村竹建筑是山田组当年在可持续发展项目上的重要实践，既然设计周是向业界汇报工作，就继续以竹建构突出可持续发展的主题。有同事担心，往年已有设计单位用竹做展示，是否会出现雷同。我说：“如果只是把这种乡土材料作为展示效果来显示与众不同，难免会落入无病呻吟。如果我们用陈皮村竹建筑废弃的竹子搭起一个构架，而且在设计周后再回到陈皮村，把环保的理念阐述清楚，意义就不一样了。”这打消了大家的顾虑。

“山寒舍”采用最典型的“人”字坡屋顶形式，整个构架采用 36 处钢节点和 148 根竹竿组成，以框的形式来减少建筑存在感，6 个锥形竹塔是整个屋顶的支柱，也是陶瓷艺术品的展柜，还界定了展区的范围。竹建构还解决了灯具和投影设备的安装位置问题，屋顶以间隔 50 厘米的竹做檩条，照明灯具安装在竹檩上。其以人字山墙为正立面，但人们可以从各个方向进入展区。展区中央摆放雕塑家梁明诚的艺术作品《人》，昂望苍穹，思考人类未来。从竹竿的挑选到安装制作，山田组的设计师全程参与。（图 2）

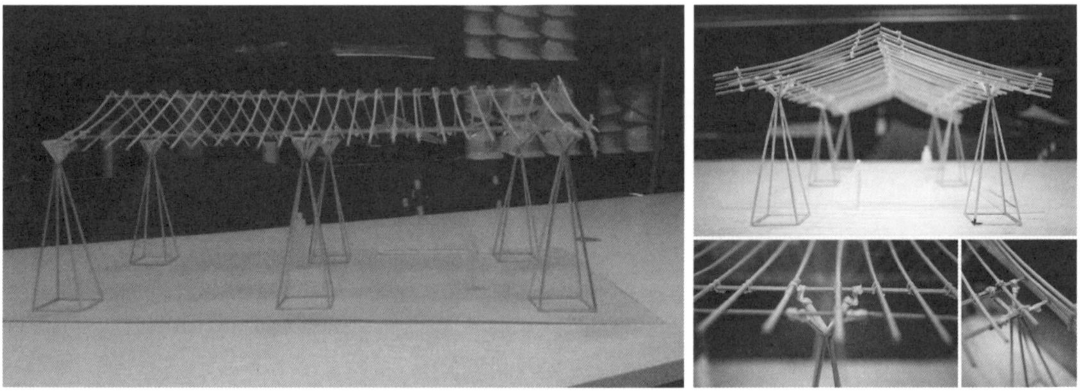

图 1　山寒舍模型

图 2　在陈皮村厂房内预搭山寒舍竹构架

很多客户对山田组的名字产生兴趣，常问“山田组”是什么意思。它从诞生之日起，就与环境和发展有关。1993 年，几位有设计理想的设计师在广州市的增城完成一个坐落在山和田之间的居住区规划，居住区命名为“山田城”。“山”是人类生存的环境，“田”是人类发展中利用自然界的成果，“山田”寓意开发与环境保护间的和谐关系。项目完成后，设计师便以“山田组”作为设计公司的名字。“组”代表为之努力的团队。千禧年后，公司的核心团队以商业可持续、设计可持续以及发展当中社会、环境、经济的可持续作为设计的价值取向与定位，以高度的历史责任感面对每一个设计案，并努力为客户的发展寻找持续的增长力。在实践若干个以环保节能、关注社区发展以及可持续经营为主题的案例后，山田组受到社会和业界的认同。这样的理念不仅体现在其所承担的设计项目中，还体现在日常小事中（如每位员工在公司内自觉地执行垃圾分类等）。

施工剩余的竹竿堆在陈皮村的 2 号馆，设计师和工程人员在仓库里挑选竹子时，发现要么是尺寸不够长，要么是竹子开裂，要么是头尾大小差距太大。挑出一根适用的竹竿需要花费很大的精力。有人建议新买一批竹子，以弥补选材上的不足。但我们不仅要实践“废弃物的再利用”的可持续理念，还要完整地执行实践过程，才能让践行者感受到自己所呈现出来的社会意义。山寒舍的目的不仅是在设计周上展现一件环保的作品，更重要的是让山田组设计师们为此而付出，并享受因此而获得的尊重。只有真实地经历这种感受才谈得上向别人宣传，最终所有竹竿材料均来自陈皮村施工后剩下的边角料。我们希望传递这样的信息：利用建筑废弃物建造的山寒舍，不给设计周制造污染和垃圾，拆解后，它将到新的场地，在竹子生命周期结束后，钢节点被留下，竹竿可随手扔到林间自然降解，成为其他生物的养分。

在设计周开幕的第一天，广州电视广播电台的记者问我：“和往年相比，你认为今年设计周的主题和变化是什么？”

我说：“最大的变化是许多设计公司不再为了三天的展示而进行大规模搭建，更多是轻巧的构架。”

和十几年前大家对可持续发展设计的理解相比，近几年少了口号式的宣传，有了更多具体的方法和措施。

在展览中，山寒舍的竹子建构成为背景，雕塑作品《人》成为场所中被瞩目的中心（图3），以艺术的感染力与其他场地的商业宣传区分开，从而吸引观众进来了解山寒舍的建造和环保理念，达到差异化的目的。山寒舍由公司的年轻设计师带领一批实习生进行策划和制作，包括搭建竹构、制作短片、布展、编制预算等系列的工作。即使意识到他们的制作和我的要求有一定的差距，我也没有干预他们。某些工作上的不成熟，反而利于问题暴露后的总结和日后的改进。让年轻人多干和敢于犯错，使一批年轻设计师有了敢于担当的勇气，我相信他们日后一定会成为公司的得力骨干。给予年轻设计师更多的机会，即使会有风险，但为公司的未来培养了新生力量，这也是公司可持续经营上的策略。

2013年12月13日，德国的设计师Vika和Markus来到了广州，我和他们交流了陈皮村竹建筑，也讨论了山寒舍和“德中同行之家”竹建筑的钢节点。因此有了前面关于竹节点的对话。（图4、图5）

设计周结束前，大家讨论山寒舍是否可以在公司的年会上使用，让它回到陈皮村前再产生一次价值。展览最后一天的下午，现场同事打电话给我，说有一位客户对山寒舍很感兴趣，希望能在他们明年的重要活动中搭建两个，尺寸做法一模一样。

“好，请他明天到公司面谈。”我说。想不到商机随之而来。

《从摇篮到摇篮》一书中提到没有废弃物的循环经济，我带着怀疑、求知的心情把书读完，也没有找到具体和明确的实施方案，但书中有一段话让我有了美好的憧憬。书中讲到在森林生态系统中，落叶成了肥料，在这里没有废弃物的概念。要求自然界“不要‘乱扔垃圾’的想法是荒谬的。效应系统的非凡之处就在于它追求更多的获得，而不是减少”[1]。“看看樱桃树。成千上万的花朵结出累累硕果，以供鸟类、人类及其他动物享用；在这个过程中，也许会有某个樱桃核最终掉到泥土里扎根、成长……樱桃树花果丰硕却并不耗竭它周围的环境资源。当这些花果掉到地上时，它们会降解为养分，滋养着微生物、昆虫、植物、动物和土壤。”[2]

在人类巨大的生产消耗系统中不产生废弃物，似乎是永远难以实现的目标。然而只有对美好事物怀有向往，才会让我们在面对困难时不放弃。

山寒舍竹建构在设计周撤展后，又回到陈皮村的体验馆，向到来的人们诉说可持续发展的故事。

---

〔1〕威廉·麦克唐纳，迈克尔·布朗嘉特．从摇篮到摇篮：循环经济设计之探索．中国21世纪议程管理中心，中美可持续发展中心，译．上海：同济大学出版社，2005：70.

〔2〕威廉·麦克唐纳，迈克尔·布朗嘉特．从摇篮到摇篮：循环经济设计之探索．中国21世纪议程管理中心，中美可持续发展中心，译．上海：同济大学出版社，2005：66.

图 3　设计周上的山寒舍

图 4　德国的 Vika 和 Markus 在山田组与竹建构的设计师们合影

图 5　山寒舍、德中同行之家、何陋轩竹构节点对比

一个小插曲

竹建筑为陈皮村带来许多荣誉和附加值，吴先生也不止一次地向我表达对竹建筑的赞美。但是在后来的建设中出现了一个小插曲。在第二届中国陈皮文化节之后，要建造陈皮全球采购中心，这时时间已不是经营者所考虑的因素，我提出采用竹子做一个升级版的精致竹场馆来增强人们对竹建筑的新奇体验，但吴先生态度坚决地说，绝不能再用竹子了。竹子寿命不能永久，维护成本高，让他产生了抗拒，他说："可以用铁或塑料仿制竹子的形态，但不能再用竹子。"事实上，在室内应用的竹子，做好进一步防霉防腐处理后，寿命可以达三十年。在这件事上我还是作出了让步，不过采用回收的塑料瓶代替竹子应用在采购中心的场馆里，也取得了环保和美观的效果。

这个小插曲反映了有趣的现象：在有足够长的时间进行思考的时候，个人的喜好以及各种讲不清的因素都会掺杂到思考当中，远远比不上紧迫关头快速判断的直觉来得准确。这也是下一章会提及的。

采用回收塑料瓶做成采购中心的尖形拱顶天花（内藏 LED 灯）

6 缓慢设计

解决问题的方式不一定必须是激进的，激进的应该是人们转变看问题的出发点。[1]

缓慢设计

许多城市有一条养育她的母亲河。我记不清多少次乘坐火车到株洲，对这座工业城市有了深厚的感情。第一次到株洲是因为参加株洲湘江风光带河西核心区段景观设计竞赛。这项竞赛最后由广州美术学院和华南农业大学组成的联合团队胜出。我是项目主持人，从此，株洲就成了我去得最多的省外城市。在设计期间，我每到这座城市，都会留意当地人如何对待河流两岸，他们的思路和方法有何不同。

湘江是湖南省最大河流，流经长沙、株洲和湘潭三个城市。2003 年 9 月，湖南省实施《湖南省湘江长沙株洲湘潭段生态经济带建设保护办法》；2005 年 10 月，长株潭城市群区域规划正式公布。株洲湘江风光带核心区域景观规划与设计工作就在 2003 年开始了。这一年，长沙湘江风光带已经建设完成，由于长沙是湖南的省会城市，对它的参观借鉴是不可少的。长沙市核心区域的风光带包括老滨河区（以湘江大桥桥头为核心）和南段的新建风光带。老滨河区的休闲步道和绿化带建在高高的台地上，这是城市的防洪堤。其中的高大樟树已有些年头，在大树底下，聚满了下棋、锻炼的人们。和老滨河区简洁明了的风格相比，向南段延伸的新建风光带要丰富得多，设计者想尽办法在几乎平坦的台地上做文章，划分多样的绿地、园路和广场，堆出地形，种植高低错落的植物群落，设置主题丰富的景观节点，让你不得不佩服设计者将各种元素融合到场地中的能力。南段风光带之所以能快速出效果，除了上述的元素外，还有大量移植的高大乔木加快了绿荫的成形。这些大树以香樟为主，胸径为 50 厘米至 1 米。

广东的省会城市广州市的珠江两岸核心区域风光带和长沙一样，老城区一段早已成型，以滨江路和沿江路两段的临江步行道为主要台地，其中高大的榕树长得枝繁叶茂。受狭窄的地台影响，2003 年前的改造重点是用厚实的花岗石升级栏杆和铺装地面，给市民一个安全畅达的休闲环境。花岗石栏杆 1 000 元/米的造价在当时是高昂的，但投入使用后很少损坏，经久耐用，这多少反映了岭南人务实的特点。2003 年后建设的珠江两岸风光带开始向广州珠江新城的猎德村和琶洲会展中心一带延展，随着地台面积的拓宽，风光带的设计结合了滨江公园的建设，体现历史文化、都市形象和绿色生态的元素变得越来越丰富和考究，投入也变得更大手笔。这个时候，武汉、天津、长沙等全国各大城市都在对滨河风

〔1〕 威廉・麦克唐纳，迈克尔・布朗嘉特．从摇篮到摇篮：循环经济设计之探索．中国 21 世纪议程管理中心，中美可持续发展中心，译．上海：同济大学出版社，2005：76.

光带进行建设，即使地形上有所不同，但手法几乎如出一辙。由于面积巨大，施工时间紧迫，连施工质量上出现的问题也往往一样。

国内的专家常批评国内的河流渠化，并引用国外的河流在自然和原生态上的做法来支持自己的观点。但法国巴黎的塞纳河、德国柏林的莱茵河、瑞士伯尔尼的阿勒河、韩国首尔的汉江、日本京都的桂川及鸭川等河流流经城市的核心段由于防洪的需要都砌筑了高高的防洪堤，河流的边槽几乎都是渠化的，出了城市之外才是自然的状态。在城市的核心段，人们长年在滨河两岸居住和修建堤坝，往往在历史上已经形成建筑、道路和防洪堤共存的城市滨水格局。国内有些专家忽视城市滨水带的渠化历史成因而谈河流的自然生态，甚至在引用实例上断章取义，把自己看到的河流某一自然段落当成是全部，这些做法，都失去了讨论问题的现实意义，在这种情况下得出的结论也就没有很大的借鉴作用。

但是，国外的这些风光带都有一个共同点：相比中国内地近年来越建越豪华的风光带更朴素。(图1)

日本许多城市对河流两岸的开发几乎是“无为”，如盛冈（图2）、京都等城市。“无为”并不等于不作为，只是和国内对河流的开发态度不一样。注重防洪安全，保持河流原生态，避免过度开发是他们对待城市滨河带的态度和开发原则。在日本京都的七条桥和四条桥，你可以看到清澈的河里有自由自在的大鲤鱼，还有毫无警惕性的仙鹤，这些景象都出现在城市中心区域，四条桥还是京都的繁华商业区之一。（图3）在国内滨水风光带中常见到的五花八门的园林构件、小品、拼花和硬地铺装等景观要素，在这里是少之又少。还有就是在滨水区内都没有设垃圾筒，因为到风光带游玩的日本人都把垃圾带回家进行分类。不过，在日本的商业区内，各种景观元素却是非常丰富，垃圾筒也很多。

韩国首尔的汉江被誉为该城市的母亲河，全长497.5公里，横贯首尔市中心，将首尔分为江南江北两个部分。河岸建有公园，规划有大型停车场，但不收费。绿化以大树和成片草地为主，没有过多的修葺，地面铺装多为夯实后铺设的小沙石，既便于疏水又利于养护管理。（图4）而靠近建筑物的绿化多修剪成型，相当精致，同时又配以公共艺术品，地面铺装亦多为花岗石。每天都有不少人在汉江人民公园里沿着小道慢跑或是散步，还有不少人滑轮滑或骑自行车。当然在足球场和篮球场运动的人也不少。

巴黎塞纳河两岸的景色简朴优雅，带着浓郁生活气息，相比国内的滨水风光带少了贵气和霸气，多了历史的沉淀。(图5)

图1 柏林的河流两岸与温州风光带和宁波风光带设计方案对比

图 2　盛冈城市里的滨江风光带

图 3　京都四条桥滨江带

图 4　汉江人民公园

图 5　巴黎塞纳河两岸风光

图 6　伯尔尼城市风景

瑞士许多城市都依湖而建，如日内瓦、苏黎世。伯尔尼市依河而建，而且是一条小河。流经伯尔尼市的河流叫阿勒河，是莱茵河在这里形成的一个回环。伯尔尼旧城就建在回环的半岛上，新城建在对岸。有7座桥梁把西岸旧城区与东岸新城区连接起来，有中世纪的石拱桥，也有供火车通行的近现代大跨度钢结构桥梁。除了上述大型桥梁外，还有方便行人的悬索桥。房子临水依地势而建。这些房子最年轻的也有上百年的历史。（图6）伯尔尼人对阿勒河采用了保护与适度开发的最低限度利用原则，城市核心段建有滨水公园、熊动物园，河流的中央还有一座餐厅，阿勒河滋润着世代居住在这里的人们。国内许多桥底下经常出现脏乱差的场景，而阿勒河的大桥底下没有出现类似问题。桥墩上经常见到涂鸦艺术，显示了当地文化中草根的一面。由于伯尔尼全部的生活污水得到处理，没有排到阿勒河里，河水至今清澈见底，随时可见鱼群。当地人说这里的水可以饮用。伯尔尼人的生活与阿勒河两岸分不开，一到周六日，这里就成为人们休憩的好去处。河畔有一家露天餐厅，一支分流的河水从它底下穿过。这是阿勒河畔最热闹的地方，人们在这里晒太阳、聚会、聊天。（图7）阿勒河沿岸是这样的场景：一条朴实的沿河步道，没有豪华的硬地铺装，只有落叶、泥土的清香和跑步人的身影。（图8）

在国内看惯了绞尽脑汁设计的风光带，包括自己设计的，再到国外亲历这些河流风光带时，我发现它们朴素得就像没有经过设计一样，少了国内风光带设计中动不动就挂在嘴边的声光电技术，没有炫目的指示牌，没有新移植的大树，也没有五光十色的节点铺装，选材用料大多是当地的乡土材料，如巴黎塞纳河畔的巴黎铁塔就没有石块铺装的沙石地面。

相对长沙而言，株洲是后发城市，除了仿效传统核心区域之外，同时还有强烈的超越冲动。株洲的建设者们对即将建造的风光带提出更高的要求。这种“更高”常常体现在当地政府提出的“国际一流”“国内顶尖”等战略要求上。

生态环保作为重要的设计原则在滨水风光带的建设中居于首位。在株洲湘江风光带的设计中，我们提出保护与利用滨河两岸自然林带——这里生长着大片的杨树和各类不同种类的乔木，属于原生态林带——来做好生态湘江的文章，借此营造与长沙的差异。这一建议得到当地规划部门的认可。于是我带领设计师对10公里长的生态林带进行调研和勘察，内容包括现状建筑、地形以及原生态植物。其中一项工作是对直径达到15厘米的乔木逐株进行登记，以便在设计中把它们作为原生态景观保留在风光带中。（图9）这项工作从2003年进行到2006年，其间没有停止过。然而，关于原生态的植物林带是否保留的讨论也没有停止。一种观点认为，这些在河边生长了几十年的乔木，是低廉不上档次的植物，没有保留的价值。另一个质疑的声音来自于水利部门，他们要修建防洪堤，滩涂上的林带严重影响了施工的便捷。为了说服反对的声音，我把近三年的调研编写成一份详细的报告，递交给相关部门。尽管规划和设计单位一直与水利部门就保留的事宜进行沟通和磋商，但到了2007年，水利工程开工时，推土机一下子就把滩涂上的林带碾倒，没有一棵原生乔木得以保留，包括一棵直径达到80厘米的大樟树也不能幸免。在几年后，这里被重新种上种类单一的被称为“生态林带”的乔木林。从这件事上不难看出，保护原生态和将之视为宝贵的自然景观这一理念在实施中往往被忽视，生态多样性被破坏，而换上所谓“符合现代审美”的人造景观。在实施当中，生态环保的理念常常不以生态环保为目的，有时还变成大肆破坏自然生态环境的美丽理由。

2003 年，我们在经过没日没夜的方案设计后，终于取得竞赛的成功。然而，更艰巨的工作才刚刚开始，从规划到方案细化，再到评审更改，接着是重新调研和方案修改，再次汇报评审，这种构思—勘察—设计—汇报—修改—勘察—设计—汇报—修改—再勘察的过程在几年间反复循环。（图 10、图 11）到 2006 年底才正式完成设计方案最终评审的漫长阶段，开始设计施工图。为了使风光带设计体现顶尖水平、国际视野和战略思维，2008 年 6 月至 9 月，株洲市相关部门又组织德国 ISA、澳大利亚 HASSELL、日本都市环境研究所和中国城市规划设计研究院四家设计单位对广州美术学院的风光带方案进行修改升级。2008 年 10 月，清华大学城市规划设计研究院对风光带城市设计与景观规划进行了整合编制。方案 2009 年 3 月再次通过评审，2010 年建成，全长 11.3 公里。株洲湘江风光带从设计到竣工前后经历了十年，十年前的构想，大多得以实现。（图 12 至图 15）

图 7　阿勒河沿岸景象

图 8　阿勒河沿岸景象

遗憾的是，我怀着崇敬之心，认真对现场进行了三年的调研工作，希望基于株洲湘江历史风貌设计一条最具地域特色而不是所谓“国际一流”的风光带的构想却落空了。最有可能体现国际水平和国际视野的原生态系统，在风光带建成之日起就已经消失在风光带中。以付出漫长时间为代价的调研之努力，最终没有起到作用。“国际顶尖”成为大家工作的目标，在设计后期即将要进行施工的2008年，多家国际设计公司被邀请进行方案的再次竞赛。在最终建成的风光带中，国际设计公司保留了原方案中的硬质景观，而升级的正是生态带的区域，他们用单一乔木营造成片疏林和供观赏的花海，以体现生态的都市特色。但这些来自国外的设计师，没有一位陪伴株洲这座城市近十年，也没有一位对十几公里长的风光带进行过三年的现场调研。在风光带竣工之前的七年间，我每到一个城市，总要寻找它的河流。在法国巴黎、瑞士伯尔尼、日本京都、韩国首尔，一直到杭州、桂林，只要有一河两岸，我一定会好好走一下，记录它的好与坏，希望在自己的设计中有所借鉴，七年里一直保留着这股热情。我在考察中发现，那些名副其实的国际化城市，例如巴黎、柏林、京都，没有一个宣称要建设“国际顶尖”的风光带，它们的一河两岸以体现实用、保持原生态为原则，在选材用料上均呈现出朴素的一面。

正是这个项目，让我学会了从城市经营、政治、关系学、规划、防洪、建筑、景观等方面入手，从漫无边际一直到紧扣主题，在经历了跌宕起伏的心情之后，以最大的耐心参与到复杂的设计建造过程中。而风光带项目漫长的建造过程，对当地而言，更多是成本的不断累加和大量相关人员的精力消耗。反复的专家论证在很多时候是为了完成一份程序上的文件，来自全国各地的专家到来时常常已是疲惫不堪，第二天坐在专车上到现场看一遍，甚至有些还从来没到过现场，就仅凭片断式的记忆，在论证会上发表原则性的指导意见。而打造“国际顶尖”的目标中断了一直进行中的设计工作，造成前期资金投入和相关人员的努力付诸东流。

和株洲风光带同时进行的，是天鹅湖公园的设计与建设。在时间紧迫的情况下，天鹅湖污染的就地处理这一体现公平公正的可持续发展原则的措施竟然能够完整实施。

另一个设计项目——江门萃锦园住宅区的景观设计几乎和株洲风光带同时起步。这个分三期规划设计建造的小项目，算上最后一期的完成，时间跨度也有十年。

图9 2003年盛夏在株洲湘江畔张家园段勘察，对每一棵树都进行测量并记录在案

图10 2005年方案设计工作场面

图11 2006年寒冬，在株洲湘江畔的体育场段现场勘察时，在正在施工中的株洲体育馆前合影

图 12　株洲湘江风光带规划图〔1〕

图 13　风光带广场火车头设计〔2〕

〔1〕株洲湘江风光带位于城市的湘江沿岸，其中河西城区段南起凿石山景区，北至石峰大桥，南北长约 11.3 公里，总投资约 6.9 亿元，总用地面积 100.438 1 万平方米，宽 80～200 米。城市分为东西两岸，东岸是老城区，西岸是城市的新区。株洲大桥连接东西两岸，这是城市重要发展轴，桥西广场是整个景观构架的核心部分。风光带在竖向上由车行道、台地、防洪护坡、河道边槽等部分组成，天然地形成了面貌丰富的立体景观。

〔2〕株洲生产高速列车的机车，风光带将服务站做成机车的造型，内设治安点、小卖部、卫生间等公共配套服务点。广场上主要由蒸汽机车、电力机车与“和谐号”机车 3 台不同时代的火车头演示中国和株洲的铁路发展史。

我与萃锦园的唐先生，是在2001年底他找我设计小区入口的大型浮雕时认识的。设计浮雕的目的是美化小区入口的大型挡土墙。唐先生说要通过浮雕表达绿色生态的内容。后来大型浮雕的计划没有实施，原因是采用攀沿和悬吊两种植物的种植形式就可以很好地达到装饰的目的，不仅节省了投资，还增加了绿量。这个转变，正好反映了萃锦园的开发商对绿色社区的理解从肤浅到逐渐成熟的过程。绿色社区不是靠铭刻在石板墙上的图画和文字就能体现的，而是靠实实在在的环保措施、指标数据以及社区居民的幸福指数共同构筑。2012年萃锦园获得国家住建部颁发的“绿色社区”称号，这足以证明萃锦园的建设者们在这方面的努力。

对于大多数成熟的开发商而言，在今天强调速度的商业时代，可以在三四个月时间内把两万多平方米的住宅园林的设计和施工一并完成。但在萃锦园，开发商和设计者们在2011年才完成了最后一期的园林施工，整个项目从规划设计开始，整整经历了十年的时间。直到今天，他们还保留着自己的绿化养护队伍，不断地对小区园林进行养护。

可以肯定的是，今天我们称为成功的房地产开发模式，有一整套身经百战的设计和施工定式，就像一部庞大周密的机器，输入了程序之后，便以最快速度达到目的。这类开发商一般称为“品牌开发商”。他们在日益剧烈的市场竞争当中，设计出一种实用的、高效率的直线型生产模式：着重生产产品，并将其快速地送到客户手里，获取利润。基于这个模式，大量千篇一律的、可复制的设计在不同的地域出现。在广州曾经风靡一时的东南亚风格住宅小区，在成都、重庆、武汉等地，甚至是一些内地的县城，同样可以看到，一样的园林造景，甚至连植物的种类选择上也追求一致。听说北方的一些开发商拿着巨额设计费直接找到设计这种风格的建筑师说，你只需要按广州的这个楼盘帮我设计就可以了。有一些品牌开发商在全国各地快速地占据当地市场，其成功之处就是产品从规划布局、建筑样式、小区园林乃至商业模式都惊人地相似，以此提高效率和降低成本。这类建筑物和园林造景极少能够反映当地的特点或风格。由于满足当地人对“舶来”事物的好奇心，这类产品反而容易被当地人接受。在抢占先机的市场策略驱动下，开发商会毫不犹豫地省下对当地气候条件和文化习俗的研究，舍弃因地制宜的产品创新，而将具有定式的产品复制到当地以获得效益。他们被冠以成功的经营者之名。如果以这个标准来衡量，萃锦园的效率是低下的。

很明显，经济利益最大化并不是萃锦园的建设者们追求的最大目标。它的开发商是土生土长的本地人，对当地的气候条件和人文风情有着切身的体会，特别注重对场地的理解和研究，注重提供给业主的产品所具有的品质，具有以绿色社区为目标进行建设的策略和耐心。

萃锦园项目总体设计方案完成后，就着手对第一期进行深化设计，第二期和第三期也在前一期施工完成后进行深化设计。整个过程都由唐先生全程跟进。他与设计师一起研究每一个设计细节，园林施工时也带领自己的团队亲力亲为，这在大型房地产集团的项目操作中是极少见到的。在工作劳累之余，他们会在工地的临时饭堂煮上几只土鸡，煲上一锅“佛跳墙”，聊起天南地北、饮食男女的事情，与设计师谈起他们对居住的理解。当来参观的人们对小区的建设表露出肯定和赞赏时，他们快乐地接受，并以此为荣。哪怕在2005年至2006年房地产低潮期，许多房地产项目出现烂尾现象时，他们也没有因此而陷入困境，仍然按照当初的规划和设想有条不紊地进行着项目。在整个项目建设期间，唐先生正好在北京某大学攻读 MBA，也许正是因为他对这个项目有着独特的理解，才会在十年前的三线城市以一种不为生意人所理解的方式进行理想主义的建设。萃锦园的绿化率达到43%，超出标准10%，地下停车位的数量按每户两辆车配置，其中每户赠送一个车位。这些在当地仍属超前的做法，对住户有着巨大的好处，但没有给开发商带来直接的利润。

2012 年初夏，当设计师再次回到萃锦园时，植物已郁郁葱葱，时间让萃锦园的植物茁壮成长。从 20 世纪 90 年代末开始，为了刺激参观者的购买欲，达到促进商业销售的目的，许多小区的园林建造者采用大树移植的方式，甚至不惜重金从异域购买奇珍异木来吸引客户。事实上，消费者已被高昂的造价和后期的养护费用绑架，最终要为之埋单。萃锦园从一开始就定位为高品质的楼盘，但在植物配置上大量选用本土树种，坚持快慢结合的种植方式。建筑设计阶段就有计划地购买了大量的苗木，在工地旁闲置的土地上种植，在土建和建筑的外立面装修完成之后，小树苗已长成胸径达到 10 厘米的小树，这时正好进入园林景观的施工阶段。这种简单有效的方法既降低建造成本，又让植物的成活率大大提高，是对住户负责任的一种态度。当然这需要时间和耐心。萃锦园的开发商说，这个项目没让他们赚到“大钱”，但他们赚回了一个品牌。独特的山地地形、优美的小区环境和精心的养护管理，使萃锦园成为江门市众多开发商参考的对象。高标准的绿化率和中水回收再利用措施也让萃锦园获得“绿色社区”称号。

在高速公路网发达的今天，从一个城市到另一个城市的线路更加直接，行程时间也大大缩短，越来越多的人选择了这种快捷的方式。但也有人选择沿着似乎被人们遗忘的乡村国道，沿途感受田园风光和人文风俗的旅行。两种选择很难用对与错衡量，只是各取所需而已。萃锦园的开发商选择了后者，他们在享受着项目不同阶段带来的乐趣与多样的回报。

图 14　在风光带活动的人们〔1〕

〔1〕 接近黄昏，市民在风光带锻炼，有年轻人在河滩上拍情侣照。人们充分参与到风光带中，这是我最喜欢看到的景象。

图 15　不同竖向景观的剖面图，充分利用现状地形营造步道和植物景观〔1〕

“缓慢”（slow）一词在大多数人的概念里是一个贬义词，被认为是行动不便、效率低下的意思。20 世纪 70 年代末改革开放以来，中国经历了长时间的高速发展，至今仍保持快速的势头，其带来的积极社会变化不容置疑。但是，人们也逐渐感受到，这种目标单一的发展方式所产生的副作用变得越来越明显。许多人开始反思这种在飞速变化的历史时期里逐渐成形的思维和发展方式是否还是未来的唯一选择。有些人用缓慢一词来标榜另一种生活态度，约翰·列侬说：“当我们正在为生活疲于奔命的时候，生活已经离你而去。”“慢生活”正是人们对多样化生活态度的思考。

从 20 世纪 90 年代最早在意大利一个普通小镇建设的第一个“慢城”起，至 2011 年全球已经有 135 个“慢城”得到认证。“慢城”在全球化背景下，广泛宣传慢生活：总人口少于 5 万人，汽车市内行驶最高时速 20 公里。除了欣赏“慢食”精神，崇尚“慢生活”，瑞士建筑设计师 Peter Zumthor 还提出通过设计来感受一种“慢生活”（slow life）的生活方式。他把这种响应了“慢生活”的精神理念的设计称为“慢设计”（slow design）。真正让人们关注“慢设计”的人是英国设计理论家 Alastair Fuad-Luke，他全面系统地阐述了慢设计的概念：“慢设计目标是平衡个人的需求与社会、文化和生态环境的整体利益。之所以把这种设计称为慢，是因为它消除经济增长与速度观念对设计的限制，思维超越了设计中商业利益的枷锁，避免了技术竞争、品牌定位和商业全球化对设计的影响。它不会缩短设计品的生命周期来刺激再消费，也不追求最小、最大或最快，它要摆脱时间的商品

〔1〕 在防洪堤内，有许多排滞设施。位于风光带南端的张家园段落场景本有原生态植物群，被推倒后种植了一片疏林。

化，追求的是以人类为中心的真实所需。”[1]

自工业革命以来短短的一百多年时间里，人类的生活发生了翻天覆地的变化。在人类文明发展的漫长历史过程中，现代工业文明只是短短的一瞬间，但人口压力、资源争夺、环境恶化却是发展中史无前例的挑战。社会物质财富以几何级数不断增长，却是以自然资源无限消耗和生态环境不断退化为代价换来的。事情的发展总有其两面性，速度促进了经济和科学的进一步发展，却带来了另一个问题。这个问题对人类社会的影响有多大至今仍不得而知，而社会进程的快又加速了这个问题的过程，将人类推向危机四起的边缘。

“缓慢设计”重新思考目前人类文明进化速度过快所带来的一系列生态、心理、能源等众多社会危机和问题，力求用“慢设计”的设计方式缓解当下为了满足经济、政治、风格、时尚、奢侈等的需要而出现的“快设计”模式弊端。

快速与缓慢是含义鲜明的两个词，如果从字面理解，缓慢设计与速度的快慢或时间的多少相关。大多数人都认为，在依赖资源投入和对环境容易造成影响的项目中，慢总比快好。然而，株洲湘江风光带从调研分析、论证、设计到最终实施，历时十年，相对国内许多同类项目，可谓慢矣，不过从它努力追求生态却又毁坏原生态这一结果来看，缓慢并没有让理性的分析得到充分的发挥。相反，设计阶段的缓慢让成本不断地增加，而原因不是对项目的研究投入增加，而是关系的纠葛和效率的低下产生大量成本（包括时间成本）。而萃锦园的设计与建造历经十年，也不是因为设计师和业主具有明确的缓慢设计理念，真正的原因，正如萃锦园的唐先生讲的：“我们慢是因为我们还没有大集团的开发实力，所以采用了保守的开发速度。”

在国内被大量快而急的项目折腾过的设计师，当提起国外一些花了漫长时间设计的例子时，无不表露羡慕之意。2009 年我在瑞士考察了一个高速路的管理站改造项目，设计师在一座建筑面积不到 5 000 平方米的项目上花费了七年时间，尽管项目中落实了大量可持续设计策略，并因此获得瑞士 Minergie 标准，我还是感到不可思议。道理很简单，这个管理站所用的可持续设计策略是一目了然的，应用的环保节能技术也是常规和成熟的，本该高效完成的管理站竟然花了七年时间，除非受到不可抗力的影响，背后一定有深层的原因。

在瑞士公车上，我思考过这样的问题：中国不仅在人口数量上和瑞士有巨大差异，也比瑞士发展速度快和建设规模大。很明显，瑞士管理站设计师所处的社会环境和中国的不一样。在瑞士伯尔尼，每到周六、日，商店就会关门休假。这有违我在国内的常识。周一至周五大家都在上班，只有周六、日才有时间休假，商店不在这个时间段开门，它的商品卖给谁？很快，我发现商店里的大量商品，如瑞士手表、瑞士军刀的主要消费者是游人。在休假时开门做生意会被界定为不正当竞争。大多数超市等日常用品店在周日也不开，人们要在周六把必需品买好。

另一个缓慢项目是我的瑞士老师丹尼尔教授在伯尔尼城郊的建筑项目，将要建设的建

[1] FUAD-LUKE A. Slow design—a paradigm shift in design philosophy. http：//slowlab. net.

筑高二十层左右，经历了将近二十年的设计和论证，在2009年终于获批建设。在我将要回国时，丹尼尔教授高兴地告诉我们，这样的大型项目对瑞士大多数的建筑师而言，可能是职业生涯中唯一的机会，这是他等了二十年的机会。这个机会也意味着高额的设计回报。经了解，瑞士管理站项目的设计费要比国内同类项目高上近十倍。经济发展到一定程度，人民收入达到了富裕水平，大型基础建设已经完成，建设量减少，制度法规完善，社会福利有所保障，生活节奏缓慢等已经成为瑞士社会的共生状态。这才是管理站建设花费七年时间的深层原因。

这个案例让我回想起阿勒河河畔的纺织厂遗址，在河畔还存在大量纺织厂的时代，瑞士人的工作方式是不是也像现在这样缓慢？如果是，大量纺织厂的倒闭是否因为缓慢而失去了竞争力？

关于经济发展与民生的关系，我在希腊有了更深的认识。在瑞士学习后我去了一趟希腊的雅典，这里有被视为西方古典文明象征的帕特农神庙。在雅典，我目睹了两种景象，一是以帕特农神庙为代表的残垣断柱到处都是，令人想象往日的壮观华丽；一是处于经济危机中的希腊街头有许多年轻人无所事事，几个人轮着抽一根烟（估计是毒品），大白天偶尔还看到三四个年轻人围在一起注射毒品。（图16）某天晚上，一位穿着西装的小伙子在我的餐桌前久久不愿离去，只为了乞讨碟上的一串烧肉。从装扮来看他不是一位职业乞丐，而是失业人员。商业很萧条，到处是打折的商店和关闭的临街商铺。我入住的五星级酒店可以远眺雅典卫城，但酒店旁边就是一幢大的烂尾楼，即使是这样的烂尾楼也不多见，因为雅典城内90%的建筑是旧的，“旧”指的不是18、19世纪的新古典主义建筑，而是大量粗糙的现代主义建筑，在衰落之后显得特别败旧。这是2010年的雅典。希腊政府正面对3 000亿欧元的巨额国债和汹涌的国际舆论。政府财政赤字达到国内生产总值的13%，公共债务达到GDP的113%，远超过欧盟规定的3%和60%的上限。政府的债务问题是四十年累积下来的。军人政府倒台之后，希腊有了快速的发展，特别是希腊加入欧盟之后经济增长迅猛，政府希望人民过上好日子，就效仿欧洲其他国家给民众好的医疗条件、就业保障、社会福利，钱花了不少，税却收不上来，由此走上举债发展的道路。[1]这是我在西方见到的另一种缓慢的生活，它和瑞士的缓慢不同，但让我隐约感觉到它们可能存在相似的某一面。

在本书的前两章我对自己生活的国度和所处的时代作了不少的铺垫，“经济的快速发展”是阐述其他问题的前提词。我曾认为经济的快速发展是环境污染的罪魁祸首，是许多矛盾的直接责任者。我也曾认为应该放缓经济发展的步伐，重新思考我们应该选择怎样的发展之道。历史好像在和我开玩笑，当我这样认为时，经济的回落真的变成了现实。2010年经济从高速发展（2010年GDP增速10.07%）向中高速回落，2016年GDP增速6.68%。这次的回落不是景气循环周期的下行区间，而是经济增长阶段的根本性转换，也就是“再也回不去了”[2]。经济回落产生的“新常态”让大家一下子难以适应，但对比雅

〔1〕 张明非，文并．在经济危机中感受今天的希腊——随中国新闻代表团访问希腊．北京晚报，2010-06-06.
〔2〕 国家统计局中国经济景气监测中心副主任潘建成语。

典街头讨肉吃的小伙子，我们已是无比地幸运。幸好在经济的新常态下，速度和效率仍然是这个地区发展的主要时代特征。

在国内，不管是以前还是现在，追求高效率一直是“发展中”的基本特征。有人说是因为中国人都普遍勤奋，竞争变得激烈，也正是这个原因，让中国可以在基础十分薄弱、技术落后以及劳动效率低下的情况下，快速追赶西方发达国家。民以食为天，以饮食为例可以看到竞争有多激烈和高效对商业存活的重要性。

2017 年，当我和一位餐饮策划的专业人士讨论小餐饮的连锁模式时，谈到一家日式料理餐厅七年间在全国开了一百多家连锁店，因为产品老化而式微，正在找我做升级改造。专业人士笑着说：“七年开一百家店的速度已经落后了，找我策划开店的快时尚餐饮企业，我要求每年至少开 300 家！”他一点也没有开玩笑的成分。2015 年全国餐饮收入达 32 310 亿元，同比增长 11.7%，而这一年 GDP 增速只有 6.9%。在激烈竞争下，2016 年全国餐饮月倒闭率高达 10%，北上广深四个城市半年倒闭 16 万家餐厅。即使这样，2016 年广州的餐厅仍保持 120 000 家，而在 2015 年仅为 60 000 家，平均每天有 170 家新餐厅诞生。（图 17）仅广州江南西商圈一段不到 200 米的商业街 2016 年就聚集了 800 家餐厅，比 2013 年增加三倍。（图 18）今天是互联网思维的时代，快速迭代成为年轻创业者快速试错、快速成长的重要方式，也为年轻人提供发展的机会。而餐饮业的竞争带来的好处是消费者花费较低的价格即可拥有更多高体验。这个好处也进一步刺激消费的增加。

而在建筑行业，2015 年建筑行业总产值为 18 万亿元，占 GDP 比例为 26.6%。[1] 2015 年中国建筑施工面积为 124.3 亿平方米，竣工面积为 40.08 亿平方米，预计 2020 年全国建筑面积将达到 58 亿平方米。从竣工面积有增无减，可看出新常态下中国的设计师仍然有更多的机遇。

从瑞士学习回来后，我不再像以往那样简单幼稚地去判断速度和效率的好或坏，而是在应对当下中国发展出现的问题的基础上，开始理解“缓慢设计”的内涵。由西方设计师倡导的“缓慢设计”是为了消除经济增长与速度观念对设计的限制，它不追求最小、最大或最快，而是要摆脱时间的商品化。“缓慢设计”反对的这些问题正是中国当下矛盾激烈的现象。提出“缓慢设计”的设计师没有告诉我如何在快速发展下平衡个人的需求以及社会、文化和生态环境的整体利益。他解答不了我的问题，因为他的前提是“消除经济增长与速度限制”，或者说他要消除的前提正是我要正视的前提。为什么是消除经济增长限制而不是在更少的资源消耗和污染排放下给生产和服务增加更多的价值？[2] 忽视了这一点，就失去了在中国探讨可持续发展的意义。

再看看品牌开发商和萃锦园，当理性看待背后影响时，就不会为理想主义的情怀而自我感动。对比品牌开发商的大规模开发和萃锦园的开发量，你会发现虽然萃锦园容易切入和实施环保节能措施，但大规模开发的品牌开发商，在其产品上实施环保节能的措施对环境和社会效益的影响要比萃锦园大得多。品牌开发商快速进行大规模建设，只顾经济效率

---

〔1〕 统计局数据。

〔2〕 Stephan Schmidheiney. 生态效应与可持续发展．风险管理，1996（7）：51.

而无暇顾及社会影响和环境生态，这样的状态在快速发展中经常不可避免。因此对设计师来讲，应抛弃一味地指责，更不应随波逐流或麻木不仁，而要牢牢地抓住这种机遇，运用自己的知识和能力，在改善、避免这些显而易见的问题上有所作为。试想一下，在庞大的总量上，只要在设计中主动做到一点节能、节地、节材、节水，或对社区有帮助，或促进经济发展又降低环境破坏率，汇总起来的贡献量将令人无比欣喜。

图 16　雅典街头和帕特农神庙遗址

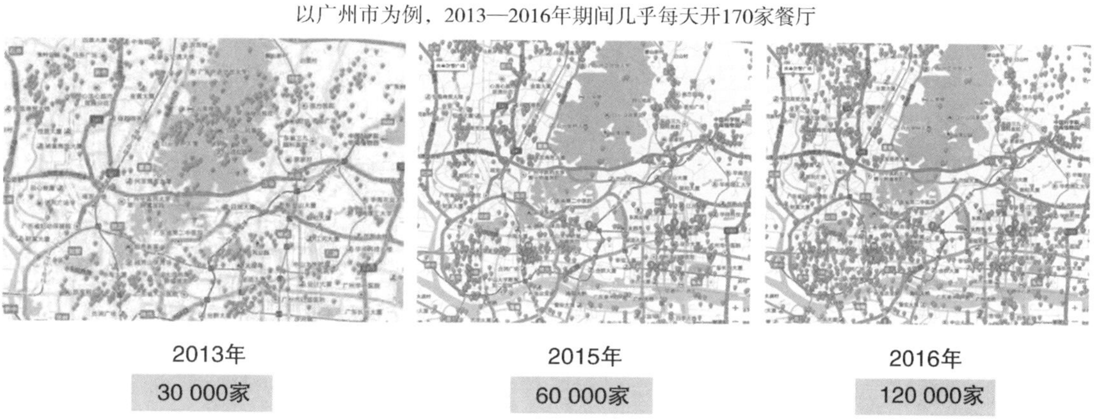

图 17　广州餐厅数量变化

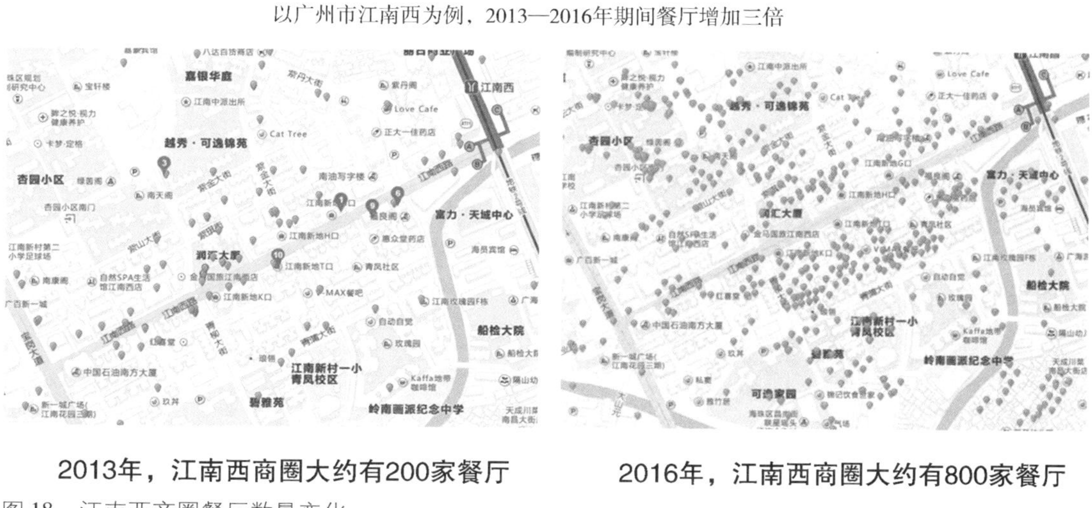

图 18　江南西商圈餐厅数量变化

不需要管快速所导致的结果是利还是弊，也不需要在这里争论竞争对社会进步和人们幸福的好处与坏处，在一个时代结束后会有人给予总结。我只是想表达：竞争是我所处的这个时代的客观事实，如果还停留在看客心态或者标榜另一种生活方式而回避面临的现实挑战的阶段，无疑将失去时代当事者的资格。缓慢通常被理解为表示时间的概念，但身边的许多现象告诉我并不是时间越长，思考就越多，许多时候，项目时间的漫长是由于决策的徘徊或关系的纠缠造成的，这种徘徊或纠缠经常无法避免，对事情的解决也没有起到丝毫作用。

书中所讲的缓慢设计，不是指时间概念上的慢。

“传统发展理论往往只注重经济在量上的增长而无视质的变化；只重眼前无视长远；只重局部而无视整体；只注重产出而无视代价。只看到了资源的稀缺性，而忽略了其可更新性；只重效率而忽视了发展的可持续性。”[1] 在指出现实存在的问题后，一个有意义的思考是如何在上述问题将要发生或无法避免时，减少其不良影响？

对缓慢设计的理解不在于速度、进程的快与慢，而是意识上的差距。这种意识是否存在取决于我们的目标是否明确。我们的目标不是要从地球上剔除自己的文化、自己的工业、自身的存在去追求一个虚无的理想世界，而是基于人类可持续发展的考虑，在发展中充分展示人类的创造性、文化和生产力，同时尽最大努力在社会、经济与环境间达到平衡。缓慢设计对不断接近平衡的这种可能进行探索。它有两种含义：一是在快、多的现实面前，放缓行动的脚步，停下来感受、思考。在我的实践中，新会圭峰酒店、萃锦园住宅区属于这种慢节奏的项目。二是跟上现实发展的步伐，以更多、更全面的思考来解决现阶段矛盾突出的问题。在株洲天鹅湖公园、河源华达屋顶公园、陈皮村项目中，正是因为快才排除了更多的干扰，让可持续发展的措施得以落地，而在它们的背后，设计师无一不进行着大量的准备和深思熟虑。

四年前，《绿色建筑行动方案》为实现可持续发展提出建筑业的目标和阶段任务，并提出加快实施的步伐，抢先一步在问题积重难返前达到有利的态势，以积极的设计态度去迎接全新的挑战。[2]“积极”意味着“马上”“立刻”，因此要主动思考。不仅如此，在中国现阶段这个矛盾尖锐的时刻，不应清高地等待、观望或独善其身，而要在面对不断涌现的困难时，学会在极短的时间里找出解决的方法。

根据相对理论，在同样的时间里，比别人更敏锐，考虑得更多，思考得更全面，你就比别人有了更多的时间。

本书表达的缓慢设计，是第二层的含义。

---

〔1〕 申玉铭，方创琳，毛汉英．区域可持续发展的理论与实践．北京：中国环境科学出版社，2007：4.

〔2〕 2013年，《绿色建筑行动方案》提出：“十二五”期间，完成新建绿色建筑10亿平方米；2015年末，20%城镇新建建筑达到绿色建筑要求；2020年，30%新建建筑达到绿色建筑要求。

曲线的另一面

从瑞士学习回来后，对自己办公室的改造设计，是我在学习若干可持续发展案例后的第一次尝试，当时的心情就像小学生刚在课堂上学会了英语，回到家里炫耀一样，即使发音不准，也忍不住分享的喜悦。由于实践的是自己的项目，实施中避免不了“想当然”的一面，甚至显得有些造作。亲身经历斑马线前的选择和记录，真实而自我触动，由此产生思考的冲动，然而涉及社会道德上的讨论，难免会落入说教的尴尬。我好几次把它们从书中删去，但删去之后，发现我的实践忽然失去了源头，就像横空出世一样缺少了成长的逻辑关系。“办公室的造作”和“斑马线前的说教”正是经过重新学习后，在实践过程中不可忽视的起点。起点经历了一年的时间，这是充满激情、跃跃欲试却又缺乏经验的萌芽时期。我曾观察我的学生，发现他们会在面对老师时忐忑不安，有时会问一些听上去就很幼稚的问题，我的起点经历和学生们所经历的一样，在面对新鲜且陌生的工作时也会患得患失，生怕被别人一眼看穿内心的自卑与恐惧。很多时候，这种萌芽时期发自内心的真实感受决定了一名学生对未来思考的方向。

所以，我决定把这两段重新放回书中，并在强烈想要表达“某样东西”但又结结巴巴难以继续的状态下，只能用充满激情的言语去做决断式的总结。后来我终于意识到“某样东西”就是心中自觉和不自觉间流露出来的情感驱动。实践中许多所作所为的原始驱动并不是理性的思考，也不是书中所说的“得利益”，而是在精神和身心上的回报。正是由于拥有这种精神上的享受，当基于内心感受的原始驱动逐渐变得现实和理性，变得老练甚至有点狡猾时，才不至于发展成自私自利。

但读者还是要从实践案例、思考过程等具体叙述中才能理解和感受到情感驱动。也正因为如此，我在 2010 年学习回来后做了两三个和可持续发展理论相关的案例，从 2013 年开始执笔写这本书。写到一半时，思路的枯竭让我停了下来。需要更多的实践案例、理性观察和具体记录才能让我继续写下去。2013 年实践的陈皮村项目经过四年的成长终于呈现出完整的面貌，根据这个面貌基本可以判断其未来的走向，可以对项目进行阶段性总结了。这让本书的思考重新启动。

在这期间我的设计团队对可持续发展也有了体会。我在 2012 年装修办公室时专门设置了一个垃圾回收区，并向大家强调了分类回收的意义。据我观察，他们中的大多数缺少环保节能的意识，对环保节能背后与大家健康息息相关的事情更谈不上有深入的了解。在我的启蒙下（正如我在瑞士学习受到的启蒙一样），公司的员工已经能够自觉、准确地对废弃物进行分类，并用售卖可回收废弃物换来的钱养了一只小猫。团队的核心骨干已经能够在项目中抓住某一个矛盾点作为契机，进行具有可持续发展特征的设计，其中包括2016年以回收再利用的低技方式将近万平方米的厂房改造成广州特色餐厅（图1），还在设计周搭了以废弃物再利用的思路制作的“果旧野”（粤语“那个东西”之意）（图2）。和全面应用环保节能高科技手段的珠江城设计师相比，他们还称不上这方面的专业人士，也不具有全面系统的可持续发展设计理论知识，但普通设计师逐渐具有这种意识，并力所能及地进行实践，让我看到可持续发展设计普及的希望。

在学校的设计教育中，代表当今前沿思想的可持续发展观往往被认为是抽象的概念而缺少确实可行的教学策略，又或者被以偏概全地简单理解为环保节能，其主要原因是在教学中缺乏完整的理念认知和可操作方法系统。

在我所任教的大学，环境设计专业的学生对环保节能的措施缺乏系统的了解，对可持续发展设计的理论知识相当陌生。2015年的本科培养计划才首次设置绿色设计课程，学生们第一次在大学课程中系统接触生态、环保、节能等相关知识。绿色设计课程对大学四年级的学生开课，学生选修率达到90%。在课堂上，这些已经有三年专业学习经历的学生竟然没有一位能够完整地说出可持续发展的相关内容，学生们只能用某一两个词语，如“污染”“节能”等来表达他们的不解，他们不安的表情透露出对这个看似高端前沿的词语的陌生和缺乏自信。经过32课时的学习和小案例实践，学生们对可持续发展有了感性的认

图1　厂房改造成的广州特色餐厅

图2　“果旧野”在2016年的广州设计周展出

识并表现出浓厚的兴趣。大家反映这个课程如果能安排在更早的学期里学习，会对他们的设计实践起到更深层面的支撑作用。另一门和可持续发展有关的生态建筑课在2017年开始对学生开课，课程安排在大学二年级的下半年。起初我担心二年级学生的专业知识还不系统，对更加专业的建筑设计的生态理论和环保节能措施不能很好地理解。但在上完四个班的课程后，学生们反应强烈，表示收获很大。学生的课程作业也有了理论的支撑和具体的应用措施。除了课堂上的理论讨论，学生们还通过网络了解了大量的案例，此外，对广州地区具有可持续发展特征的案例进行考察，也让学生亲身感受这类案例的不一样之处。由此看来，能够在学生学习早期进行相关知识的普及，对其专业应用和向深层次的学习起至关重要的作用。课程结束后，120名学生对课程的意见反馈中，“有趣”和“好玩”之类的意见表述占了50%以上。在他们的作业中，有的把模仿和不甚了解的一些措施应用在实例上，从中我看到自己在七年前学习的影子。这些作业在专业人士眼里或许显得幼稚，但确实是学生们在可持续发展设计探索中迈出的第一步。

在经历两个课程的教学之后，我希望以“可持续发展设计”代替“绿色设计”，并将之上升为专业必修课，通过构建完整的理念认知和可操作方法系统，让学生在四年的专业学习中对“人类与环境高层次的平衡和发展，并处于动态平衡发展，这恰恰是现代环境艺术设计追求的目标”这一要点形成具有内涵的、可以指导今后设计的理念。为达到这一目标，在本科培养计划中就要建立层次明晰的可持续发展观培育的三层九阶系统，在三大层面当中建立子系统以及逐步递增的目标层次，让可持续发展观形成指导设计和实践的理念。(图3、图4)

系统建构可持续发展观的想法得到专业教师们的认同，可持续发展设计课也在2017年本科培养计划中设置。但在四年前，当我在本科培养计划修改论证会上提出设置可持续发展设计课时，有老师提出不同意见，他们认为可持续发展设计是代表前沿设计思想的概念，既然是抽象的概念，当然不能成为一门课程。这种提出不同观点的讨论是值得鼓励的，只是关于可持续发展设计的理解较为片面，反映出大学教育中缺乏完整的理念认知和方法系统，也就缺少确实可行的教学策略。可持续发展设计必然要从诸多方面进行研究，在这方面，清华大学是目前做得最好的一所高校。2015年清华大学成立绿色经济与可持续发展研究中心，2017年5月15日成立清华大学全球可持续发展研究院，这是中国第一所以可持续发展目标为研究核心，跨学科、跨领域、跨院系、多学科交叉的专业研究机构。

教育本身就是一种演变、锤炼的过程。可持续发展的诸多要求，如环保节能的各项指标，将逐步成为整个行业硬性遵守的强制条款。谁在可持续发展综合创新能力的培养上占据优势，就能为其所培养学生的生存与发展奠定更为牢靠的基础与保障，为学生创造更大的发展空间与机遇。这是可持续发展战略的要求，也是教育者的责任。从近两年老师们态度的转变和学生们课后的评价，以及更多高校开始把具备可持续发展意识作为创新复合型人才的培养要求，并在教学中以形式多样的手段引导学生进行实践，我看到了在教育上的转变与作为。

在设计行业中，同样有了很大的进步。四年前，我与许多设计师谈到可持续发展设计的话题，他们全部认同，但又反映举步艰难。当中情况可以分成几类：①认可这一理念，但在实践中没有明确的意识去做，就像在斑马线前只顾着开车，而忘记让行。②很想做对社会有意义的项目，或在项目中实现有意义的措施，但受诸多的条件因素限制，因此有各种的借口让自己理所当然地回避了这种责任。这就像机动车上的人，即使知道停车礼让的深远意义，但在川流不息的人流前，为了赶时间，还是选择与路人争道。③受到社会大环境的影响而身陷其间，如同停在斑马线前主动让行时，后面的汽车开始不耐烦了，不停地按喇叭催促，有时行人也对你的行为表现得疑惑不解，头几回还镇定自如，甚至谴责后面开车之人的无修养，但是在多次被催促之后，压力也不由而生。为什么会有这种压力？因为在群体社会中，当大多数人认为这是潜规则，而你却与他们相反时，你就会有一种将被孤立的恐惧，尽管这种恐惧的程度是轻微的，但最后能令你随波逐流。④许多设计师在面对社会种种问题时，都有一种要去改变这种状态的优秀品质，但是他们大多数没有意识到矛盾背后的复杂性和持久性，开始的时候往往把事情理想化，从思想上削弱了应对问题和解决问题的能力，结果总是抱怨客户不支持，一段时间之后，就慢慢地放弃追求了。⑤简单地把可持续发展建筑当成是环保节能的建筑，把关注点放在技术设备的层面，多从物质和指 标角度评估其效益，而忽视了把实践研究放在更广泛和复杂的社会环境中去考量它

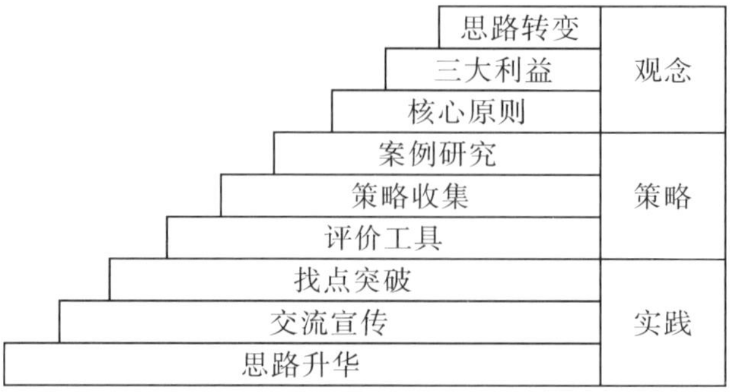

图3　可持续发展观培育系统

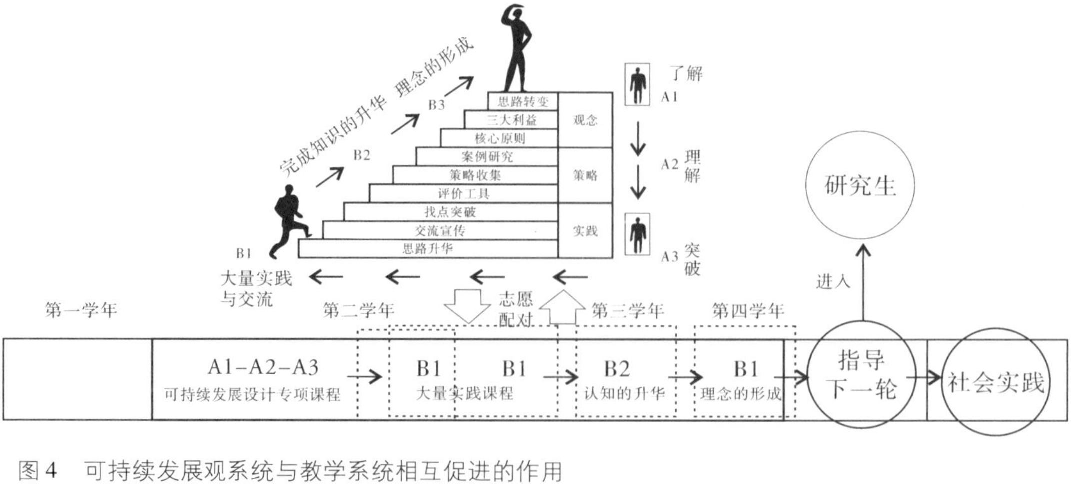

图4　可持续发展观系统与教学系统相互促进的作用

的作用和前景。最后，以各种借口——最常见是将责任推到客户或整个社会的现状上——推诿自己应尽的责任。⑥事实上，大多数设计师不自觉地在项目中实施了各种与可持续发展相关的措施，只是从一开始没有明确可持续发展目标，所以缺少相应的指向和总结。

不要奢望上述问题会有彻底改观。但是，以“绿色”“生态”“可持续发展”冠名的各类设计竞赛不断增多，在国际上获奖的设计作品在呈现空间特色的同时还或多或少地表达了对此类社会问题的关注。在建筑装饰市场中占有份额较大的家装行业的大众审美也逐渐转向欣赏具有内涵的设计。奢华、堆砌材料的设计明显减少。人们喜欢简洁大方、带点文化追求的居住环境，同时对健康、环保方面表现出极大的关注。这些表现的一部分受到设计师正面的引导，反过来又要求设计师在这方面有更深层次的建树，业主与设计师相互促进形成市场的新要求。在新常态下，经济活动有所放慢，但设计的思考却活跃起来。设计师开始关注社会问题，各种与可持续发展相关的论坛或小范围的设计沙龙比以前增多，许多年轻设计师成为交流的主角。一些有影响力的设计师的作品不仅在功能、美观和商业促进上表现出色，在促进社会融合上有更多思考，还具有很强的表现力，围绕可持续发展话题呈现出多样的表现形式，在一定范围内引导行业和市场形成新的审美取向。而在全国绿色建筑的评价上，2009 年全国首批绿色建筑中只有少数的案例获得国家绿色三星标识，到了 2015 年底全国共评出 3 979 项绿色建筑评价标识项目，其中获得绿色三星标识的项目数量为 204 个。[1] 在不久的将来，今天实施的绿色星级评价中的各项指标，一定会成为设计中普遍遵循的规范或入门级的标准。

在绿色产业发展上，许多厂家生产的节能环保的产品，在几年前仍是价格不菲，现在回落到一个可以被大众接受的水平，达到了广泛应用的价值。以竹子的种植、加工和在建筑上的应用为例，在中国第一大竹乡——浙江安吉县已经形成竹子全产业链的态势。当地企业采用先进的生产设备和技术对竹子进行重新组织并加以强化成型，并通过浸胶热压使纤维重组，加工后的新材料称为重竹。重竹密度是加工前竹子的 1.5 倍，材料的物理性能和硬木相当，可以应用在户外等潮湿及温差大的恶劣环境，在建筑中可以代替钢材成为结构用材，在防火上也达到国家 B 级标准。

在瑞士，一些现代建筑也将重组成型的木材作为大跨度建筑或桥梁的结构材料。（图 5）由于森林资源丰富和林业管理科学，木材在瑞士属于符合可持续发展要求的建筑材料。2009 年，我到瑞士伯尔尼应用科学大学的一个研究木材应用的实验室参观。这里的科学人员已经成功地将两根木材在没有黏合剂、钢钉和钢板接驳等手段的情况下牢牢地连接固定起来，就像一根完整的木头一样，这样的技术突破可以让木材在建造上的应用更加便捷和环保（黏合剂中的某些成分对人体健康不利），虽然将其投入实际运用还需进一步研究，但和竹材向钢材性能的技术突破一样，这是喜人的事情。

---

〔1〕 王建清，高雪峰，等.2015 年我国绿色建筑发展情况//中国城市科学研究会. 中国绿色建筑 2016. 北京：中国建筑工业出版社，2016.

表1　2008年度第二批绿色建筑设计评价标识项目（2个公共建筑、2个住宅建筑）

类型	名称	完成单位	标识星级
公共建筑	奉贤绿地翡翠国际广场3号楼	上海绿地汇置业有限公司	★★
	中国银行总行大厦	中国银行总务部	★
住宅建筑	深圳万科城四期	深圳市万科房地产有限公司	★★★
	无锡万达广场C、D区住宅	无锡万达商业广场投资有限公司	★

表2　2009年度第一批绿色建筑评价标识项目（2个公共建筑）

类型	名称	完成单位	标识星级
公共建筑	山东交通学院图书馆	山东交通学院	★★
	上海市建筑科学研究院绿色建筑工程研究中心办公楼	上海市建筑科学研究院（集团）有限公司	★★★

表3　2009年度第一批绿色建筑设计评价标识项目（4个公共建筑、1个住宅建筑）

类型	名称	完成单位	标识星级
公共建筑	城市动力联盟（6号商铺办公楼）	佛山市智联投资有限公司	★★★
	南市发电厂主厂房和烟囱改造工程（未来探索馆）	上海世博土地控股有限公司	★★★
	上海世博演艺中心	上海世博演艺中心有限公司	★★★
	苏州工业园区青少年活动中心	苏州工业园区商业旅游发展有限公司	★
住宅建筑	绿地逸湾苑	上海三友置业有限公司	★

我在瑞士看到人们把自行车放到公车上，便开始思考在中国人口庞大的现状下，各种在西方实施的好措施（包括在公车上可以放自行车）能否适合中国的国情。七年后，在广州的街头巷尾，人们只要用手机移动端扫描一辆带有特别标识的自行车上的二维码，即可将自行车骑走，到达目的地后放在某个公共场所即可离开，下一位用户同样可以这样使用。这一被称为“共享单车”的新事物虽然存在一些问题，但由于使用价格低廉、随时取用和停车、符合低碳出行理念等特点，在 2016 年开始已经快速成为市民出行的便捷工具。（图 6）截至 2016 年底，中国共享单车市场整体用户数量已达到 1 886 万，预计 2017 年底将达 5 000 万用户规模。[1] 这个数量约是瑞士全国总人口数的 6. 2 倍。[2] 对于盗窃或不按规定使用的情况（例如把共享单车藏在自己家里，以方便自己独享又不想额外付费），共享单车的经营公司可以通过现代科技手段，采用卫星定位轻易找到使用者，对其进行惩罚。这体现了上文讲的要通过有效途径给予违规者惩罚，建立良好的规范制度，使之成为全体公民的共识。让损人利己的行为付出代价，也是社会可持续发展的有效管理途径。与共享单车同时运行的还有“共享汽车”，它是使用清洁能源的电动汽车。目前，这些新型的绿色出行方式正以市场的运作模式在北京、上海、广州等大城市试行，在互联网平台的支持下，成为中国人享受智慧生活的方式之一。而阳江的巷口，这个与居民生活息息相关的垃圾污点，在经历将近十年的“无奈”后，终于在 2017 年当地政府强力推行的城市美化运动中得到彻底修整。（图 7）

根据官方统计数据，2015 年底中国大陆总人口为 13. 74 亿，城镇化率达到 56. 1%（2005 年为 43%）。庞大的人口基数不仅带来一系列发展的问题，同时，也让每一项创举有了巨大的需求市场和商机。

图 5　瑞士伯尔尼火车站的大跨度木拱梁

图 6　广州街头到处可见的共享单车

图 7　阳江的巷口（摄于 2017 年 7 月）

---

〔1〕 参见比达咨询《2016 年中国共享单车市场研究报告》。

〔2〕 2012 年瑞士人口为 803. 9 万人。资料来源：世界人口网。

就在我埋头写书期间，一部以反腐为题材的电视连续剧《人民的名义》[1] 正在上演，和以往的反腐片不同，其吸引了不同年龄和不同阶层的人观看。就连我认为对政治不敏感的90后人群也在讨论影片中的情节。我和客户见面时，也少不了对这部电视剧的谈论。大家都有共同的观后感，就是影片中的内容不再是空洞的反腐宣传，而是以生活中有血有肉的人为原型，从人性的角度去刻画每个角色的内心世界，好人与坏人间不再有简单的界线。这部深受广大人民群众喜爱的反腐片戳中了要害，真实反映了当前中国反腐工作的艰巨性和高层的决心，引起全社会的共鸣，让人振奋。

同样让人振奋的，是中国向全世界展现的“一带一路”[2]，其东连亚太经济圈，西接欧洲经济圈，跨越高山深海，正在逐步构建世界上最美的经济走廊。当今世界正发生复杂深刻的变化，各国面临的发展问题依然严峻。共建“一带一路”符合人类社会共同理想和美好追求，是国际合作以及全球治理新模式的积极探索。这是大国的责任和使命。

七年前，我在瑞士的公车上思考着东西方的差异，思绪万千。今天，东方的智慧开始展现她的魅力。

这一切都喻示着一个新时代的开始。

写到这里，我已迫不及待地希望结束漫长的遐想和撰写的工作，投入新时代的实践当中。即使我深感乏力，但还是尝试从时间这个话题开始作出本书的总结，毕竟本书谈论的是跨度十年的学习与实践过程。我的所有思考都是在关注当下、回顾历史、展望未来之间反复跳跃。生活中的小事，有时忽然会扯上关乎人类命运走向的宏大命题，许多事情之间没有严密的逻辑关系——这也许是设计师在思考上与理论家不同之处——但在时间的汇总下又顺理成章地形成我思考的背景和选择的情感驱动力。

在本书的前两章，我所引用的数据大多是2010年前后的，因为文章是在2013年执笔，而在今天许多数据已发生了变化。数据的变化反映了社会发展的进程，我的实践案例在这种社会背景下，发生着快速或缓慢的变化。其过程与结果有些令人鼓舞，有些令人沮丧，也有些让人麻木。我希望客观地记载它们在生活中本来就纷繁多彩的面貌。

有些事情在时间的推移下，经过了努力并没有向好的方面转变。1951年建筑师山崎实在为美国低收入者设计的住宅群中努力表达他对于现代主义精神的坚定立场，但该建筑在1972年因完全不适应用户的需要而被拆毁。在阳山天泉度假村项目中，我注意到洗澡水直接排收对生态敏感区的影响，设计采用景观湿地对洗澡水进行过滤净化，最终业主并没有实施，富含营养物的洗澡水至今仍直接排到溪流中，对当地的水生态的平衡造成很大的破坏。斑马线前的礼让曾经引起广泛讨论，也进行过大力的宣传，但除了在严厉执行处罚措施的城市（如深圳）外，在许多城市的斑马线前，行人仍没有得到基本的尊重。在《人民的名义》热播期间，一场暴雨让广州番禺许多街道积水，最深处达到1.8米，上百辆汽

---

〔1〕《人民的名义》是由李路执导、周梅森编剧的检察反腐电视剧，该剧以检察官侯亮平的调查行动为叙事主线，讲述了当代检察官维护公平正义和法制统一、查办贪腐案件的故事，于2017年3月28日在湖南卫视“金鹰独播剧场”播出。

〔2〕“一带一路”是“丝绸之路经济带”和“21世纪海上丝绸之路”的简称。

车被淹，在国家花大力气实施海绵城市后，水淹街的问题仍然没有根本性的改变。除了在北京，雾霾还在各地笼罩着我们。（图8）

有些事情的发展在同一时间不可避免地朝相反的两个方向交替前进，迂回曲折，处于胶着状态。以云南阿东村的酒厂为例，它由当地政府与法国酩悦轩尼诗公司及华泽集团合资建设。双方的共同愿景是"有效地促进德钦县葡萄产业的健康发展，推动农业产业化进程……增加农民收入、实现产业升级"，"对促进德钦县经济社会跨越发展有重要的意义"。[1] 在建设中经营者和设计师以经济发展兼顾环境保护为己任，即使要付出更高的造价，也要尽最大努力在生态脆弱的地方建造对当地文化和环境友善的夯土建筑。在项目还未建好之时，有商业头脑的村民们开始抢占商机，把房子出租给工人，或开起小卖部，2014年初还开了村里第一家餐厅，商业的到来开始改变阿东村原本的社会生态。同时，负面的消息也随之而来，听酒厂的负责人说，阿东村的村民拦截酒厂运酒车的情况时有发生，村民要他们留下"买路钱"。当地村民也控制了阿东村到德钦县的汽车出租，如果你到阿东村来办事，租用了外地的汽车，从事出租的村民们会对司机群起而攻之。阿东村酒厂的人员编制是法国的酒厂的四倍以上，酒厂管理方也常常抱怨在当地请的工人效率低下。在今年中国市场不景气的情况下，来自法国的高管会质问阿东村酒厂的管理层："为什么这里要有十几个人，而在法国这样规模的酒厂只要三个人就可以了？"另外，当我在瑞士参观木材实验室时，看到科学人员在两根木头的接口处涂上诱发剂，通过超高频的震动让两根木头接口处的原子级物质分别向对方渗透，最后牢固地接在一起。这个实验的成功让人振奋。但事情没有一味地向好的一面发展，正如我在书中描述的许多实践一样，事情在明朗的局面下忽然陷入被动。我问木材实验的科学人员："（这个技术）可以进入应用吗？"科学人员回答："在雨水的长时间浸泡下会脱落。"

有些事情在时间发展中没有恶化，并向好的一面发展。建于二十世纪六七十年代的荷兰 Bijlmermeer 住宅区共有12 500户居民，其因重复、标准化、预制构件、功能分离等显著特色一度被认为代表着社会与城市的进步。但在20世纪70年代荷兰住房极为紧缺的情况下，其实际入住率仅有30%，即使经过1983年实施的修复性改造计划，仍然以失败收场。千禧年后，Bijlmermeer 住宅区针对当下家庭模式和生活方式的变化进行改造并取得成功，最终避免像美国低收入住宅群那样被整体炸毁的下场，自规划建造之日至今，终于从阴影中走了出来。而株洲湘江风光带即使毁掉原生态的林带而种上新的植物，其景观在时间的推移下，也正与当地人形成新的生态关系。

不同时期有不同的问题和思考的背景。我在瑞士公车上思考过中国庞大的人口基数对实施可持续发展措施的影响。在国内关于人口政策的争论从来都没有停止过。不同的时期人口政策的侧重点不同。在约8 000年前，我们的祖先从采集向农业过渡，一个重要的目的就是让人口繁衍起来，不至于在饥饿、暴力等因素影响下使人口数量减少。从20世纪80年代开始，为了防止人口突然增长，计划生育成为中国一项基本国策。在实施中这项

---

〔1〕 云南省工业和信息化委员会官网报道。

有利于人民生活水平提高的政策又带来人口老龄化和男女比例失调等问题。在长期实行“一胎”计划生育政策后，2014年终于完全实施单独二孩政策。庞大的人口基数不仅带来一系列发展的问题，也让每一项创举有了巨大的需求市场和商机。

在同一个时期对同一件事情又有不同的判断和预测。即使气候变暖是不争的事实，但关于造成气候变暖的起因却有不同的判断。有科学家对普遍认为的人类生产活动导致全球气候变暖这一论断提出不同意见，认为人类的活动并不像人类自己认为的这么强大，气候变暖和气候的周期性变化有关，正如冰河期气候异常寒冷，气候变化又或与太阳大气层的活动有关。而对于IPCC[1]提出的“温室效应”，争议愈演愈烈。2010年255名美国科学院院士在公开信中指出，“温室效应”学说是在认真的、严肃的公正态度下提出的，具有科学的完整性。[2]对此，有科学家提出批评认为，一个认真的、严肃的并且具有极度公信力的科学理论，不见得就是一个能够真实反映自然事实的学术理论。关于能源枯竭，同样有人提出能源是取之不尽的，使用期限取决于新能源的发现和使用方式的突破。

在实施单独二孩政策后，国家卫计委官员预计，2015年出生人口将比2014年多100万左右。[3]对此人们多有争议。然而，时间会给出答案。是时间让陈皮村的要素发生作用推动事情向好的方向发展，又是时间解开了实施单独二孩政策后人们的疑虑。2015年中国全年出生人口为1 655万，比上年减少32万。适龄女性数量减少，生育意愿在降低，是出生人口不升反降的两个重要原因。老龄化、少子化和劳动年龄人口减少的趋势正在显现，这成为中国未来最大的挑战。最大的问题不是人口太多，而是人口发展失衡。答案成为思考背景，并影响新的判断。2015年10月30日，国家全面实行二孩政策。随着时间的推移，又会出现更多答案。

反对与支持人口政策的双方，都难以用对和错来下简单的决论。每次政策方向的选择都受其所处的时代影响，并在当下做出判断，又在时间的推移下对下一代产生影响。事实

图8　在西安，我经历了人生中第一次大雾霾（摄于2015年12月2日）

---

〔1〕英文全称为Intergovernmental Panel on Climate Change（政府间气候变化专门委员会），由WMO（世界气象组织）和UNEP（联合国环境规划署）于1988年建立。

〔2〕美国《科学》杂志2010年5月7日。

〔3〕2015年2月9日中国人口形势分析与展望研讨会公布数据。

上，还有许多气候现象得不到解释，按照人类现在的认知也无法解释；还有更多问题不知要多久才能知道答案。不过时间还有治愈的功能，有些问题随着时间的推移逐渐变得没有那么严重，甚至有些问题在人们还没有察觉时已消失得无影无踪。

我们可以简化这些困扰我们的问题。细心梳理一下，时间给出的答案无非就是有利、不利、没有改变和自我治愈。答案总是在由有利向不利，由不利向有利，或在维持胶着一段时间后向有利或不利转变。这些结果又和“选择”有关。

人们随性突发的“选择”在很大程度上影响着历史的面貌。重大问题影响世界格局，一场战争或一场瘟疫都与生活中的事情有直接或间接关系，而这些小事无一不和生活的时代背景如变革、战争、灾难、盛世、世界格局环境等有关，它们又影响着选择。如果知道结果或已经尝试过，当然选择会变得简单和轻松。但是我们往往不知长远利益是什么，以及在追求长远利益时，还未实现已经倒在了路上。我们没有足够长的时间看到结果，但决定未来走向的选择又由我们来掌控。这常常让我们在这样的选择面前感到困惑：是保护一片森林，给我们的子孙留下自然生态的环境，还是将森林砍伐，用于建造一幢伟大的建筑，以便为我们的子孙留下宝贵的人文遗产？这些看似单项选择的问题无时不在煎熬着我们的思想。而为选择提供参考的“预测”从来都不是以准确而闻名。但是我们可以这样思考：人类社会的每一次新的进展不仅增加了经济财富，还改善和深化了我们的生态和文化；现代社会不是把这个星球带到灾难的边缘，而是在一个更广泛的层面不断创造财富和欢乐，那岂不是一件很美妙的事情?[1] 在这样的思考下我们的选项变得丰富起来。“选择”本身是非此即彼的行为，而选项可以变得丰富和多样。

如果从动态发展来看，一件事会反复出现朝好与坏两面发展的可能性。如创新意味着改变，会带来同样多的欢乐和痛苦；社会发展需要社会扩张而使社会变得更复杂和难管理，同时社会发展程度越高就越威胁到社会发展本身，因此就产生了发展的悖论：社会发展产生的强大力量能危害社会发展本身。

历史告诉我们，每一次的战争和瘟疫过后，人类的发展会更加蓬勃，而且每次出现转折后，发展会比前一次更好甚至更强大，而将要走向绝境时又浮现了希望的曙光。

为什么事情没有向坏的一面继续？

是什么让人们在每次选择中放下固有的偏执，选择美好一面的发展？又是什么在时间的发展当中不断因势利导作出无数个平衡，而不至于走向绝对的境地？2003 年以来，有各种新闻报道伊拉克美索不达米亚地区的两河流域的土地环境恶劣，夏天气温高达 40 摄氏度，几乎不下雨，周围呈现荒漠化。在公元前 6000 年，当伊拉克人的祖先居住在美索不达米亚地区时，由于地球公转时不断改变围绕太阳的轨道，自转也不稳定，因此该地区气候炎热潮湿。到了公元前 3800 年，世界开始降温，更凉爽的夏季意味着能带来降雨的印度洋季风越来越弱，这个地区成为被炙烤之地。气候变化和沙尘来袭使当地人面临艰难的抉择：他们可以逃避现实，迁移到不太依赖季风的区域，但那里已经挤满了村落，他们的

---

〔1〕 威廉·麦克唐纳，迈克尔·布朗嘉特．从摇篮到摇篮：循环经济设计之探索．中国 21 世纪议程管理中心，中美可持续发展中心，译．上海：同济大学出版社，2005：182－183.

侵入甚至引起暴力与屠杀；留在原地，则要面对饥饿、贫穷甚至饥荒。从历史发展来看，美索不达米亚地区的两河流域土地上村庄越来越多，建筑形式越来越复杂，看得出人们从原来分散的小村庄搬到较大的地区聚集。对于气候的炎热潮湿，农民主要考虑的不是如何寻找水源，而是如何有效利用水。一些美索不达米亚人想到，如果更多人齐心协力，他们可以建造更大的灌溉系统储存洪水和灌溉农作物，还可以向更多的矿工提供食物从地下开采铜，让更多的工匠制造饰物、武器和工具，让更多的商人将这些商品带到周边地区。为了达到这个目标，美索不达米亚人发明了管理、会议和备忘录，人们在小泥板上刻画他们的活动作为记录，通过复杂的记录进行集中管理，将人们有效地组织起来。事实证明他们非常成功。而没有学会书写符号的小村庄没有发展起来。[1]

让我发挥一下想象：美索不达米亚人不是停下脚步郑重其事地选择命运的走向，而是一边抵御着大自然恶劣的环境一边在想着办法迈出陌生的每一步。

是思考让人们在面对绝境时选择向有利的方向努力，也是思考让人们组织起来抵御自然对人们的刁难，还是思考让人们掌握了不断超越自我的手段，包括科技和管理的能力，让人们走向更高的阶段。

思考一直是本书的话题。而面对陌生与未知的事情的思考，从来就是幼稚的。犹太人有句谚语“人类一思考，上帝就发笑”，人们愈思索，真理离他愈远；人们愈思索，人与人之间的思想距离就愈远；因为人从来就跟他想象中的自己不一样。即使是这样，在8 000年前，人们仍然要在“采集”“农耕”之间进行今天看似“好笑”的选择。6 000年前，美索不达米亚人在恶劣的环境下，在面临“逃离”“等死”和“组织起来”三者的选择时，由于对命运的思考而最终选择“组织起来”。

《圣经》中说，大洪水过后，人类后代繁殖得越来越多，遍布地面，人们的语言、口音都没有分别。人们为自己的业绩而感到骄傲，决定在巴比伦建一座通天的高塔，来传颂自己的赫赫威名，并作为集合天下弟兄的标记。因为大家语言相通，同心协力，阶梯式的通天塔很快高耸入云。上帝看到人们语言相通，逐渐强大，想到如果真修成宏伟的通天塔，以后还有什么事干不成，于是上帝来到人间，变乱了人们的语言。人们各自操起不同的语言，感情无法交流，思想无法统一，难免出现互相猜疑，各执己见，争吵斗殴。修建工程因语言纷争而停止了。通天塔终于半途而废。这座没有完成的塔叫巴别塔。

当越来越多的人能够沟通，更多的人心中的“真理”成为共同的，它就成为普遍的、大多数人的真理。真理一旦形成，就可以将人们扭成一股绳，完成走向巅峰的重大抉择。

当思考、选择，还有时间的推移因素都放在一起时，所有上述谈到的事情交错编织，形成重叠的网。没有一个人可以抢先到达时间的下一端，像先知一样给予我们指导。为了我们可以轻装前行，有必要在复杂多变、线索万千、难以预判的情况下去除枝节进行归纳，即使它们会让发展过程向好或坏的一面交替前行，但在一段相当长的时间之后，总会呈现出一个意想不到的局面。这个“意想不到”是未知还是惊喜？如果思考是保守迟钝

〔1〕伊恩·莫里斯．西方将主宰多久——从历史的发展模式看世界的未来．钱峰，译．北京：中信出版社，2011：108－109.

的，选项将会变成正反两个矛盾激烈的对立面，让人煎熬，时间给的答案则充满未知和变数；如果思考是积极开放的，选项中会蕴藏更多创新的养料，选择的方向常常鼓舞人心，时间给的答案常常是一个新的篇章。

如果文章的结尾这样乐观，我们可以松一口气了。

在我们认为事情的发展既向好的一面也向坏的一面交替发展，但每次都在绝地时，人类的思考、选择在时间的作用下又浮现希望的曙光。历史给了我们乐观的证明。我们忍受一下苦难，接下来又会进入一个充满快乐的局面，而且比苦难前的时代还要繁荣和强大。

这具有很大的迷惑性。

在以往，战争引发的社会组织崩溃需要几代人的时间恢复，但在 20 世纪初的“一战”后，人们快速地恢复，科技也在进步，在“一战”结束后二十一年，更大规模、更具破坏力的战争爆发。这次被称为第二次世界大战的全球规模战争死亡人数达到 7 000 万人，战争空间空前广阔，几乎牵扯到地球上所有有人类居住的角落。历史已经告诉我们，当资源的争夺变得激烈，环境恶化、经济不景、人口增长、冲突频繁、组织崩溃这些问题在社会发展悖论中重叠交集时，战争极易发生。

第二次世界大战深刻地改变了人类历史，一枚长约 320 厘米，最粗处直径约 152 厘米的超级炸弹在日本长崎上空投下，其爆炸威力为 2 万吨 TNT 当量，当日造成长崎 10 万余人伤亡和失踪，城市 60% 的建筑物被毁。原子弹让战争提前结束，也引起全世界人民的警觉，大家都深刻意识到军事科技的发展和人类智慧的结合让战争的破坏力被极大地释放。今天的核武器比长崎投下的原子弹威力提高 135 倍，这让谁也不敢轻举妄动。但不确定性仍然让这个选项成为可能。1949 年爱因斯坦告诉一名记者：“我不清楚第三次世界大战将使用何种武器，但是我知道在第四次世界大战中他们的武器就是石头和木棍。”毁灭带来的后果则更加明确。在历史以往的战争中，人类可以缓慢地恢复。但在人类今天的能力水平下，即使经历第二次世界大战的空前破坏，仍然会在比以往更短的时间内恢复，并以更快的速度向前发展。继续往前发展，将会达到新的极限，社会发展的悖论会让情况变得严峻。

我们的未来充满各种可能性。最差的可能性就是在向坏的方面转变时，经历的时间会更短，但这次没有出现人们期待中的再次繁荣，因为人类社会已经被自己彻底地毁灭。

本书的第三章谈到“哭泣的地球”不需要我们去拯救，但为了让人类的未来更长远，我们必须拯救自己。

现在让我们回到第一章谈论过的第三条曲线。我借用了莫里斯教授的观点，根据那位学生从借一元钱到几年后的高额欠债绘制污染曲线，这条曲线的横轴是人类社会的发展，纵轴是“污染”。曲线显示发展将不可避免地使所能获得的资源承受压力，在不断发展当中破坏环境，当破坏超过了自然环境自我修复的能力时，污染发展的奇点将会到来，再往前发展就出现污染的不可逆性。当地球环境发生突然且不可逆的变化时，就会出现临界点。由于不可逆性的影响巨大，无论下一代如何努力也根本无法“偿还”。这条曲线警示人们不要忽视日常中每一个影响环境、社会的问题，即使它们微不足道，但会在时间的推移下发生量的积聚，最终引起质变。我们所知的可怕事情，并不是全球变暖，而是“全球气候变化”。“气候变化是非线性的，一切事情都与其他事物紧密相关，以异常复杂的方式进行反馈，我们不知道临界点在哪里，或者说当我们到达这些临界点时会发生什么。”〔1〕这条曲线让我们意识到不安、焦虑和紧迫感，因此我在这里把它称为“警示曲线”。(图9)

同样是这个坐标轴，当我们把纵轴改成“美好的局面”，它就变成全新的一条曲线。在时间的发展下，选择知难而上，放下固有的偏执，唤起我们心中的善意，从微不足道的事情做起，以并不成熟的思考（在可持续发展的要求面前，即使是称为专家的人也只是一名学生）来解决当下的问题。每个人每天往好的方向迈进一步，在量的积聚下形成强大的推动力，推动曲线到达奇点，迎接一个新局面的到来。我们今天面临的挑战和以往的不同，好在我们现在知道了很多牵涉其中的因素而不再盲目。这是警示曲线的另一面，它给予我们希望，鼓励我们开创美好的未来，可以称之为“鼓励曲线”。（图10）两条曲线都从整个人类发展的时空来看“人类的最终命运”，它们的形状是一样的，但一个走向绝望，另一个走向光明。

我的思考和实践离不开这两条曲线，它们给予我如下的启示：

（1）警示曲线提醒人们时刻注视危机，不要有丝毫的放松和侥幸，要像美索不达米亚人在最绝望的境地时，仍然有解决这些问题的愿望和坚韧不拔的毅力那样。鼓励曲线让人们看到未来的曙光和努力将会呈现的希望，让美好的憧憬唤起心中的善意，不放弃思考，主动选择，以当下的行动去寻找更多的方法和途径。

（2）在有限的时间里，鼓励曲线必须要超越警示曲线滑向危机的速度。这样我们才能赢得思考和行动的时空，寻找这个时代所需的思想来迎接新的挑战。

（3）即使到来的新局面仍然有未知的问题，但我相信，我们的下一代会有更高的智慧去面对它们。

这些目标，说起来容易做起来难。

让我们从看似可笑的思考开始，克服心中的恐惧，勇敢地做出选择，从熟悉的地方开始，并享受时间给出的答案。该有的要素都齐备了，最后就是行动。

---

〔1〕伊恩·莫里斯．西方将主宰多久——从历史的发展模式看世界的未来．钱峰，译．北京：中信出版社，2011.

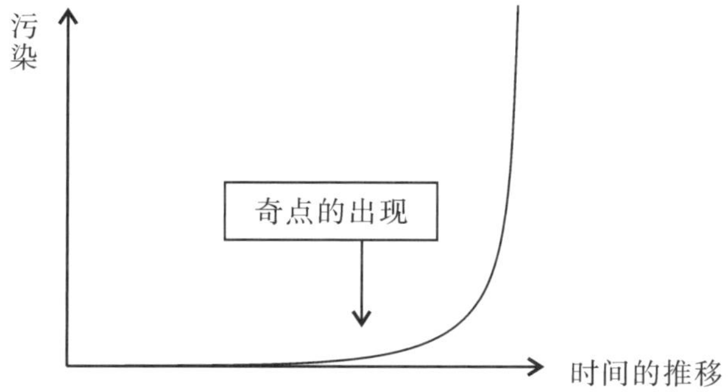

图 9　警示曲线

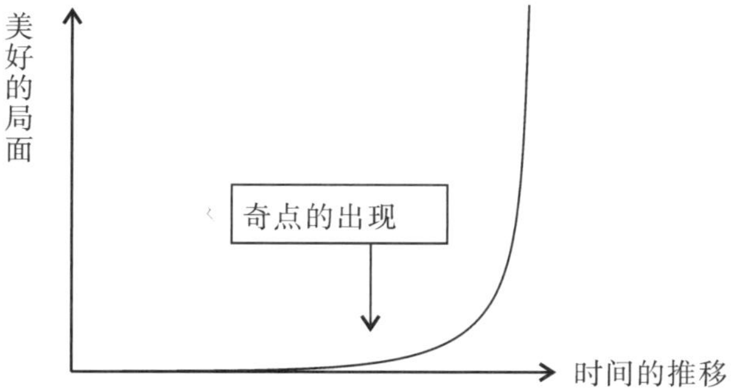

图 10　鼓励曲线

参考文献

1. 克劳斯·克莱默，等．欧洲洗浴文化史．江帆，等译．海口：海南出版社，2001.

2. 伊恩·莫里斯．西方将主宰多久——从历史的发展模式看世界的未来．钱峰，译．北京：中信出版社，2011.

3. 陈志华．中国造园艺术在欧洲的影响．济南：山东画报出版社，2006.

4. 威廉·麦克唐纳，迈克尔·布朗嘉特．从摇篮到摇篮：循环经济设计之探索．中国21世纪议程管理中心，中美可持续发展中心，译．上海：同济大学出版社，2005.

5. 清华大学建筑节能研究中心．中国建筑节能年度发展研究报告2009. 北京：中国建筑工业出版社，2009.

6. 菲利普·费尔南德兹—阿迈斯托．世界：一部历史．钱乘旦，审读；叶建军，等译．北京：北京大学出版社，2010.

7. 杨秉德．中国近代城市与建筑．北京：中国建筑工业出版社，1993.

8. 古斯塔夫·勒庞．乌合之众：大众心理研究．冯克利，译．北京：中央编译出版社，2000.

9. 罗伯特·阿克塞尔罗德．合作的进化．吴坚忠，译．上海：上海人民出版社，2007.

10. 安藤忠雄．建筑师安藤忠雄．龙国英，译．北京：中信出版社，2011.

11. 萧功秦．中国的大转型：从发展政治学看中国变革．北京：新星出版社，2008.

12. 李海清．中国建筑现代转型．南京：东南大学出版社，2003.

13. 托克维尔．旧制度与大革命．冯棠，译．北京：商务印书馆，1992.

14. 申玉铭，方创琳，毛汉英．区域可持续发展的理论与实践．北京：中国环境科学出版社，2007.

15. WGDO绿色设计研究院．2016中国绿色设计报告．北京：科学出版社，2016.

16. 邓斯特，西蒙斯，吉尔伯特，等．建筑零能耗技术．上海现代建筑设计（集团）有限公司，译．大连：大连理工大学出版社，2009.

17. 卢梭．论人类不平等的起源．高修娟，译．上海：上海三联书店，2009.

18. 尤瓦尔·赫拉利．人类简史：从动物到上帝．林俊宏，译．北京：中信出版社，2014.

19．凯文·凯利．失控．陈新武，等译．北京：新星出版社，2011.

20．黄仁宇．大历史不会萎缩．桂林：广西师范大学出版社，2004.

21．约翰·巴斯摩尔．哲学百年：新近哲学家．洪汉鼎，译．北京：商务印书馆，1996.

22．梁明诚．在米开兰哲罗的故乡．广州：岭南美术出版社，1988.

23．辜鸿铭．中国人的精神．李晨曦，译．上海：上海三联书店，2010.

24．陈志华．外国建筑史．北京：中国建筑工业出版社，2004.

25．王受之．世界现代设计史．北京：中国青年出版社，2002.

26．薛杰．可持续发展设计指南：高环境质量的建筑．北京：清华大学出版社，2006.

27．段新晓，黄惟雄．十方．香港：香港金版文化出版社，2012.

28．吴宗建．原国立中山大学的建筑装饰特点探析．装饰，2009（8）.

29．吴宗建．餐饮空间 VI 设计的特征分析．装饰，2010（8）.

30．吴宗建．岭南商业建筑的现代演绎——浅谈香港中环空中骑楼．装饰，2010（9）.

31．吴宗建．可持续发展建筑设计中乡土材料应用的社会性考量——新会陈皮村大型竹建筑设计实践及思考．装饰，2015（7）.

32．吴宗建．产业融合型农产品市场的零起点模式创新设计——以陈皮村为例．装饰，2017（4）.

33．何依．四维城市：城市历史环境研究的理论、方法与实践．北京：中国建筑工业出版社，2016.

34．美团点评研究院，餐饮老板内参舌尖数据研究院．中国餐饮报告（白皮书2017）. 2017.